普通高等教育计算机类专业"十四五"系列教材
高等院校创新型精品教材·立体化+课程思政

大学信息技术
——实验指导与习题

DAXUE XINXI JISHU——SHIYAN ZHIDAO YU XITI

主　编　闵　亮
副主编　何绯娟
参　编　古忻艳　凡　静　丁　凰　唐木奕　李　娜

图书在版编目(CIP)数据

大学信息技术:实验指导与习题/闵亮主编. —西安:西安交通大学出版社,2023.6(2024.9 重印)

ISBN 978-7-5693-3178-3

Ⅰ.①大… Ⅱ.①闵… Ⅲ.①电子计算机-高等学校-教材 Ⅳ.①TP3

中国国家版本馆 CIP 数据核字(2023)第 062765 号

书　　名 大学信息技术——实验指导与习题
主　　编 闵　亮
责任编辑 郭鹏飞
责任校对 李　文

出版发行 西安交通大学出版社
(西安市兴庆南路 1 号 邮政编码 710048)
网　　址 http://www.xjtupress.com
电　　话 (029)82668357 82667874(市场营销中心)
(029)82668315(总编办)
传　　真 (029)82668280
印　　刷 陕西天意印务有限责任公司

开　　本 787 mm×1092 mm 1/16 **印张** 10.75 **字数** 257 千字
版次印次 2023 年 6 月第 1 版 2024 年 9 月第 2 次印刷
书　　号 ISBN 978-7-5693-3178-3
定　　价 32.00 元

如发现印装质量问题,请与本社市场营销中心联系。
订购热线:(029)82665248 (029)82667874
投稿热线:(029)82669097 QQ:8377981
读者信箱:lg_book@163.com

前　言

在当今信息化时代，信息技术已经渗透到了人类生产、生活和社会各个领域，成为现代社会不可或缺的重要组成部分。随着信息技术在社会中的应用更加广泛与不断深入，也使得新时期社会对人才的培养提出了更高的要求，迫切需要加强高等院校计算机基础的教学工作。为此，我们组织了一批多年工作在教学一线并且有丰富教学经验的教师编写了《大学信息技术——实验指导与习题》一书。

大学信息技术课程是一门旨在培养学生信息技术与信息素养的课程，课程内容覆盖信息技术、信息素养、信息安全与计算机病毒、计算思维、计算机硬件、计算机软件、计算机网络、多媒体技术及 Office 常用程序等内容，本课程将帮助学生了解基本信息技术与计算机软硬件相关知识，掌握常见网络应用、多媒体应用以及 Office 应用的能力。此外，本课程还将介绍信息安全和数据隐私保护等相关知识，帮助学生建立正确的信息技术伦理观念。通过本课程的学习，培养学生的信息技术基础能力和计算机应用技术实践能力，为未来的后续学习与职业发展打下坚实的基础。此外，信息技术的快速发展和广泛应用，也为学生提供了广阔的就业机会和发展空间。

本书响应习近平主席在中国共产党第二十次全国代表大会上的报告中提出的“加快构建新发展格局，着力推动高质量发展”篇章中的“网络强国、数字中国”，及“推动战略性新兴产业融合集群发展，构建新一代信息技术、人工智能等一批新的增长引擎”，以及实施科教兴国战略，强化现代化建设人才支撑等要点内容。书中在加强网络安全建设方面注重培养学生对信息安全的认识和理解，培养学生的信息安全意识和保护技能，从而保障信息系统的安全；提高学生的信息技术应用能力，培养学生的信息化素养，为社会的数字经济发展贡献力量。

本书在编写过程中还参考了“全国计算机技术与软件专业技术资格（水平）考试”（全国软考）初级中的《信息处理技术员》科目要求的考试内容，以及“全国计算机等级考试”二级 Office 的考试内容，学生在学完这门课后，就可参加“全国计算机技术与软件专业技术资格（水平）考试”中的初级专业资格——信息技术处理员考试，该考试是由人力资源和社会保障部和工业和信息化部组织的国家级考试，具有权威性和实用性。如果获得了计算机初级资格技能证书，对非计算机专业的大学生毕业时的就业会有帮助，即使在大学毕业后工作一段时间的职称评定等方面，多一个国家两个权威部门颁发的技能证书无疑也会大有好处。

本书作为《大学信息技术》的配套教材，共 7 章。由计算机软件应用、网络技术应用、多媒体技术应用及 Office 常见应用等相关操作练习组成。各章内容安排如下：

本书由闵亮组织编写，参加本书编写的有丁凰（第 1 章）、李娜（第 2 章）、唐木奕（第 3 章）、何绯娟（第 4 章）、闵亮（第 5 章）、古忻艳（第 6 章）、凡静（第 7 章），最后由闵亮、何绯娟统稿。在本书的编写过程中，陕西省软考办相关老师给予了很多的帮助，提出了许多宝贵的意见，在此表示衷心感谢。西安交通大学城市学院计算机系的负一诺、刘峻银、张玉欣、景文青、李思雨、李乔鑫、张家源、马腾飞、吴佳奇及电信系田润卓同学参与了资料收集及文稿校对等工作，在此表示感谢。编写组在本书的编写过程中参考了大量文献资料，对相关文献的作者，也在此表示衷心感谢。

由于编者水平有限，书中有欠妥和不足之处，恳请读者批评指正。

作　者

2023 年 3 月

目　录

第1章　计算机软件系统实验

实验概要

Windows 7 是一个多用户、多任务的图形化界面的操作系统，其功能强大、操作简单、稳定性高、安全性强，是目前PC机主流的操作系统之一。

本章通过具体案例来介绍Windows 7 系统下的各项基础操作，以加深学生对知识点的理解及运用。5项实验如下：

(1)文件和文件夹的操作。掌握资源管理器的使用，文件和文件夹的创建、更改、删除、复制、移动等，常用文件的类型、命名规则，文件的搜索，文件属性的设置等。

(2)计算机系统环境的设置。包括主题、桌面背景、屏幕保护程序、日期时间、区域属性的设置，登录账户的管理等。

(3)存储设备的管理。磁盘管理、磁盘清理程序的应用，磁盘碎片的管理，U盘的使用等。

(4)应用程序的相关操作。应用软件的安装与卸载，程序的运行方式、任务管理器的使用，程序快捷方式的创建等。

(5)Windows 系统截图功能。使用Windows 系统自带的截图小程序截图，使用键盘PrintScreen功能按键截图。

实验1　文件和文件夹的基本操作

实验目的

熟悉计算机中数据的存储形式，掌握文件和文件夹的概念和作用，熟悉文件的结构和类型，能够对文件和文件夹进行相应操作，比如文件和文件夹的创建、浏览、选择、重命名、复制、移动、搜索以及属性的设置等。

任务1　文件和文件夹的创建、更改、删除和压缩

任务描述

在桌面创建一个个人文件夹，将文件夹名改为自己的班级、姓名、学号；在此文件夹中创建四个二级文件夹，名称分别为："word""excel""ppt""game"；在二级文件夹"word"中创建

一个名为“计算机作业”的文本文件；注意观察文件及文件夹的路径，删除“game”文件夹，进入桌面上的回收站并还原此文件夹；最终将个人文件夹转成压缩文件。

操作步骤

步骤 1 用鼠标单击桌面空白处，选择“新建”→“文件夹”，如图 1-1 所示。

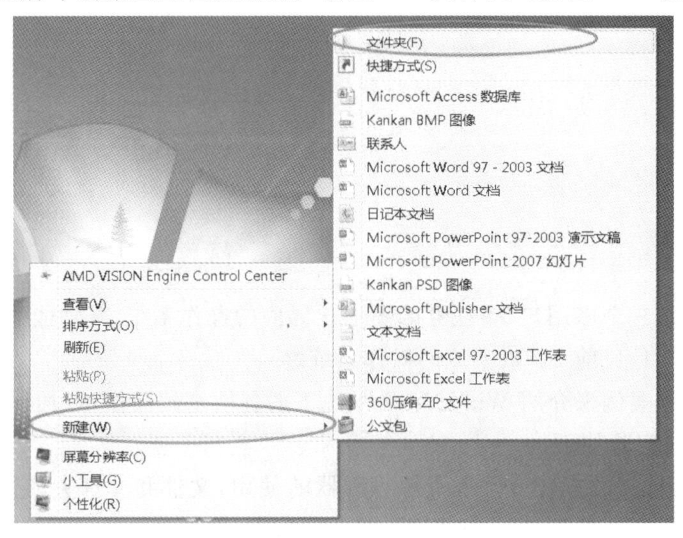

图 1-1 新建文件夹

步骤 2 用鼠标右键单击新生成的文件夹，在打开的文件夹操作菜单中选择“重命名”命令，文件夹的名称处会出现编辑框，此时输入自己的班级、姓名、学号，此处以“计算机 161 李雷 16010001”代替，如图 1-2 所示。

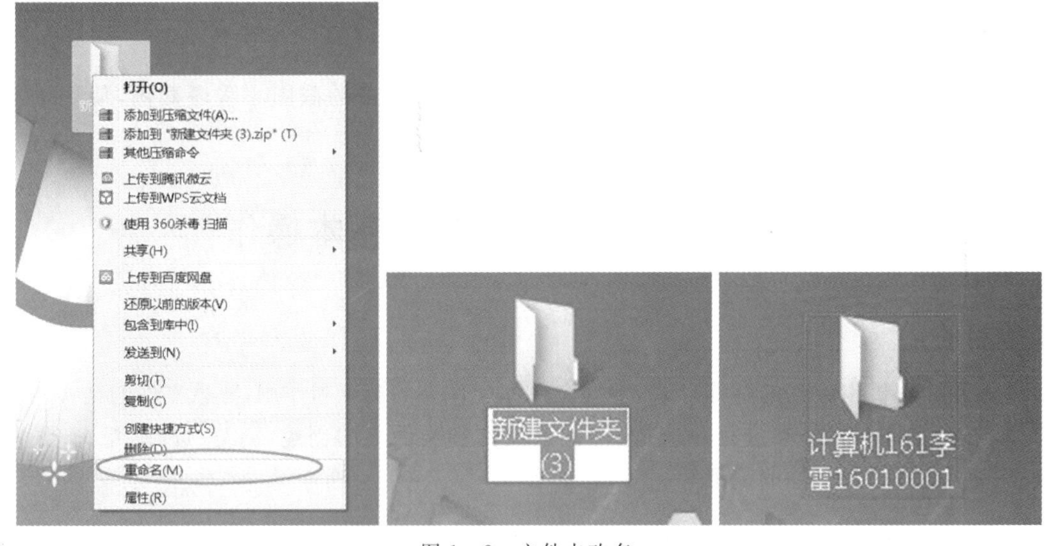

图 1-2 文件夹改名

步骤 3 单击进入改名后的文件夹，在文件夹内部创建四个文件夹，依次改名为“word”“excel”“ppt”“game”，具体操作方法如步骤 1、步骤 2，如图 1-3 所示。

步骤 4 双击“word”文件夹，进入该文件夹，在文件夹空白处单击鼠标右键，在弹出的

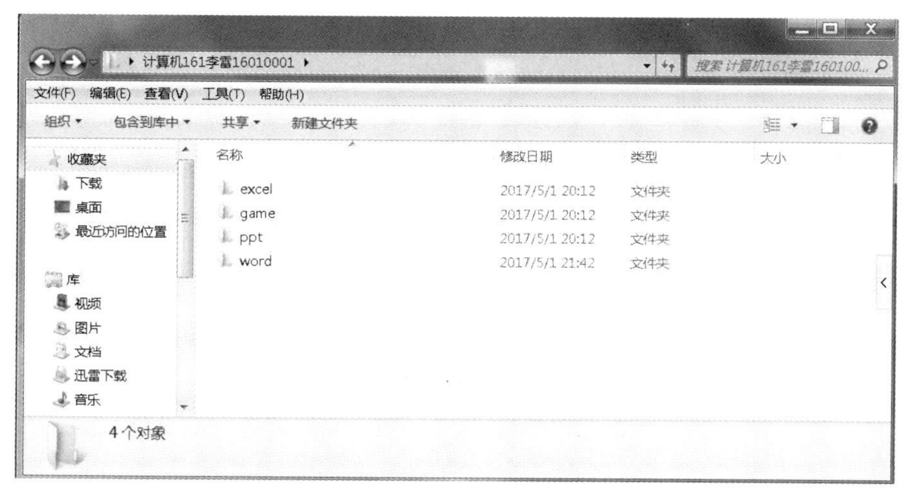

图 1－3　二级文件夹生成

菜单中选择“新建”→“文本文档”命令，如图 1－4 所示。

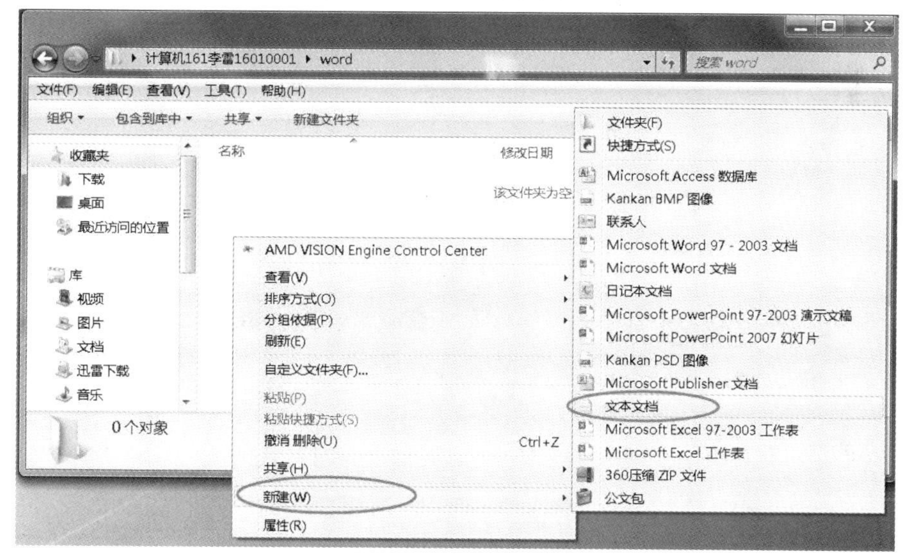

图 1－4　新建文本文档

步骤 5　用鼠标右键单击文本文档选择“重命名”，文件改名类似文件夹改名，但需注意，一个文件的文件名由两部分组成，即主文件名和文件的扩展名（文件扩展名代表文件的类型），主文件名和文件扩展名间由“.”隔开，在更改文件名时应仔细，避免将文件的扩展名一起改掉，如图 1－5 所示。

步骤 6　单击上方地址栏处的“计算机 161 李雷 16010001”返回上层文件夹，如图 1－6 所示；选中“game”文件夹，单击右键，在弹出的菜单中选择“删除”命令，如图 1－7 所示。

步骤 7　此时观察桌面上的回收站，当回收站中无内容和有内容时图标显示不同，如图 1－8 所示。

双击鼠标左键进入回收站，选中要恢复的文件或文件夹，单击上方“还原此项目”，或用右键单击要恢复的项目，在弹出的菜单中选择“还原”命令，如图 1－9 所示。

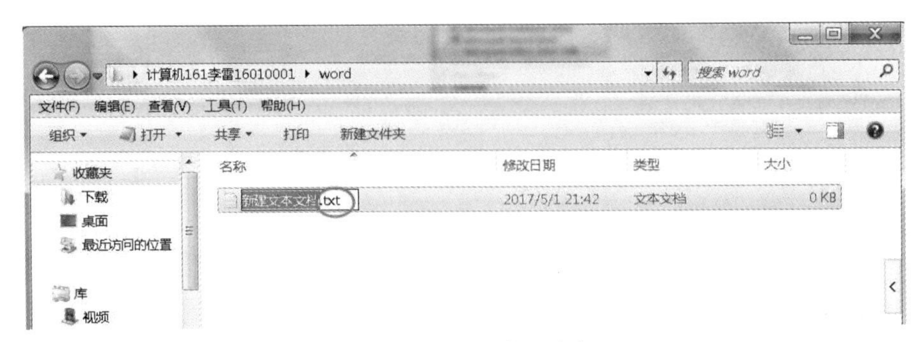

图 1－5　文本文件重命名

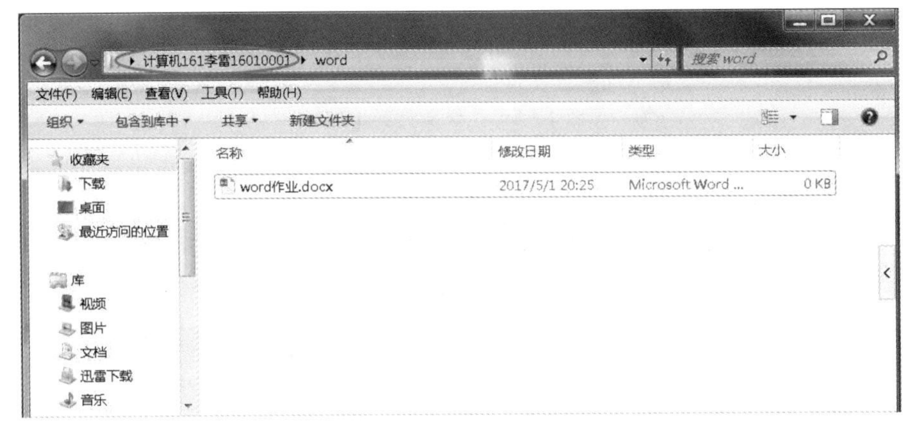

图 1－6　返回上层文件夹

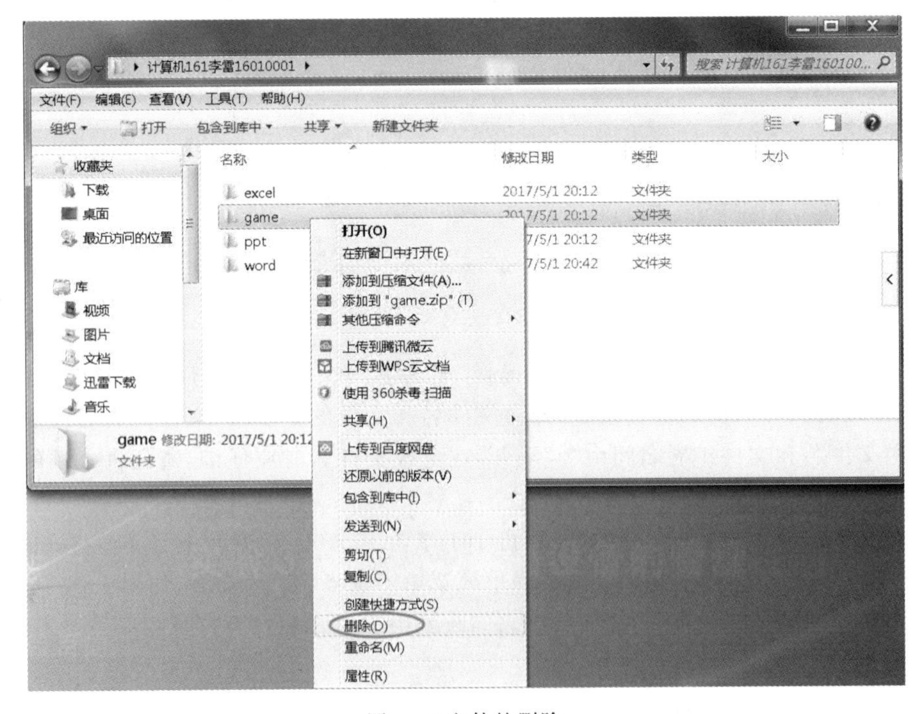

图 1－7 文件的删除

图 1-8　回收站状态显示

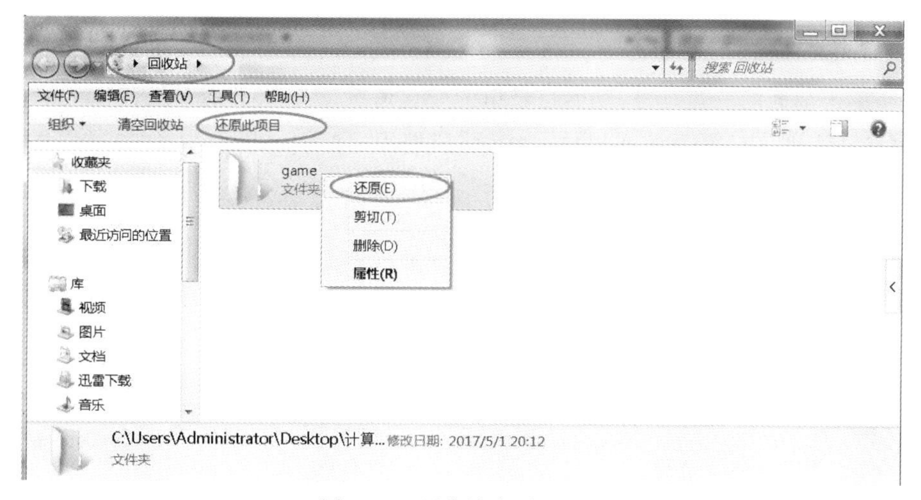

图 1-9　回收站中项目还原

步骤 8　单击文件夹窗口右上角的"×"按钮关闭文件夹窗口，用鼠标右键单击"计算机 161 李雷 16010001"文件夹，在弹出的菜单中选择"添加到'计算机 161 李雷 16010001. zip'"命令（需操作系统中已安装相应的压缩/解压缩软件），将文件夹压缩为同名压缩文件，此时我们所建立的一级、二级文件夹和其中的文件全部被压缩为一个文件，如图 1-10 所示。

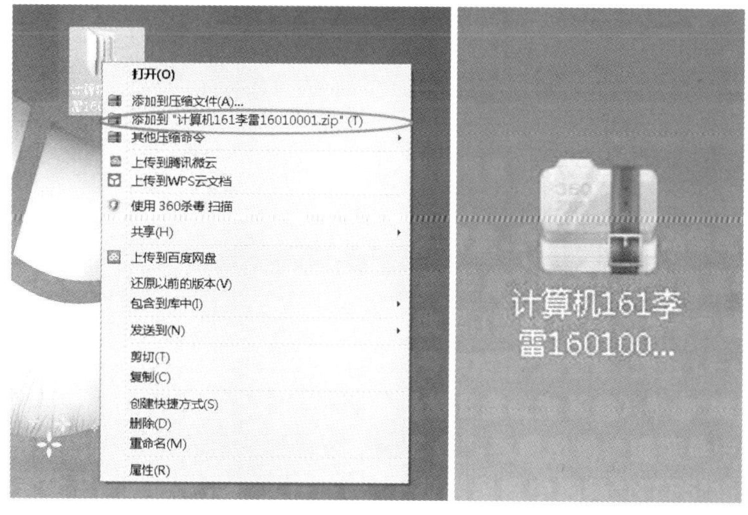

图 1-10　文件夹的压缩

任务2 文件和文件夹的浏览、选择、移动和复制

任务描述

浏览硬盘中已有的文件或文件夹，并且观察不同的查看显示方式以及排序方法；对文件或文件夹进行不同的选择（单选、连续选、间隔选、全选）；移动和复制文件或文件夹。

操作步骤

步骤1 打开“计算机”窗口，在左侧导航栏中单击计算机磁盘前面的右三角，浏览文件夹的树型结构，如图1-11所示，分别单击前面的三角符号，观察目录树的变化情况。

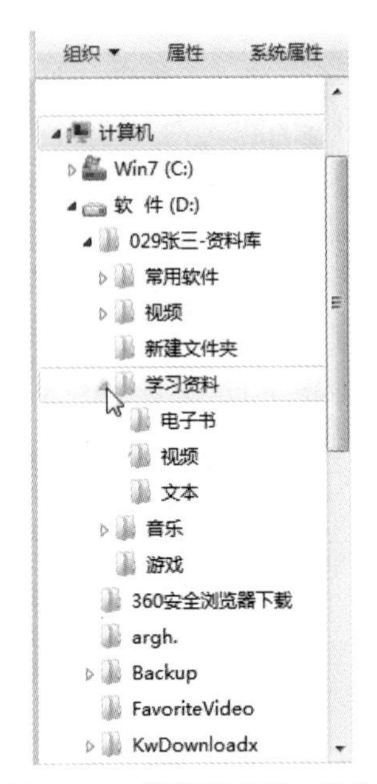

图1-11 资源管理器左窗格

步骤2 打开“C:\Users\Administrator”文件夹，分别通过“超大图标”“大图标”“中等图标”“列表”“详细信息”等方式，查看当前目录下所有对象的信息，注意它们之间的区别。

方法一 选择“查看”，在弹出的下拉菜单中选择查看方式，如图1-12所示。

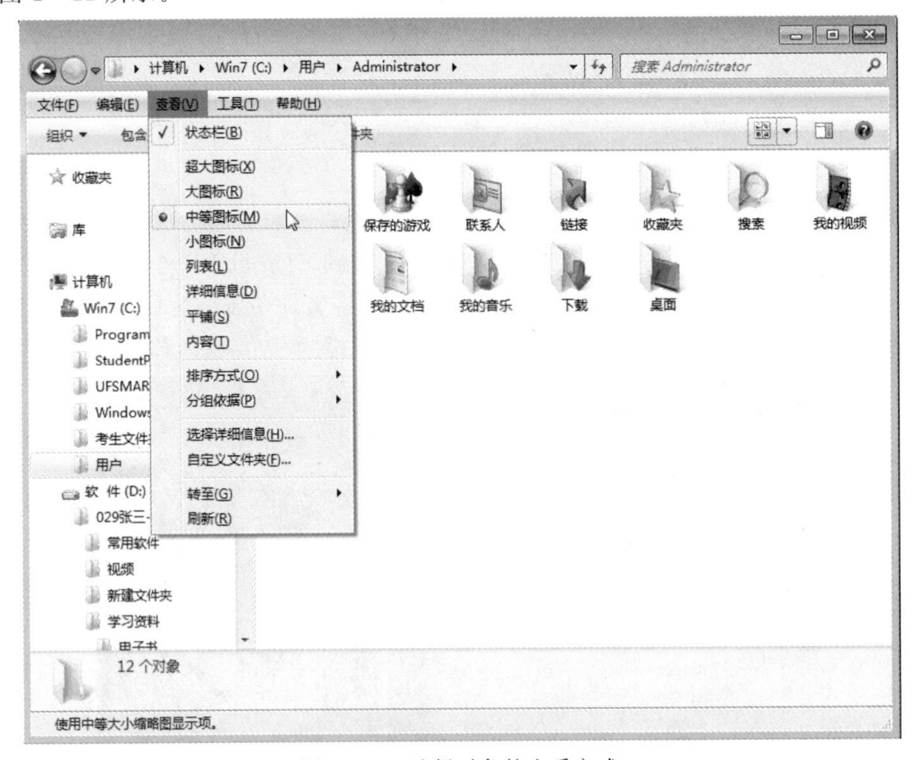

图1-12 选择对象的查看方式

方法二 单击图标“▦ ▾”右侧的下拉箭头，选择相应查看方式。

方法三 在窗口空白处单击鼠标右键，在弹出的快捷菜单中选择查看方式，如图1-13所示。

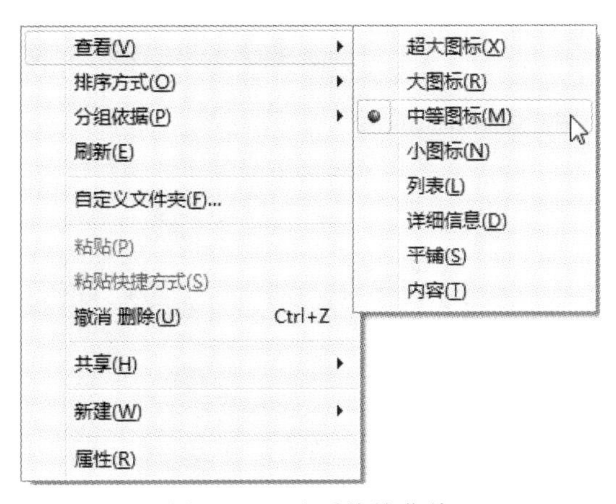

图1-13 查看快捷菜单

步骤3 在当前目录下，按“名称”进行排序。

方法一 单击“查看”→“排序方式”→“名称”命令。

方法二 在当前窗口空白处单击鼠标右键，在弹出的快捷菜单中选择“排序方式”→“名称”命令。

步骤4 按照步骤3的操作方法，将文件和文件夹按“大小”“类型”“修改时间”等方式进行排序。

步骤5 打开“C:\Windows\Web\Wallpaper”文件夹。

单选：用鼠标单击右边窗格中的某个文件，该文件就被选中。

连续选：用鼠标单击第一个文件后，按住 Shift 键，再单击最后一个需要选择的文件即可，如图1-14所示，或者在要选择的文件的外围单击鼠标，并拖动鼠标到最后需要选择的那个文件的位置。

间隔选：用鼠标单击第一个文件后，按住 Ctrl 键，再单击其他需要选择的文件即可，如图1-15所示。

全选：按下快捷键 Ctrl＋A，或单击“编辑”→“全选”命令即可。

步骤6 文件的移动：打开“C:\Windows\Web\Wallpaper”文件夹，选中其中的某些图片，然后将选中的图片移动到“E:\图片”文件夹中。

方法一 通过单击“编辑”→“移动到文件夹”命令，打开“移动项目”对话框，在该对话框中选择目标位置，单击“移动”按钮，如图1-16、图1-17所示。

方法二 通过快捷键 Ctrl＋X(剪切文件)、Ctrl＋V(复制文件)来实现。

方法三 通过鼠标来实现移动。同一磁盘中的移动：选中对象→拖动选定的对象到目标位置；不同磁盘中的移动：选中对象→按 Shift 键→拖动选定的对象到目标位置。

步骤7 文件的复制。

方法一 通过菜单“编辑”→“复制到文件夹”命令。

方法二 通过快捷键 Ctrl＋C(复制文件)，Ctrl＋V(粘贴文件)来实现。

方法三 通过鼠标来实现复制。同一磁盘中的复制：选中对象后按住 Ctrl 键再拖动选定的对象到目标位置；不同磁盘中的复制：选中对象后拖动选定的对象到目标位置。

图 1－14 连续选择

图 1－15 间隔选择

图 1-16　移动文件夹命令

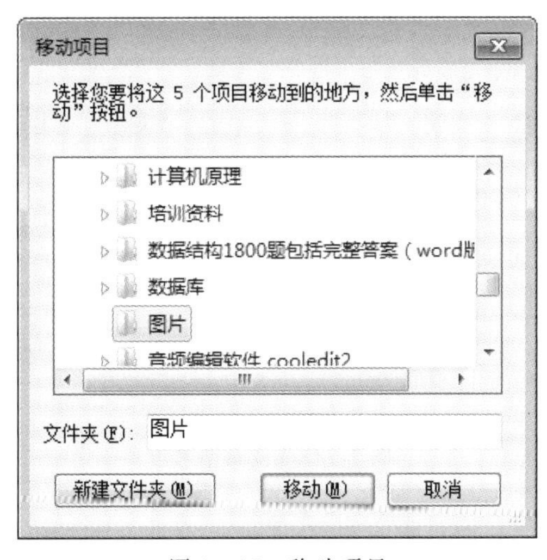

图 1-17　移动项目

任务 3　Windows 7 中搜索功能的应用

任务描述

学习 Windows 7 操作系统，掌握系统中搜索功能的应用。主要任务有两个：搜索应用程序；搜索计算机中存放的文件。

操作步骤

搜索应用程序“腾讯 QQ”。

步骤 1　用鼠标单击桌面左下方“开始”按钮，打开“开始”菜单。

步骤 2　在搜索输入框中输入“腾讯 QQ”，计算机就会自动在所有的程序中进行查找。

搜索文件“winload. exe”。

步骤 3　打开“此电脑”。

步骤 4　在右上角搜索栏中输入“winload”，系统就会自动对相关名称的文件进行搜索，如图 1 - 18 所示。

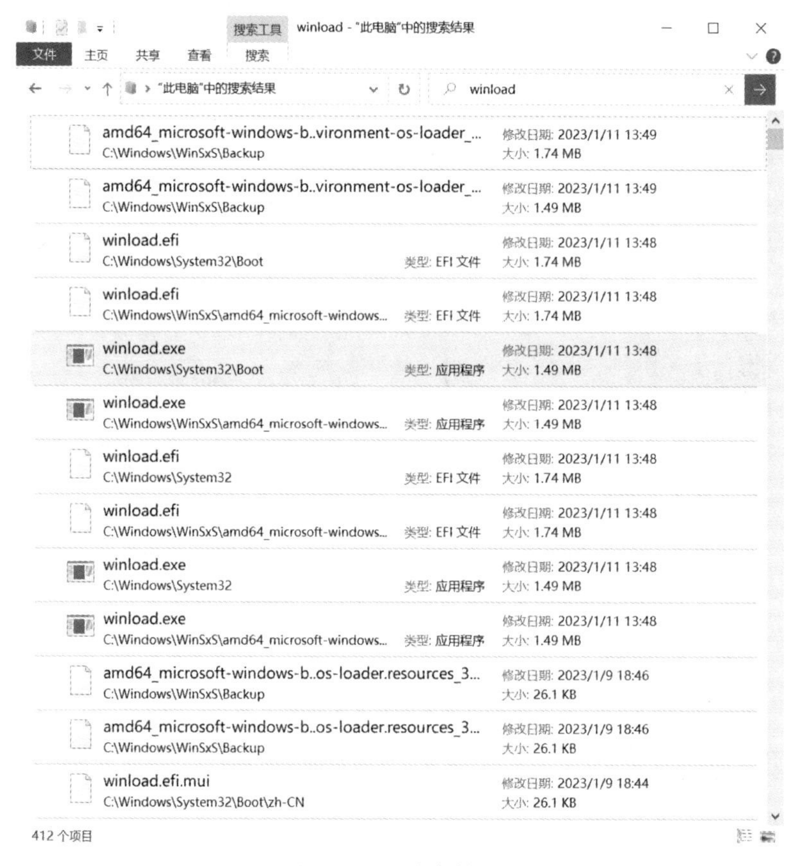

图 1 - 18　搜索结果

步骤 5　自己试着进行其他对象的搜索，掌握搜索功能的应用。

任务 4　文件夹选项与文件属性的设置

任务描述

在 Windows 7 中对文件进行属性设置；对文件夹进行相关文件夹选项设置。

操作步骤

对文件的属性进行设置。

步骤 1　打开“D:\029 张三-资料库\学习资料\文本”文件夹，用鼠标右键单击“操作系统.

txt”,在弹出的快捷菜单中选择“属性”命令,打开该文件的属性对话框,如图 1-19 所示。

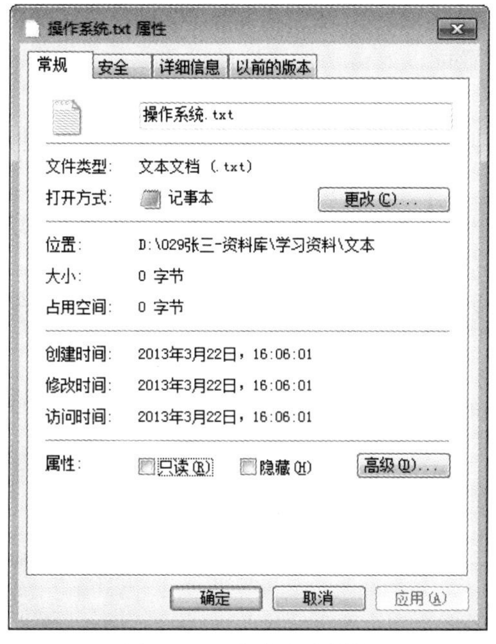

图 1-19　文本文档属性

步骤 2　选中“只读”选项,然后单击“应用”和“确定”按钮。

步骤 3　双击打开“操作系统.txt”文本文件,修改其中的内容。

步骤 4　单击“文件”→“保存”命令,弹出“另存为”对话框,如图 1-20 所示。

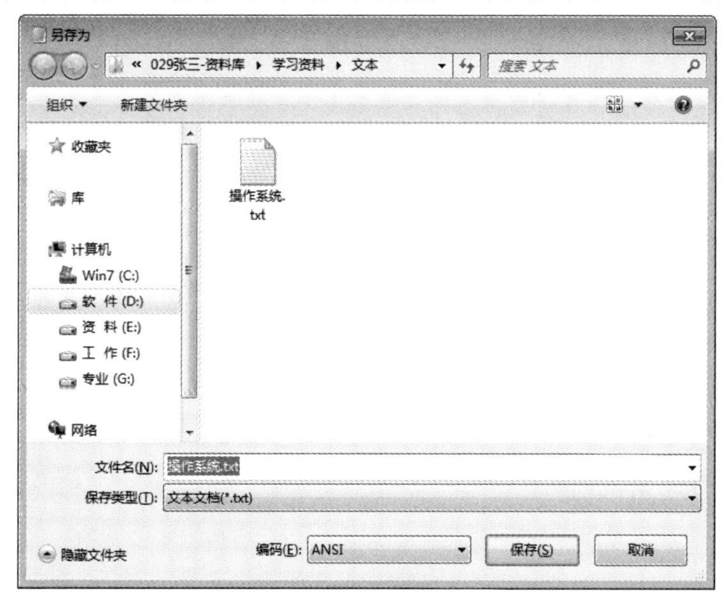

图 1-20　文件另存

【注】文件的只读属性能够保护源文件不被修改,如果要保存修改后的只读文件,就只能对它重命名或更改存储路径。

步骤 5　重复步骤 1，选中“隐藏”选项，确定后返回上一级目录。

步骤 6　再次打开“文本”文件夹，发现刚才设置为隐藏的文件已经消失。

【注】文件夹属性的设置可以效仿文件属性的设置。

文件夹选项的设置。

步骤 7　打开“计算机”窗口，单击“工具”→“文件夹选项”命令，打开“文件夹选项”对话框，如图 1－21 所示。

步骤 8　单击“查看”标签，拖动右侧的滚动条，选中“显示隐藏的文件、文件夹和驱动器”和“隐藏已知文件类型的扩展名”选项，如图 1－22 所示。

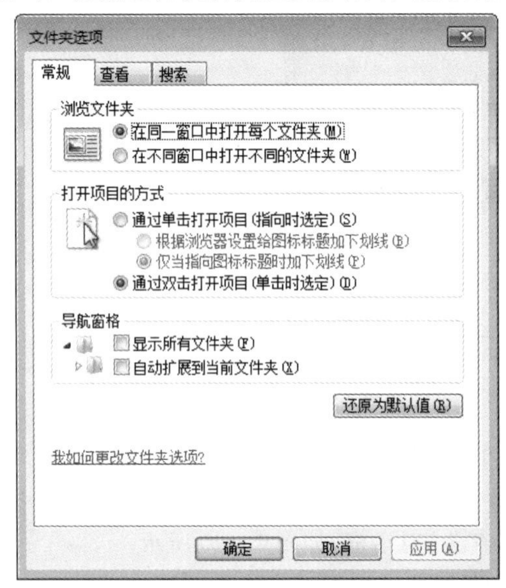

图 1－21　文件夹选项

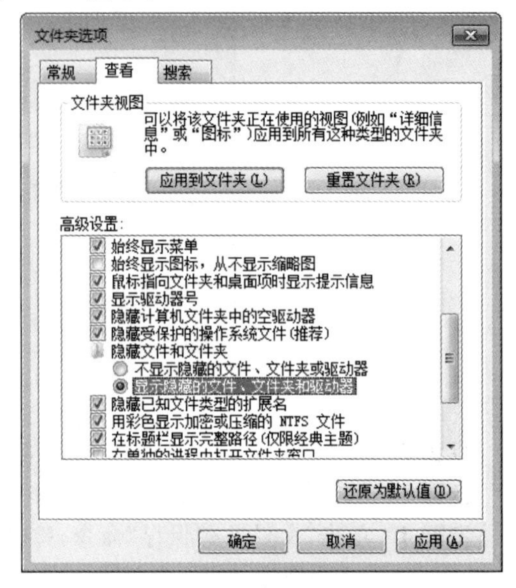

图 1－22　文件夹选项设置

步骤 9　单击“应用”按钮后，结果为，刚才隐藏的文件显示出来了；文件的扩展名被隐藏了。

实验 2　系统环境的设置

实验目的

对 Windows 7 进行基本系统设置，主要包括显示属性、日期和时间、区域属性、登录账户的设置等。

任务 1　显示属性的设置

任务描述

在 Windows 7 中进行个性化设置，对 Windows 的主题、桌面、屏幕保护程序、外观以及分辨率等进行设置。

操作步骤

步骤 1　在桌面空白处单击鼠标右键，在弹出的快捷菜单中选择“个性化”命令，打开属性设置对话框，如图 1－23 所示。

图 1－23　显示属性设置

步骤 2　单击右侧的滚动条，查找安装的主题，用鼠标选择“梦幻泡泡”主题，计算机就会进行响应，更改原有主题，如图 1－24 所示。

步骤 3　单击个性化对话框中的“桌面背景”标签，打开“选择桌面背景”设置窗格，如图 1－25 所示。

步骤 4　选择自己喜欢的图片，然后单击“保存修改”按钮，桌面背景就会更改。

步骤 5　将自己喜欢的图片保存到“D:\029 张三-资料库\pictures”文件夹中，命名为“桌面背景.jpg”。

步骤 6　单击“浏览”按钮，打开“浏览文件夹”窗口，寻找文件夹路径“D:\029 张三-资料库\pictures”，如图 1－26 所示。

步骤 7　单击“保存修改”按钮，如图 1－27 所示。

步骤 8　单击“图片位置”下拉箭头，进行个性化设置。

步骤 9　按照同样的方式，多添加几张图片，更改图片时间间隔，保存修改，查看设置效果。

步骤 10　根据上面的步骤，自己设置桌面图标和屏幕保护程序。

图 1－24 主题更改设置

图 1－25　背景桌面设置

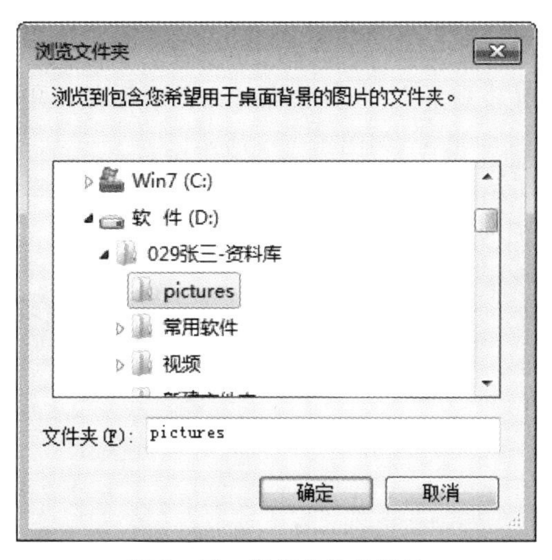

图 1-26　浏览文件夹窗口

图 1-27　位置设置

任务 2　日期时间属性的设置

任务描述

通过“日期和时间”的属性，对本机的时区、日期和时间进行相应修改。

操作步骤

步骤1 用鼠标单击屏幕右下方的时间，在弹出的时间窗口中单击“更改日期和时间设置”，打开“日期和时间”属性对话框，如图 1-28 所示。

步骤2 在图 1-28 所示的对话框中，单击“更改日期和时间”按钮，打开“日期和时间设置”对话框，设置系统的日期和时间，如图 1-29 所示。

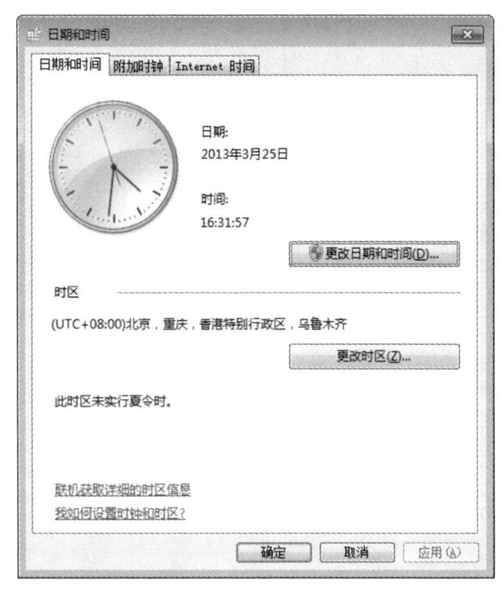

图 1-28 日期和时间属性

图 1-29 日期和时间设置

步骤3 在图 1-28 所示的对话框中，单击“更改时区”按钮，打开时区设置对话框，在时区对应下拉箭头中选择所在的时区。

步骤4 在图 1-28 所示的对话框中，单击“Internet 时间”标签，在打开的对话框中单击“更改设置”命令，打开“Internet 时间设置”对话框，选中“与 Internet 时间服务器同步”选项，在“服务器”下拉列表框中选择“time. windows. com”选项，单击“立即更新”按钮，确认后退出即可。

【注】如果要设置与 Internet 时间同步，则计算机必须与 Internet 连接。

任务3 区域属性的设置

任务描述

设置计算机所处的地理位置区域，对区域选项进行设置，包括数字、货币、日期、时间等数据格式的设置。

操作步骤

步骤1 单击“开始”→“控制面板”→“区域和语言”选项，打开“区域和语言”对话框，如图 1-30 所示。

步骤2 在“区域和语言”对话框中，单击“位置”标签，设定当前位置为中国。

步骤3 单击“格式”标签，在“格式”下拉列表中选择“中文(简体，中国)”选项。

步骤 4　在“日期和时间格式”设置栏中，单击对应项目后面的下拉列表，设置它们的格式。

步骤 5　单击“其他设置”按钮，打开“自定义格式”对话框，如图 1－31 所示。

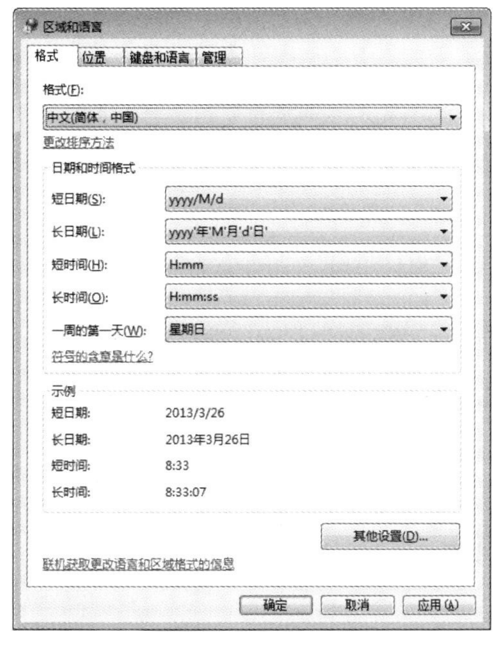

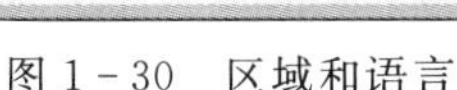
图 1－30　区域和语言

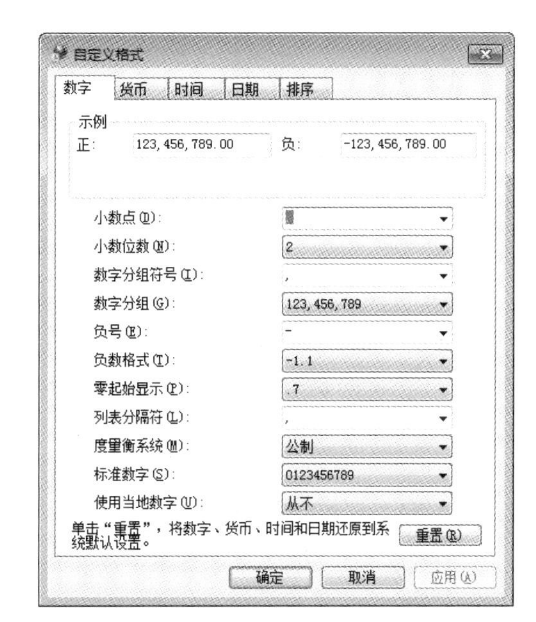

图 1－31　自定义区域选项

步骤 6　打开“数字”选项卡，分别单击各项右边的“下拉箭头”，选择相应格式，设置结果如图 1－31 所示。

步骤 7　打开“货币”选项卡，对货币的表示形式进行设置。

步骤 8　打开“时间”选项卡，对时间的格式进行设置。

步骤 9　打开“日期”选项卡，进行日期格式设置。

步骤 10　打开“排序”选项卡，对“排序方法”进行设置。

步骤 11　单击“应用”按钮，确定后设置的格式生效。

任务 4　系统登录账户的设置

任务描述

在 Windows 7 中建立不同权限的账户，对账户进行基本的操作，包括账户的查看、删除、权限的设置、密码的设置等。

操作步骤

步骤 1　单击“开始”→“控制面板”→“用户账户”选项，打开“用户账户”窗口，如图 1－32 所示。

步骤 2　单击“管理其他账户”链接，打开如图 1－33 所示窗口。

步骤 3　单击“创建一个新账户”链接，进入账户创建对话框，输入新账户的名称为“lily”，权限设置为“标准用户”，如图 1－34 所示。

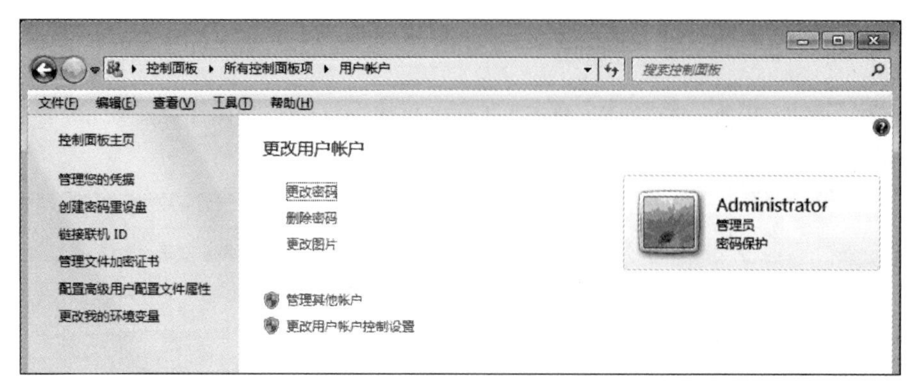

图 1－32 “用户账户”窗口

图 1－33 账户管理

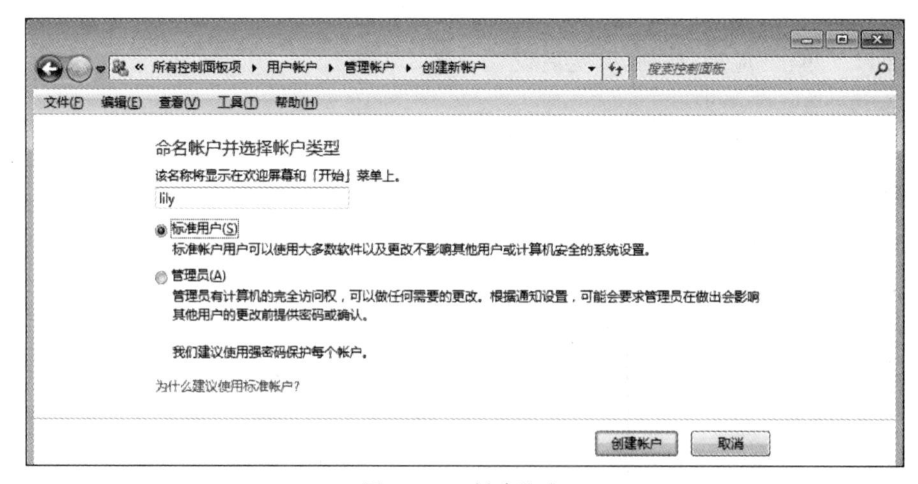

图 1－34 创建账户

步骤4　单击“创建账户”按钮，账户创建成功，如图1-35所示。

图1-35　账户创建结果

步骤5　单击新创建的账户“lily”，进入“更改lily账户”窗格，如图1-36所示。

图1-36　更改账户

步骤6　单击“创建密码”链接，进入密码创建流程，输入密码“123”，如图1-37所示。

步骤7　单击“创建密码”按钮，密码创建成功，如图1-38所示。

步骤8　根据上面的步骤，自己进行“更改账户名称”“删除账户”“更改账户类型”等项目的学习。

步骤9　用鼠标右键单击桌面图标“计算机”→“管理”→“本地用户和组”→“用户”选项，打开“计算机管理”窗口，查看所有账户信息，并对账户进行相应设置，如设置密码、重命名、删除、禁用等，如图1-39所示。

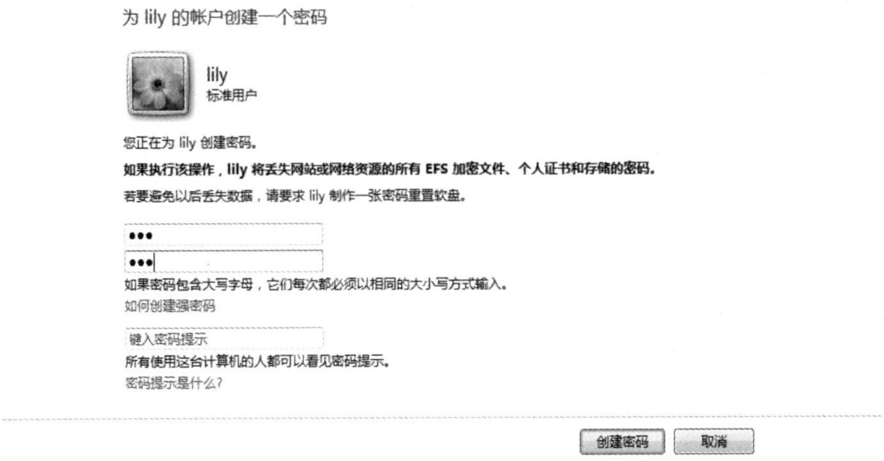

为 lily 的帐户创建一个密码

lily
标准用户

您正在为 lily 创建密码。

如果执行该操作，lily 将丢失网站或网络资源的所有 EFS 加密文件、个人证书和存储的密码。

若要避免以后丢失数据，请要求 lily 制作一张密码重置软盘。

•••

•••

如果密码包含大写字母，它们每次都必须以相同的大小写方式输入。

如何创建强密码

键入密码提示

所有使用这台计算机的人都可以看见密码提示。

密码提示是什么？

创建密码 取消

图 1-37 创建密码

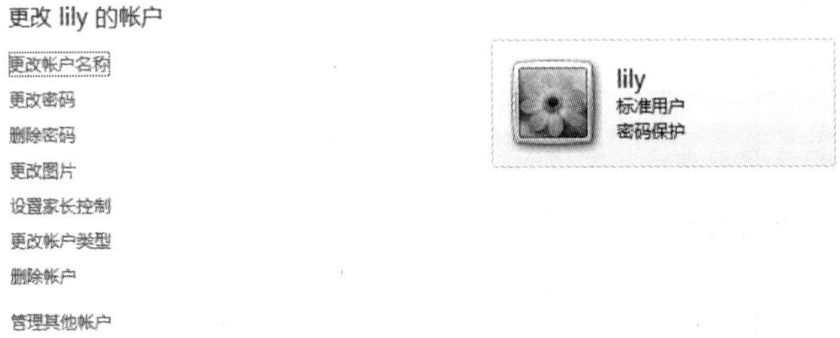

更改 lily 的帐户

更改帐户名称

更改密码

删除密码

更改图片

设置家长控制

更改帐户类型

删除帐户

管理其他帐户

lily
标准用户
密码保护

图 1-38 密码创建结果

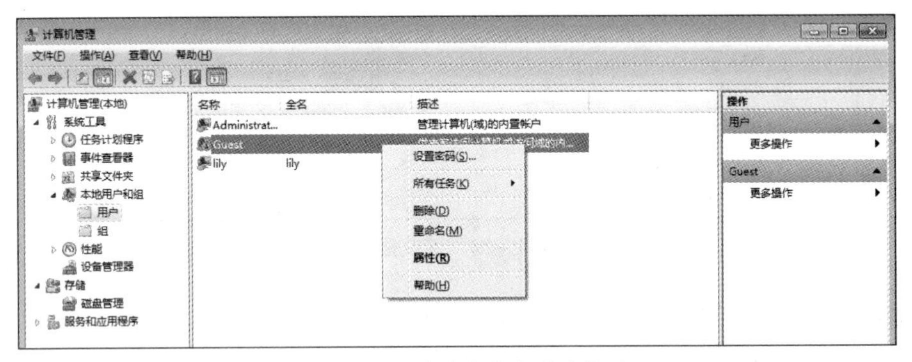

图 1-39 用户账户的查看及管理

实验 3 计算机存储设备的管理

实验目的

通过实验，要求能够对磁盘进行相应操作，包括对磁盘的管理、清理、碎片整理，以及掌握移动设备(U 盘)的使用方法等。

任务 1 磁盘的管理

任务描述

磁盘是计算机的核心部件之一，存储着系统和用户的所有信息，所以我们必须对硬盘进行定期管理，包括磁盘信息的查看、驱动器名称的更改、磁盘的格式化、逻辑驱动器的建立和删除等。

操作步骤

步骤 1 用鼠标右键单击“计算机”→“管理”→“存储”→“磁盘管理”选项，打开磁盘管理界面，如图 1-40 所示。

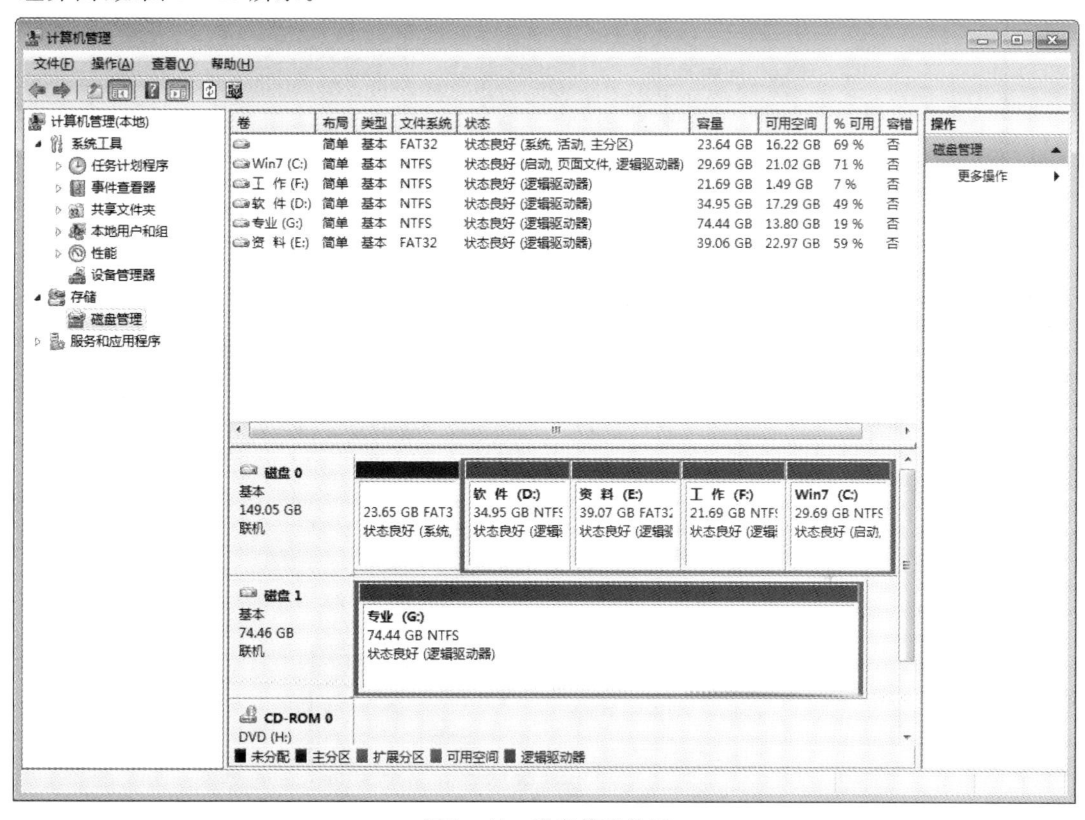

图 1-40 磁盘管理界面

步骤 2 查看各驱动器的基本信息，包括名称、容量、分区类型、使用情况等。

步骤 3 更改驱动器的名称。用鼠标右键单击“E 盘”，在弹出的快捷菜单中选择“更改驱动器名和路径”命令，如图 1-41 所示，打开“更改 E:(资料)的驱动器号和路径”对话框，如图 1-42 所示，单击“更改”按钮，弹出“更改驱动器号和路径”对话框，如图 1-43 所示，单击右侧的下拉箭头，在弹出的字母中选择“K”选项(就是将 E 盘改为 K 盘)，单击“确定”按钮。

步骤 4 格式化驱动器。用鼠标右键单击“E 盘”，在弹出的快捷菜单中选择“格式化”命令，打开“格式化 E:”对话框，在“文件系统”下拉列表框中选择“NTFS”格式，选中“执行快速格式化”复选框，如图 1-44 所示，单击“确定”按钮即可。

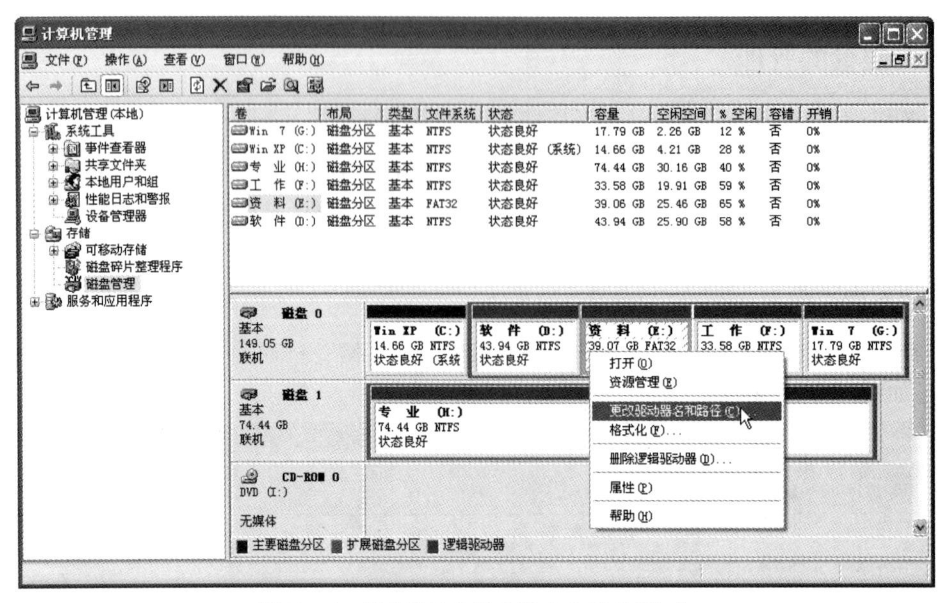

图 1-41 选择“更改驱动器名和路径”命令

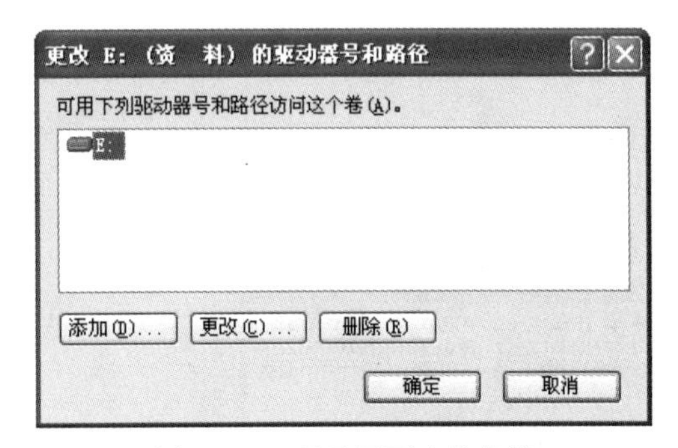

图 1-42 显示要更改的盘符

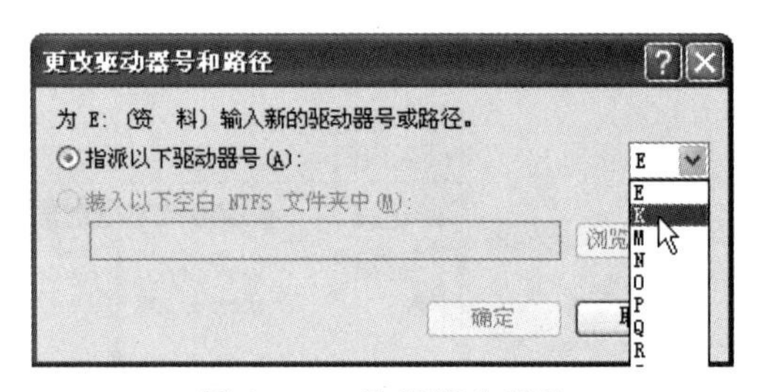

图 1-43 选择驱动器号

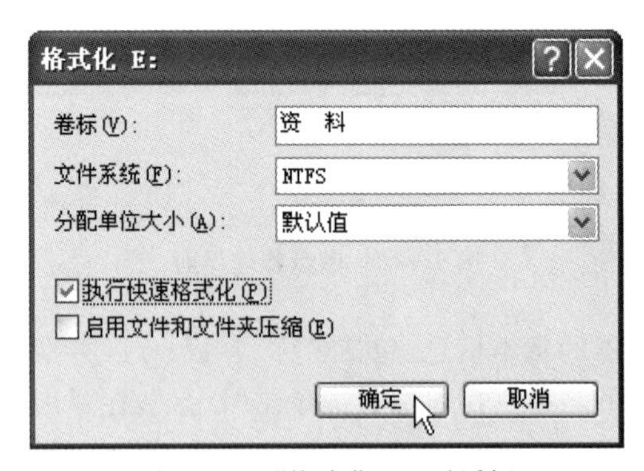

图 1-44 “格式化 E:”对话框

【注】执行格式化后，E 盘上所有数据信息将丢失，所以在进行格式化之前，首先要对 E 盘上的数据进行备份。

步骤 5 删除逻辑驱动器 E。用鼠标右键单击“E 盘”，在弹出的快捷菜单中选择“删除逻辑驱动器”命令，确认删除即可。

步骤6　新建逻辑驱动器。右键单击“可用空间”(一般用绿色标注),在弹出的快捷菜单中选择“新建逻辑驱动器”命令。

步骤7　在打开的“磁盘分区向导”窗口中,单击“下一步”按钮,选中“逻辑驱动器”,单击“下一步”按钮,通过单击“分区大小”右侧的“⬍”箭头,设置分区的大小为“52611 MB”。单击“下一步”按钮,单击“指派驱动器号”右侧的下拉箭头,选中“F”。单击“下一步”按钮,设置“文件系统”为“NTFS”,选中“执行快速格式化”复选框。单击“下一步”→“完成”按钮,新的逻辑驱动器(E)建立成功。

任务2　磁盘清理

任务描述

对磁盘进行清理,删除计算机上不需要的文件及临时文件、清空回收站等,回收存储空间供用户使用。

操作步骤

步骤1　单击“开始”按钮,在程序搜索输入框中输入“磁盘清理”,系统响应后,在“开始”菜单中显示“磁盘清理”程序,单击此程序,打开“磁盘清理:驱动器选择”对话框,如图1-45所示。

步骤2　在“驱动器”下拉列表中选择“D盘”,单击“确定”按钮,打开“软件(D:)的磁盘清理”对话框,在“需要删除的文件”选择框中选择需要删除的文件,单击“确定”按钮即可。

步骤3　在“软件(D:)的磁盘清理”对话框中打开“其他选项”选项卡,如图1-46所示。

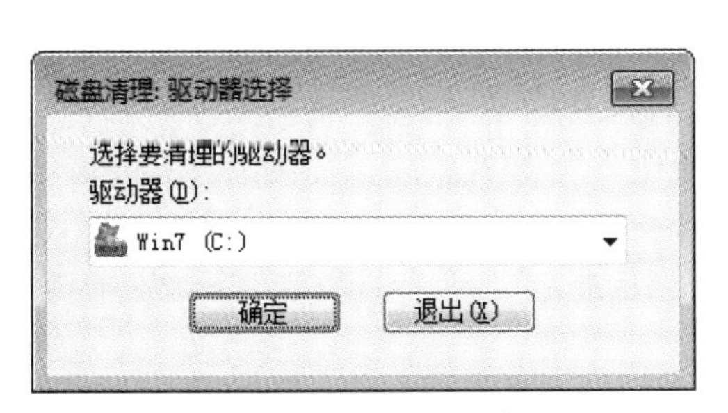

图1-45　驱动器选择窗口

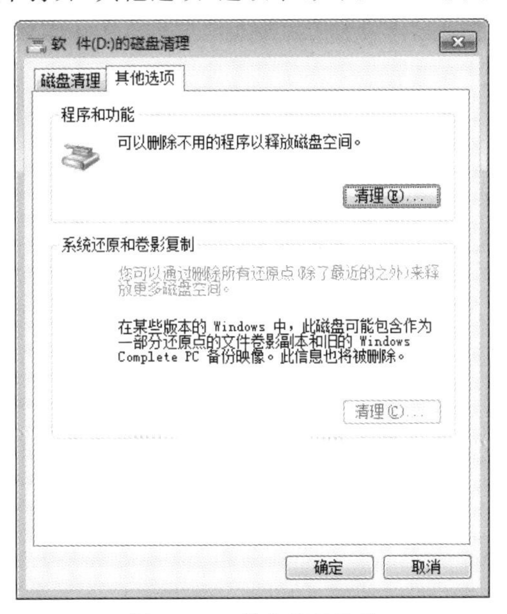

图1-46　其他清理选项

步骤4　单击“程序和功能”栏中的“清理”按钮,弹出“卸载或更改程序”窗格,对那些不用的程序进行删除,释放更多的磁盘空间,如图1-47所示。

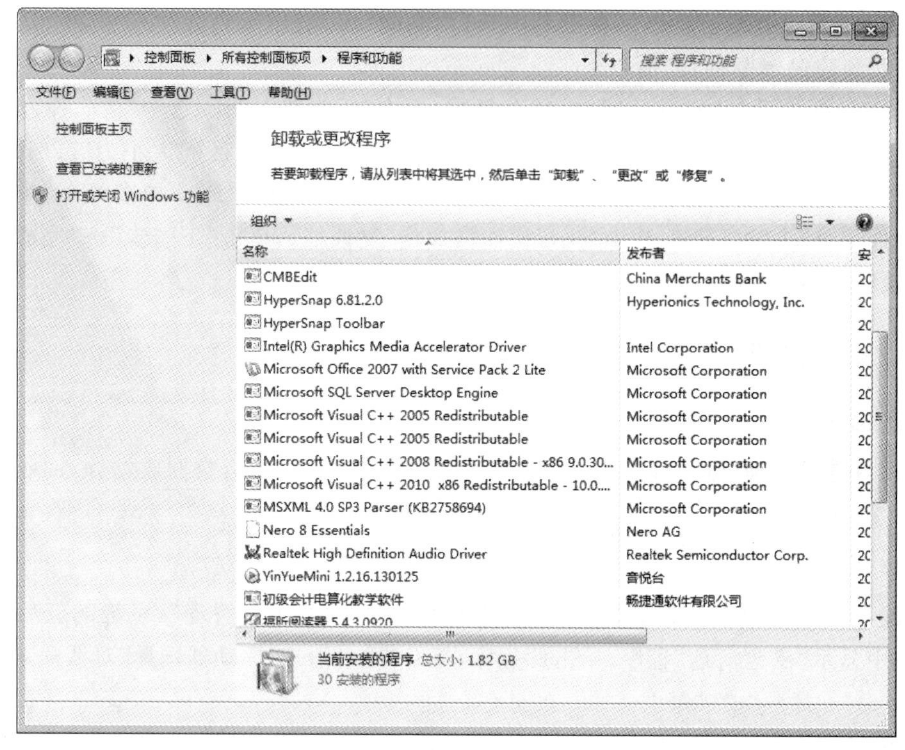

图 1-47　卸载或更新程序

任务 3　磁盘碎片整理

任务描述

计算机经过长期使用后，会在磁盘上产生一些碎片和凌乱的文件，需要进行整理，释放出更多的磁盘空间，以提高计算机的整体性能和运行速度。

操作步骤

步骤 1　单击“开始”按钮，在程序搜索输入框中输入“磁盘碎片整理程序”，系统响应后，在“开始”菜单中显示“磁盘碎片整理程序”，单击此程序，打开“磁盘碎片整理程序”窗口，如图 1-48 所示。

步骤 2　选中 E 盘，单击下方的“分析磁盘”按钮，查看“磁盘碎片”情况。

步骤 3　分析完成后，单击“磁盘碎片整理”按钮，开始碎片整理，结果如图 1-49 所示。

步骤 4　重复以上操作，对其他盘符进行碎片整理。

【注】要进行碎盘整理，被整理磁盘必须有 15%的剩余空间，所以整理之前首先检查磁盘的利用情况。

图 1－48　“磁盘碎片整理程序”窗口

图 1－49　磁盘碎片整理

任务4 移动设备的使用

任务描述

掌握移动磁盘的正确使用方法，以及简单故障的排除。

操作步骤

步骤1 把移动设备盘插入计算机的USB接口中，待屏幕右下角出现图标，说明计算机已经检测到了移动设备盘。

步骤2 打开“计算机”选择移动设备盘进行操作，如重命名、数据传输、格式化、查杀病毒等。

步骤3 如果在屏幕右下方有移动设备盘的图标，但是在“计算机”中找不到移动设备盘，一般打开“磁盘管理”，更改移动设备盘的驱动器名称即可。

步骤4 退出移动设备盘时不能直接拔出，否则可能会损坏数据，一般有两种方法。

方法一 单击屏幕右下角图标，打开如图1-50所示的面板。

图1-50 USB设备列表

选择“弹出USB DISK 2.0”选项，等到弹出如图1-51所示的提示框以后，就可以拔掉U盘了。

图1-51 安全地移除硬件提示框

方法二 打开“计算机”，在右边的磁盘信息窗口中，找到需要弹出的移动存储设备，在上面单击鼠标右键，在弹出的快捷菜单中选择“弹出”命令，等到系统弹出如图1-51所示的提示框后，就可以拔下移动设备。

实验4 计算机应用软件的安装和使用

实验目的

通过实验，掌握常用应用软件的安装和卸载方法、程序的运行方式、快捷方式的创建以及任务管理器的使用等。

任务1　应用软件的安装

任务描述

应用软件一般分为绿色软件和非绿色软件，它们的安装方式是不同的，通过对这两种软件的安装，掌握常用应用软件的安装方法。

操作步骤

绿色软件的安装：先从网上或软件光盘上获取需要的软件，然后将组成该软件系统的所有文件按原结构复制到计算机硬盘上即可。

非绿色软件的安装：通常的操作方法是双击安装程序 setup. exe 或 install. exe，根据安装向导进行操作即可。

下面以 QQ 的安装为例进行操作。

步骤1　从网上下载"QQ PC 版"安装程序，保存在"D:\软件"文件夹中。

步骤2　双击 QQ 安装程序，打开安装向导窗口，选中"已阅读并同意软件协议"，单击"下一步"按钮，选择"安装选项"，设置"快捷方式选项"。单击"下一步"按钮，选择"安装路径"为"C:\Program Files\Tencent\QQ"，选择"个人文件夹"保存到"我的文档"选项。单击"下一步"按钮进行安装，最后单击"完成"按钮即可。

安装软件一般分为以下六步：运行安装程序→接受协议→选择安装组件→安装目录设置→进行安装→单击"完成"按钮。

任务2　应用软件的卸载

任务描述

卸载计算机上的应用软件，掌握不同软件的卸载方法。

操作步骤

绿色软件的卸载：将组成该软件系统的所有文件从计算机上删除即可。

【注】绿色软件有时除了删除文件外还需清除注册表。

非绿色软件的卸载：需要通过相应卸载程序来实现，一般有两种方法，下面以卸载 QQ 聊天软件为例进行卸载操作。

方法一　利用自身所带的卸载程序进行卸载。

步骤1　单击"开始"→"程序"→"腾讯软件"→"腾讯 QQ"→"卸载腾讯 QQ"命令，如图1-52所示。

步骤2　弹出卸载确认对话框，单击"是"按钮，开始卸载，如图1-53所示。

方法二　利用"控制面板"中的"添加删除程序"来进行卸载。

步骤1　单击"开始"→"控制面板"→"应用和功能"选项。

步骤2　找到"腾讯 QQ"选项，如图1-54所示。

步骤3　单击"卸载"按钮，根据提示操作即可。

图 1-52 “卸载程序”确认

图 1-53 卸载进度

图 1-54 选择卸载程序

任务 3 程序快捷方式的建立

任务描述

快捷方式是 Windows 提供的一种快速启动程序、打开文件或文件夹的方法，是应用程序的快速链接，通过实验进一步理解快捷方式的本质，掌握创建快捷方式的方法。

操作步骤

步骤 1 用鼠标右键单击桌面空白处，在弹出的快捷菜单中选择“新建”→“快捷方式”命令，打开“创建快捷方式向导”窗口。

步骤 2 在向导窗口中单击“浏览”按钮，选择需要建立快捷方式的应用程序，如：“C:\Program Files\QQ\Bin\QQ.exe”文件。

步骤 3 单击“确定”→“下一步”→“输入快捷方式名称”→“完成”按钮。

步骤 4 查看桌面，出现图标。

任务 4 程序的运行与结束

任务描述

以 QQ 聊天程序为例进行操作，学习程序的运行与结束方法，以及通过任务管理器终止那些结束不了或无响应的程序。

操作步骤

步骤 1 运行 QQ 聊天程序。

方法一 单击“开始”→“腾讯软件”→“腾讯 QQ”即可。

方法二 打开“C:\Program Files\QQ\Bin”文件夹，双击“QQ.exe”文件。

方法三 双击桌面 QQ 快捷方式。

步骤 2 结束 QQ 聊天程序。

方法一 单击 QQ 窗口右上角上的☒(关闭)按钮。

方法二 利用快捷键 Alt+F4。

步骤 3 用任务管理器关闭未响应的程序。

按“Ctrl+Alt+Del”组合键(或用鼠标右键单击任务栏)，选择“任务管理器”选项，如图1-55所示。在打开的任务管理器窗口中找到 QQ，选中后单击“结束任务”按钮即可。

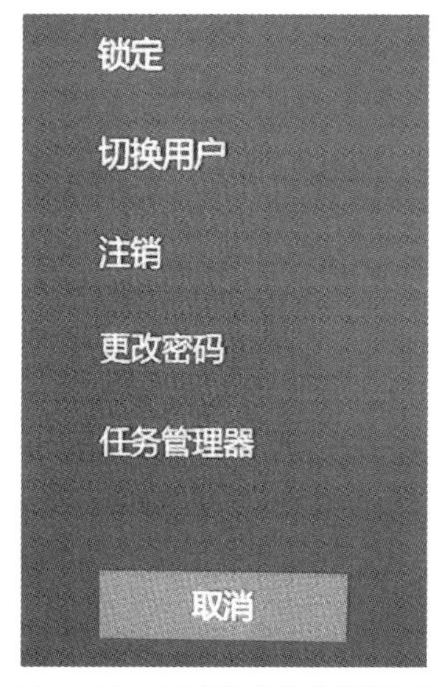

图 1-55 选择“任务管理器”选项

实验 5 Windows 系统截图功能

在使用 Windows 时，经常需要进行截图。目前 QQ、电脑版微信以及 Office(Word、Excel、PPT)都带截图功能。但是若计算机中未安装这些应用程序，或计算机未连接网络，无法登录 QQ 等软件时需要使用截图功能，该如何操作呢?

实验目的

目前 Windows 系统自带的截图功能主要有两种使用方式：一种是使用系统自带的截图小程序；还有一种是使用 PrintScreen 功能。通过实验，掌握 Windows 系统中自带的截图功能。

任务 1 使用 Windows 7 自带截图工具

任务描述

从 Windows 7 开始，在系统附件中出现了截图小程序，使用该程序即可进行截图。

操作步骤

步骤 1 点击“开始”→“附件”→“截图工具”,如图 1-56 所示。

图 1-56 Windows 截图工具

步骤 2 “截图工具”启动后界面如图 1-57 所示,单击“新建”按钮右侧的下拉箭头,选择截图方式后就可以进行截图了,如图 1-58 所示。截图时使用鼠标左键拖动鼠标框选截图区域完成截图。

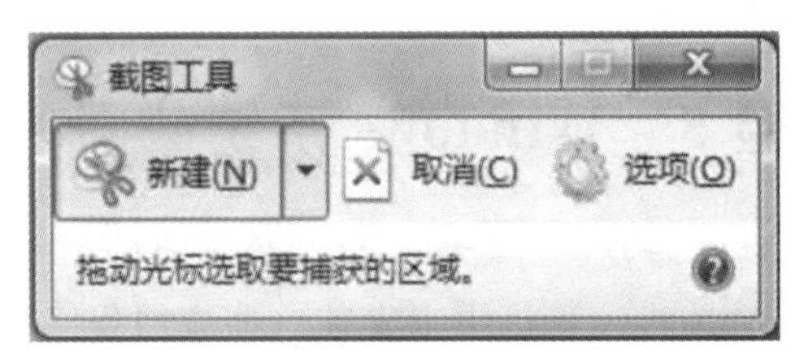

图 1-57 截图工具界面

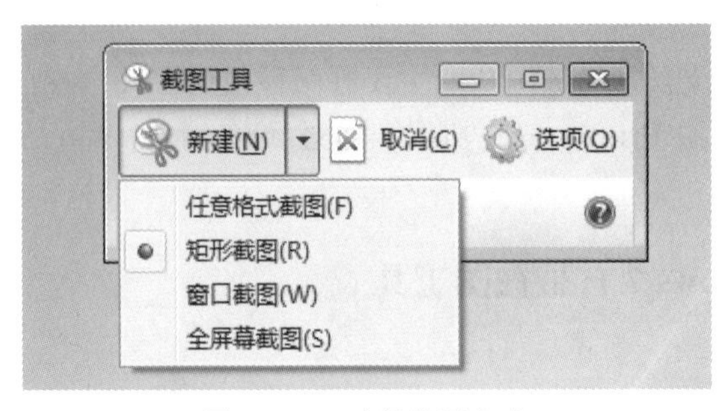

图 1-58 选择截图方式

任务 2　使用 PrtSc 系统截图键

任务描述

其实早在 Windows 7 自带的截图工具之前，Windows 系统就一直存在系统截图功能。在台式机或笔记本电脑的键盘上方(上方中间或偏右位置)可以看到一个“PrtSc”按键，如图 1－59 所示。“PrtSc”按键是 PrintScreen 的缩写，也就是截屏键。

【注】笔记本电脑的“PrtSc”按键一般需配合“Fn”功能键使用。

操作步骤

步骤 1　打开需要截图的界面后按键盘上的“PrtSc”键，如图 1－59 所示。

图 1－59　键盘上的 PrtSc 键

步骤 2　使用“PrtSc”按键截图后，截图内容存放在 Windows 剪贴板中，而不是直接输出，因此用户需要自己使用某个程序来粘贴并保存该截图。例如，使用“PrtSc”键截图后，在 Windows 附件的“画图”中粘贴当前截图并保存。或使用“PrtSc”按键截图后，在 Word 文档中直接粘贴当前截图。

第 2 章　计算机网络应用基础实验

实验概要

计算机网络是通信技术与计算机技术相结合的产物，随着社会的发展网络已涉及政治、经济、军事、日常生活等人类社会生活的各个领域，成为当前信息社会的基础，是信息交换、资源共享和分布式应用的重要手段。

本章通过具体案例来介绍 Windows 系统下的网络基础操作，以加深学生对知识点的理解及运用。3 项实验如下：

(1)本机 IP 地址查询与修改。掌握 Windows 系统下的本机 IP 地址查询与 IP 地址修改的方法。

(2)本机 MAC 地址查询。掌握 Windows 系统下本机 MAC 地址查询的方法。

(3)通过电子邮件发送文件。掌握电子邮件的发送与通过电子邮件发送文件的方法。

实验 1　本机 IP 地址查询与修改

实验目的

掌握 Windows 系统下本机 IP 地址查询与 IP 地址修改的方法。

任务 1　Windows 系统下的 IP 地址查询

任务描述

通过最常见的两种方法在 Windows 系统下查询本机 IP 地址。

方法一　使用“ipconfig”命令。

操作步骤

步骤 1　打开 Windows“开始”菜单→附件→命令提示符，如图 2-1 所示。

图 2-1　运行命令提示符

步骤 2　在打开的界面输入“ipconfig”命令，并按回车执行，如图 2-2 所示。

命令提示符

```
Microsoft Windows [版本 10.0.19044.2486]
(c) Microsoft Corporation。保留所有权利。

C:\Users\DreamBase>ipconfig
```

图 2-2　命令提示符界面

步骤 3　执行“ipconfig”命令后显示相关信息，其中 IPv4 和 IPv6 为响应 IP 信息。目前大多数网络使用的是 IPv4 协议，因此 IPv4 后面的数字即当前本机的 IP 地址，如图 2-3 所示。除了 IP 地址外，还可以看到相应的子网掩码及网关信息。

命令提示符

```
以太网适配器 以太网:

   媒体状态  . . . . . . . . . . . . : 媒体已断开连接
   连接特定的 DNS 后缀 . . . . . . . :

无线局域网适配器 本地连接* 1:

   媒体状态  . . . . . . . . . . . . : 媒体已断开连接
   连接特定的 DNS 后缀 . . . . . . . :

无线局域网适配器 本地连接* 10:

   媒体状态  . . . . . . . . . . . . : 媒体已断开连接
   连接特定的 DNS 后缀 . . . . . . . :

无线局域网适配器 WLAN:

   连接特定的 DNS 后缀 . . . . . . . :
   本地链接 IPv6 地址. . . . . . . . : fe80::8a3:1de2:78aa:26a6%3
   IPv4 地址 . . . . . . . . . . . . : 192.168.2.109
   子网掩码  . . . . . . . . . . . . : 255.255.255.0
   默认网关. . . . . . . . . . . . . : 192.168.2.1

以太网适配器 蓝牙网络连接:

   媒体状态  . . . . . . . . . . . . : 媒体已断开连接
   连接特定的 DNS 后缀 . . . . . . . :
```

图 2-3　ipconfig 命令显示信息

方法二　在 Windows 网络组件中查看 IP 信息。

步骤 1　用鼠标右键单击桌面上的“网络”图标，在打开的快捷菜单中选择“属性”选项（或在控制面板中选择“网络”），如图 2-4 所示。

步骤 2　在“网络和共享中心”中选择“更改适配器设置”，如图 2-5 所示。

步骤 3　在“网络连接”中选择“当前连接”，右键单击选择“状态”选项，如图 2-6 所示。

步骤 4　在显示的“网络连接详细信息”对话框中查找 IPv4 地址，如图 2-7 所示。

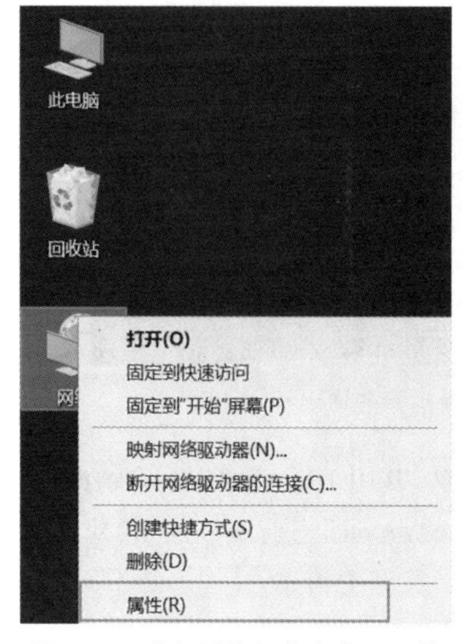

图 2-4 进入网络与共享中心组件

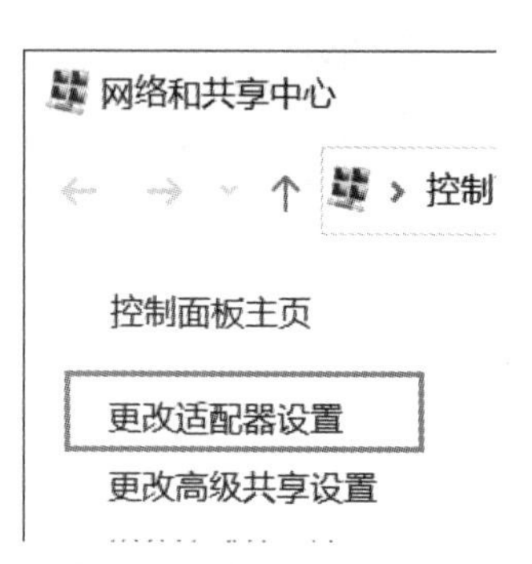

图 2-5 更改适配器设置

图 2-6 查看本地连接状态

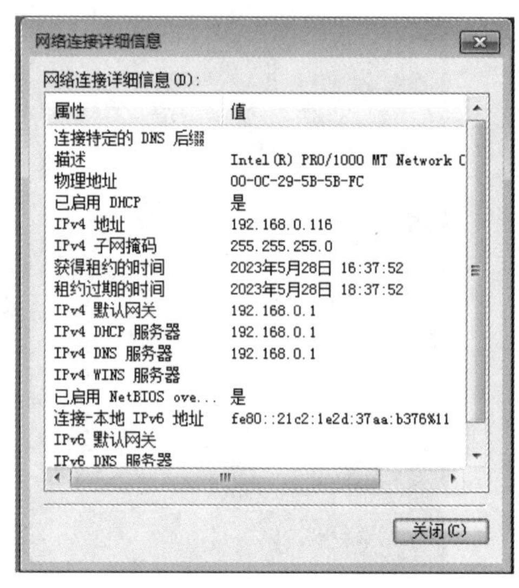

图 2-7 网络连接详细信息

任务 2 Windows 系统下的 IP 地址设置

任务描述

在 Windows 系统下设置本机 IP 地址。

操作步骤

步骤 1 用鼠标右键单击桌面上的“网络”图标，在弹出的快捷菜单中选择“属性”选项（或在控制面板中选择“网络”），如图 2-4 所示。

步骤 2 在“网络和共享中心”中选择“更改适配器设置”选项，如图 2-5 所示。

步骤 3 在“网络连接”中选择“当前连接”，右键单击选择“属性”选项，如图 2-8 所示，打开“本地连接 属性”对话框，如图 2－9 所示。

图 2－8　选择本地连接 属性

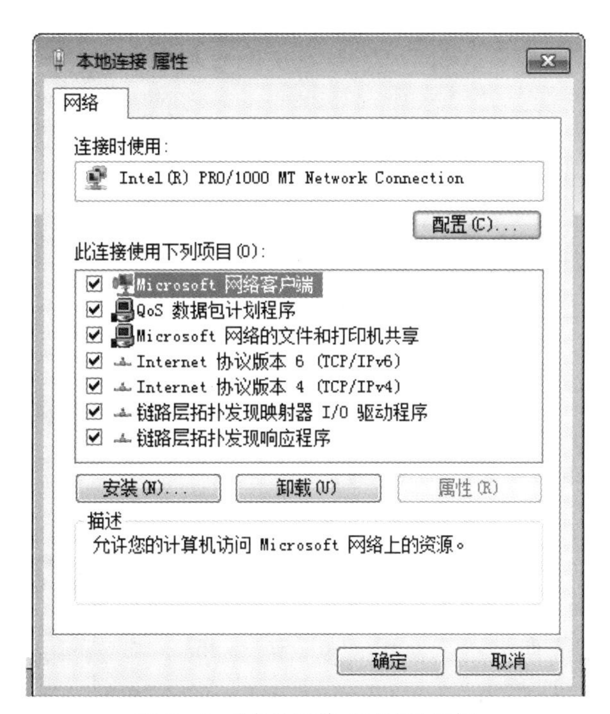

图 2－9　“本地连接 属性”对话框

步骤 4　在“本地连接 属性”中左键双击“Internet 协议版本 4(TCP/IPv4)”，打开“Internet 协议版本 4(TCP/IPv4)属性”对话框。

步骤 5　在 IPv4 属性中一般默认“自动获得 IP 地址”，若需自行设置 IP 地址，则选中“使用下面的 IP 地址”单选按钮，并设置 IP 地址、子网掩码及默认网关信息，如图 2－10 所示。

【注】一般自行设置 IP 地址时需同时设置“首选 DNS 服务器”，DNS 服务器地址可选较多，如阿里和 114 的 DNS 或其他国内外 DNS 等。本实验使用陕西电信 DNS：218.30.19.40 或 61.134.1.4。

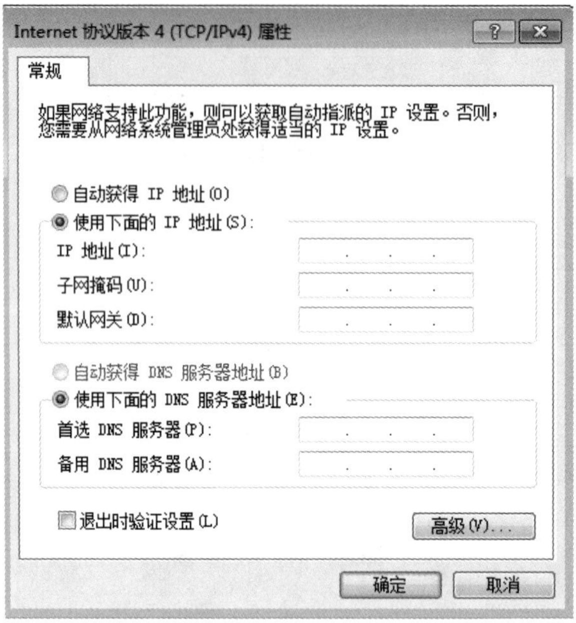

图 2-10　IP 设置

实验 2　本机 MAC 地址查询

实验目的

掌握 Windows 系统下本机 MAC 地址查询的方法。

任务描述

在 Windows 系统下查询本机 MAC 地址。

操作步骤

步骤 1　打开 Windows"开始"菜单→附件→命令提示符，如图 2-11 所示。

步骤 2　在打开的界面输入"ipconfig/all"命令，并按回车键执行，如图 2-12 所示。

步骤 3　执行"ipconfig/all"命令后显示相关信息，其中"物理地址"一行的内容即为此网卡的 MAC 地址，如图 2-13 所示。

【注】使用"ipconfig/all"命令也可以用于查询 IP 地址等信息。

图 2-11　运行命令提示符

```
命令提示符
Microsoft Windows [版本 10.0.19044.2486]
(c) Microsoft Corporation。保留所有权利。

C:\Users\DreamBase>ipconfig/all
```

图 2-12　命令提示符界面

```
命令提示符
无线局域网适配器 WLAN:

   连接特定的 DNS 后缀 . . . . . . . :
   描述. . . . . . . . . . . . . . . : Intel(R) Wi-Fi 6 AX200 160MHz
   物理地址. . . . . . . . . . . . . : 38-FC-98-22-A4-66
   DHCP 已启用 . . . . . . . . . . . : 是
   自动配置已启用. . . . . . . . . . : 是
   本地链接 IPv6 地址. . . . . . . . : fe80::8a3:1de2:78aa:26a6%3(首选)
   IPv4 地址 . . . . . . . . . . . . : 192.168.2.109(首选)
   子网掩码 . . . . . . . . . . . . : 255.255.255.0
   获得租约的时间 . . . . . . . . . : 2023年1月15日 14:22:22
   租约过期的时间 . . . . . . . . . : 2023年1月21日 11:20:30
   默认网关. . . . . . . . . . . . . : 192.168.2.1
   DHCP 服务器 . . . . . . . . . . . : 192.168.2.1
   DHCPv6 IAID . . . . . . . . . . . : 54066328
   DHCPv6 客户端 DUID . . . . . . . : 00-01-00-01-2B-4A-D2-72-04-42-1A-0E-D2-19
   DNS 服务器 . . . . . . . . . . . : 192.168.2.1
   TCPIP 上的 NetBIOS . . . . . . . : 已启用

以太网适配器 蓝牙网络连接:

   媒体状态 . . . . . . . . . . . . : 媒体已断开连接
   连接特定的 DNS 后缀 . . . . . . . :
   描述. . . . . . . . . . . . . . . : Bluetooth Device (Personal Area Network)
   物理地址. . . . . . . . . . . . . : 38-FC-98-22-A4-6A
   DHCP 已启用 . . . . . . . . . . . : 是
   自动配置已启用. . . . . . . . . . : 是
```

图 2-13　ipconfig/all 命令显示信息

实验 3　通过电子邮件发送文件

实验目的

掌握电子邮件的发送与通过电子邮件发送文件的方法。

任务描述

发送电子邮件，并以附件形式发送文件。

操作步骤

步骤 1　在 Windows 桌面新建一个文本文件，并将文件改名为自己的“学号＋姓名＋班级”，如图 2-14 所示。

图 2-14　新建文本文件

步骤 2　在浏览器中登录自己常用的电子邮箱，如 QQ 邮箱，如图 2-15 所示。

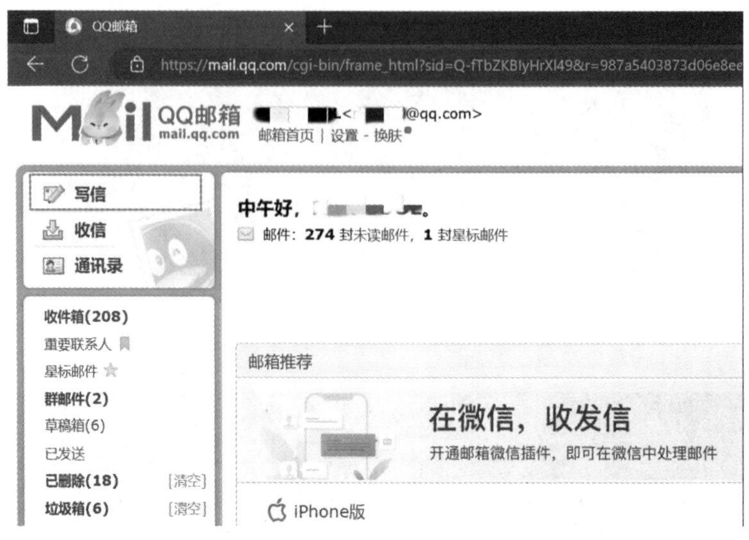

图 2-15　QQ 邮箱界面

步骤 3　在电子邮箱界面单击“写信”，打开新邮件编辑界面，如图 2-16 所示。其中收件人邮箱地址是必须填写的内容，其他如邮件主题、信纸、邮件选项等可根据用户需求进行选择。

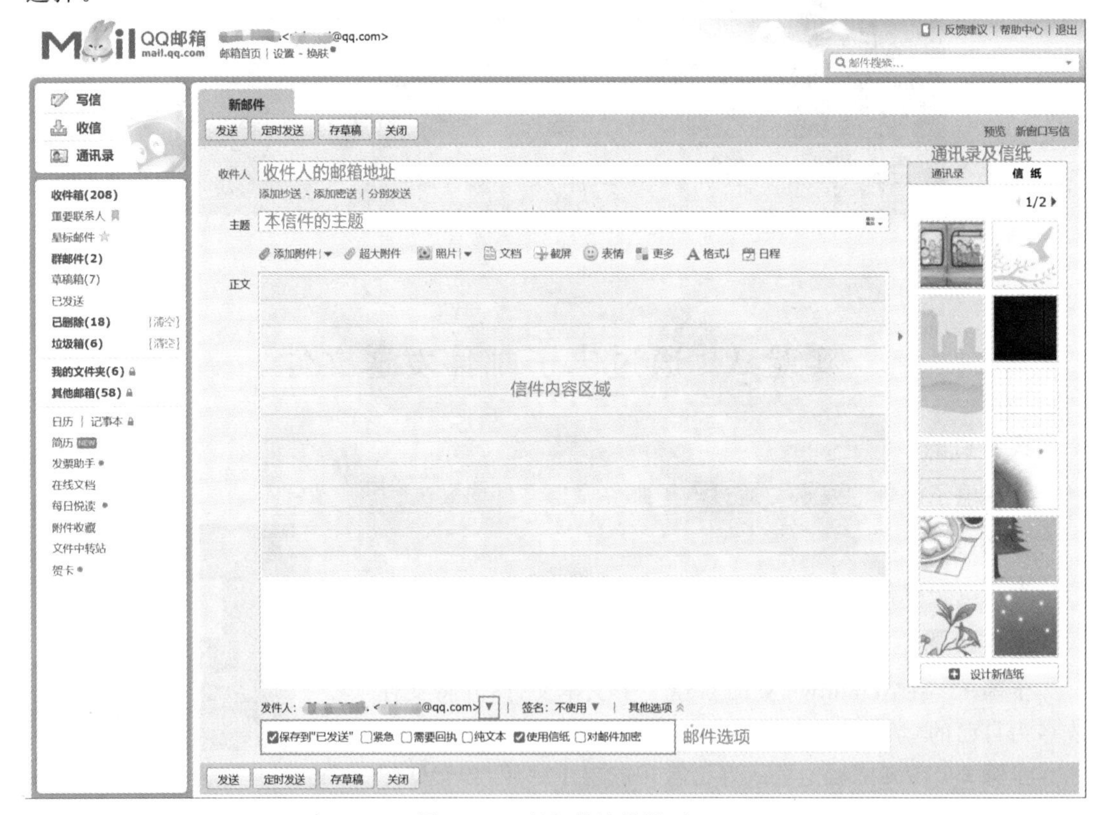

图 2-16　新邮件编辑界面

步骤 4　若需要通过电子邮件向对方发送文件，则应通过电子邮件的“附件”功能。一般较小的文件通过“附件”发送，若文件较大则需通过“超大附件”发送。添加附件的方法如图 2－17 所示。

【注】不同的邮箱规定的附件发送的文件大小不同，一般大小为 20 MB～50 MB。若文件较大，则应选择“超大附件”，“超大附件”一般可发送几百到上千兆的文件，如 QQ 邮箱的“超大附件”可发送文件大小上限为 3 GB。

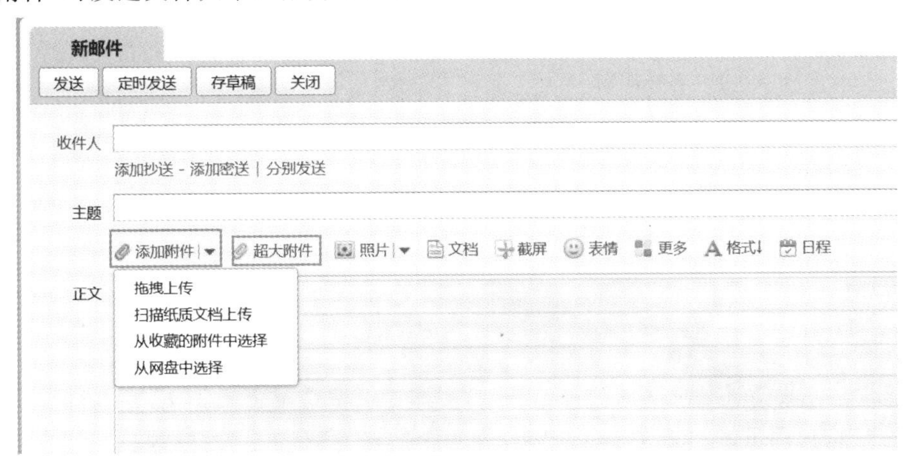

图 2－17　添加附件的方法

步骤 5　单击“添加附件”，在弹出的界面中选择桌面上刚才新建的文本文件，如图 2－18 所示。

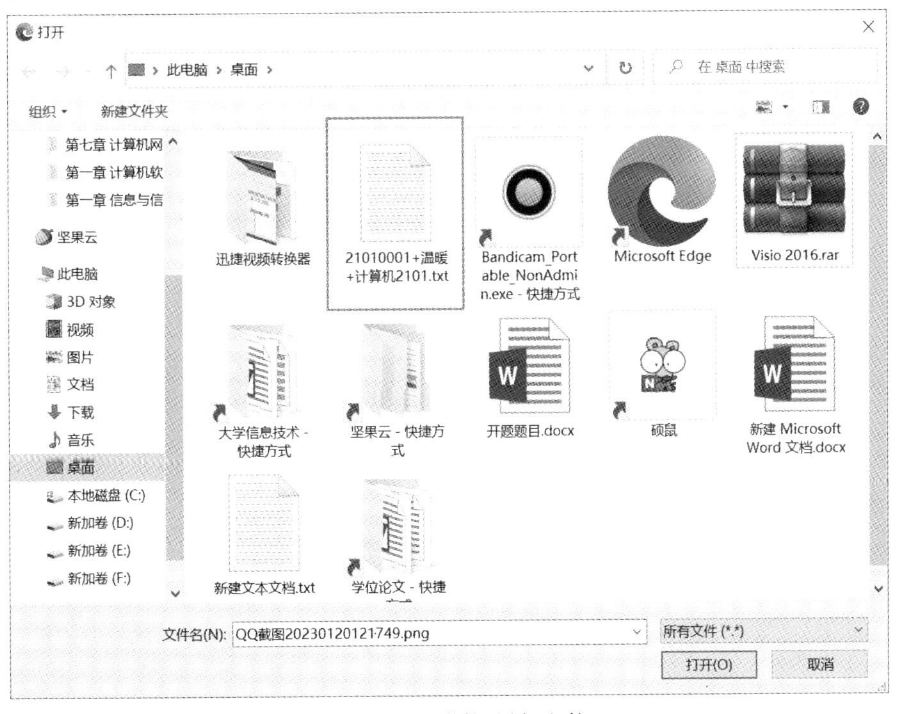

图 2－18　“附件”添加文件

步骤 6　附件添加成功后会在正文上方显示当前邮件所带的文件，如图 2－19 所示。

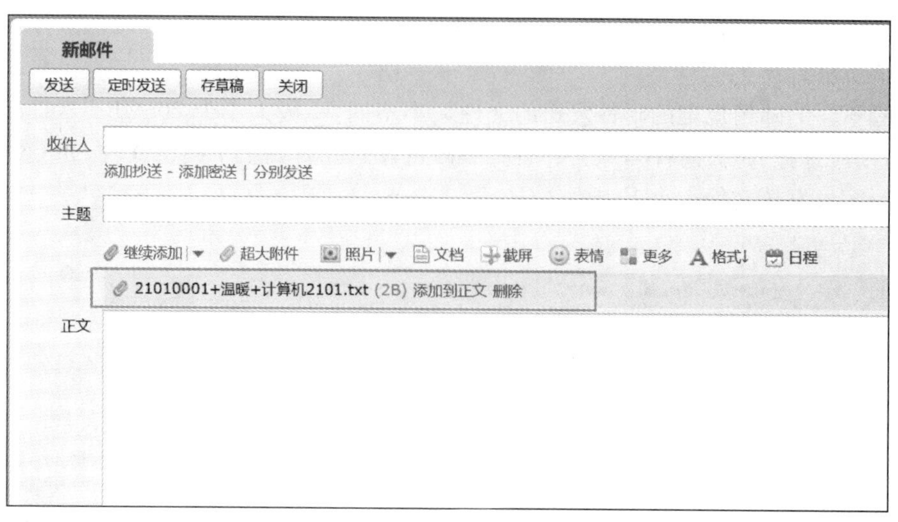

图 2-19　附件添加后显示信息

步骤 7　在收件人处填写对方邮箱地址，根据需求填写主题和正文，并进行其他设置后单击“发送”按钮即可发送邮件。

第3章　媒体信息处理技术基础实验

实验概要

客观世界中存在着不同形式的信息媒体，如文本、声音、图像、视频等。多媒体技术实现了对这些媒体信息的综合处理与应用，随着计算机技术的飞速发展，以计算机为基础的多媒体技术被广泛应用并渗透到社会生活的各个方面，给人们的生活、工作、学习和娱乐带来了深刻变化。

本章通过具体案例来介绍 Windows 系统下的媒体信息处理操作，以加深学生对知识点的理解及运用。两项实验如下：

(1)多媒体文件的格式转换。掌握 Windows 系统下的多媒体文件格式转换的方法。

(2)电子版证件照的制作。掌握 Windows 系统下的利用制作电子版证件照的方法。

实验1　多媒体文件的格式转换

实验目的

掌握 Windows 系统下的多媒体文件格式转换的方法。

任务1　图片格式转换

任务描述

通过格式工厂软件转换图片文件格式。

操作步骤

步骤1　打开格式工厂软件，在界面窗口左侧显示需进行转换的类型，有视频转换、音频转换、图片转换、文档转换等，在这里选择图片转换，如图 3-1 所示。

步骤2　在打开的界面选择需要转换生产的图片格式，因为使用的素材为“JPG”格式，这里选择将其转换为“PNG”格式，如图 3-2 所示。

步骤3　单击“添加文件”，按照素材文件所在的路径选择图片，如图 3-3 所示。

步骤4　单击界面窗口上方的“开始”按钮，开始图片格式转换，如图 3-4 所示。

步骤5　转换结束后，在界面窗口右侧可以查看转换后图片的相关信息、打开图片所在位置或打开图片，如图 3-5 所示。

图 3-1 选择图片类型

图 3-2 图片转换格式选择

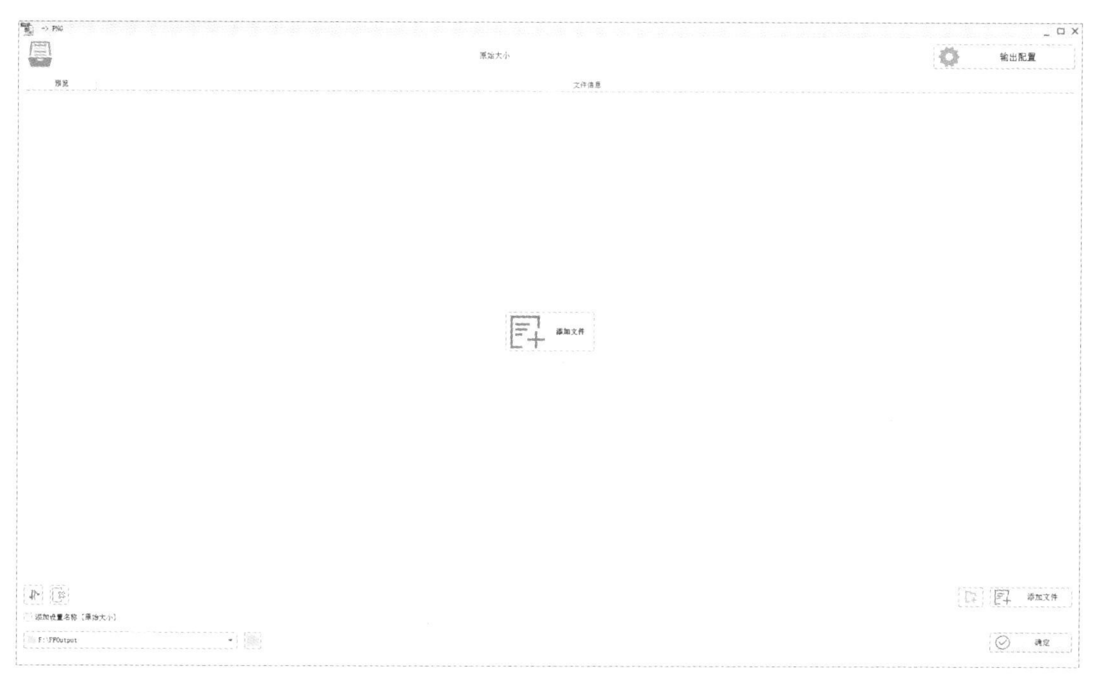

图 3-3　添加图片文件

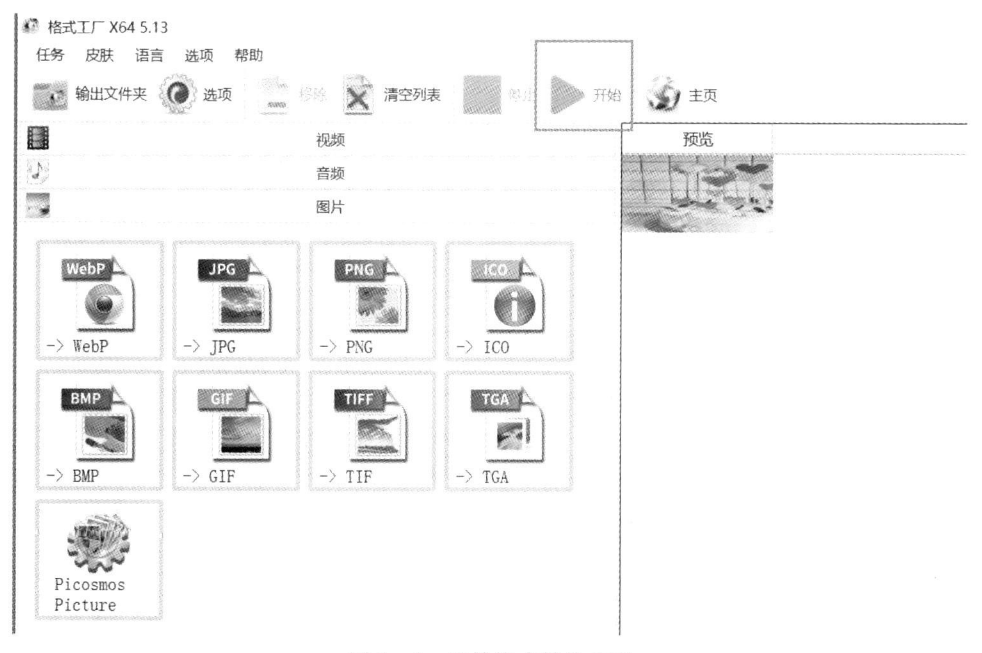

图 3-4　开始格式转换处理

图 3-5　转换任务查看

任务 2 音频格式转换

任务描述

通过格式工厂软件转换音频文件格式。

操作步骤

步骤 1 打开格式工厂软件，在界面窗口左侧显示需进行转换的类型，有视频转换、音频转换、图片转换、文档转换等，在这里选择音频转换，如图 3-6 所示。

图 3-6 选择音频类型

步骤 2 在打开的界面选择需要转换生产的图片格式，因为使用的素材为“MP3”格式，这里选择将其转换为“WMA”格式，如图 3-7 所示。

图 3-7 选择音频转换格式

步骤 3　单击“添加文件”，按照素材文件所在的路径选择音频文件，如图 3－8 所示。

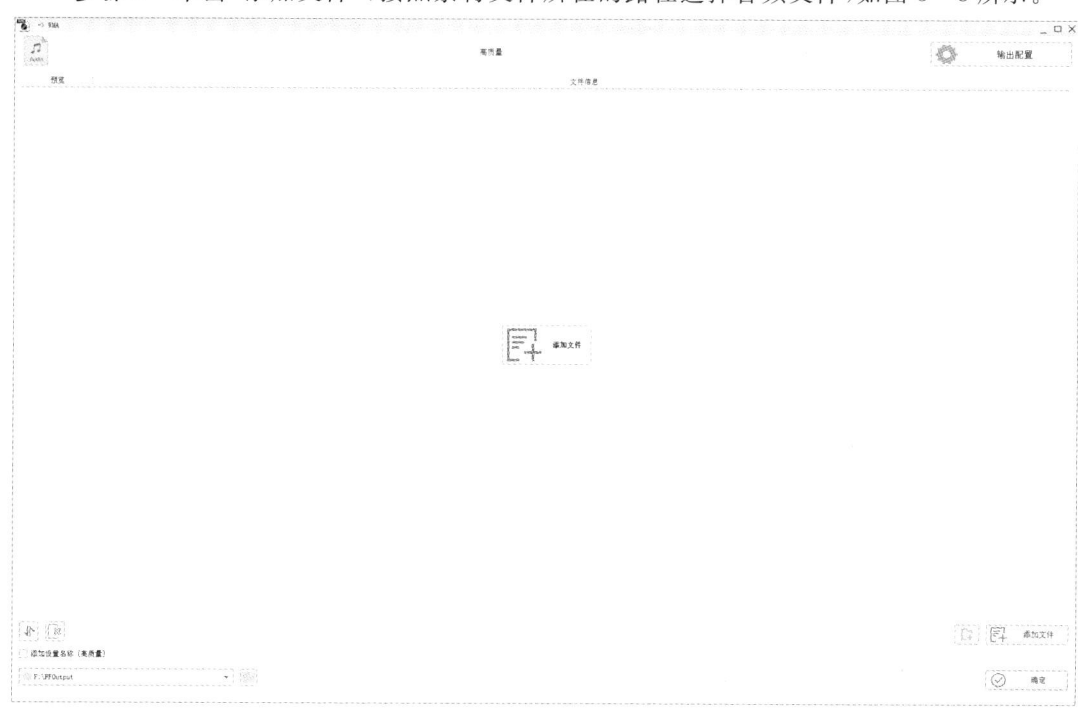

图 3－8　添加音频文件

步骤 4　单击界面窗口上方的“开始”按钮，开始音频格式转换，如图 3－9 所示。

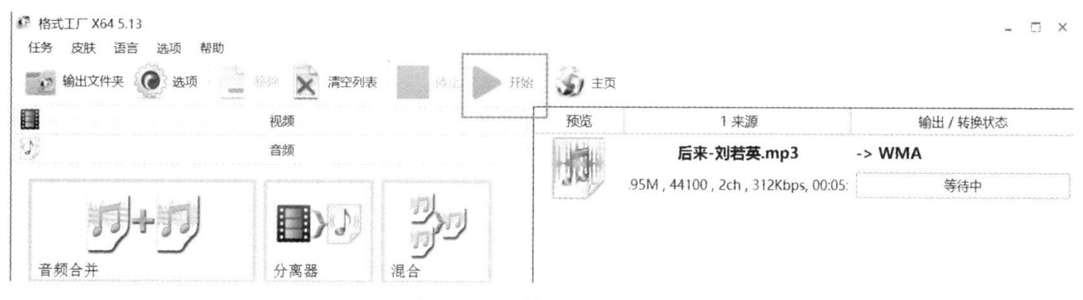

图 3－9　开始音频格式转换

步骤 5　转换结束后，在界面窗口右侧可以查看转换后音频的相关信息、打开音频所在位置或打开音频，如图 3－10 所示。

图 3－10　转换任务查看

【注 1】使用格式工厂还可以对音频文件进行音频合并等操作，大家可以自行研究并练习。
【注 2】视频文件转换方法同音频转换。

实验2 电子版证件照的制作

实验目的

掌握在 Windows 系统下制作电子版证件照的方法。

任务描述

在 Windows 系统下使用美图秀秀软件制作电子版证件照。

证件照要求为，纯白底色、295×413(宽×高)像素大小。

【注】该实验使用的照片素材需注意以下几点，这样才方便照片的处理。

- 正面照且正视前方。
- 上露头顶，下到胸口。
- 左右到双肩。
- 背景色与前景色对比尽量强(拍摄时背景尽量不要杂乱，颜色和人物衣服等颜色区分明显)。

操作步骤

步骤1 选中需要处理的照片，右键单击，在弹出的快捷菜单中选择“使用美图秀秀编辑与美化”选项，如图3-11所示。

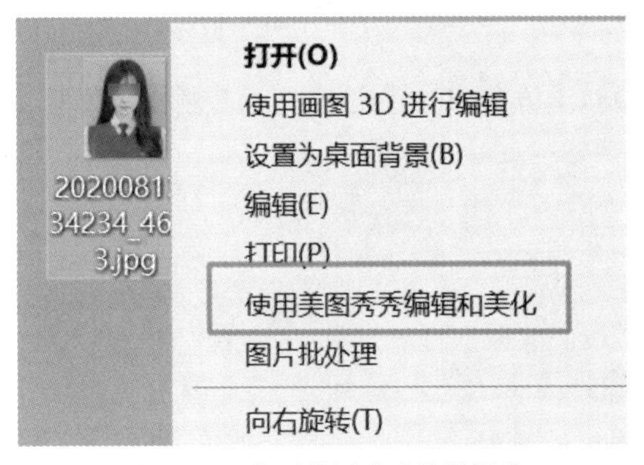

图3-11 使用美图秀秀编辑图片

步骤2 在美图秀秀界面上方打开“抠图”选项卡，如图3-12所示。

图3-12 选择抠图功能

步骤3 在打卡的抠图界面左侧选择“自动抠图”，如图3-13所示。

步骤4 在自动抠图界面，使用鼠标在要抠图的区域进行标记，确定虚线框选区域无误后单击“应用效果”，如图3-14所示。

图 3－13　选择自动抠图

【注】详细操作可参考左侧美图秀秀操作示例。

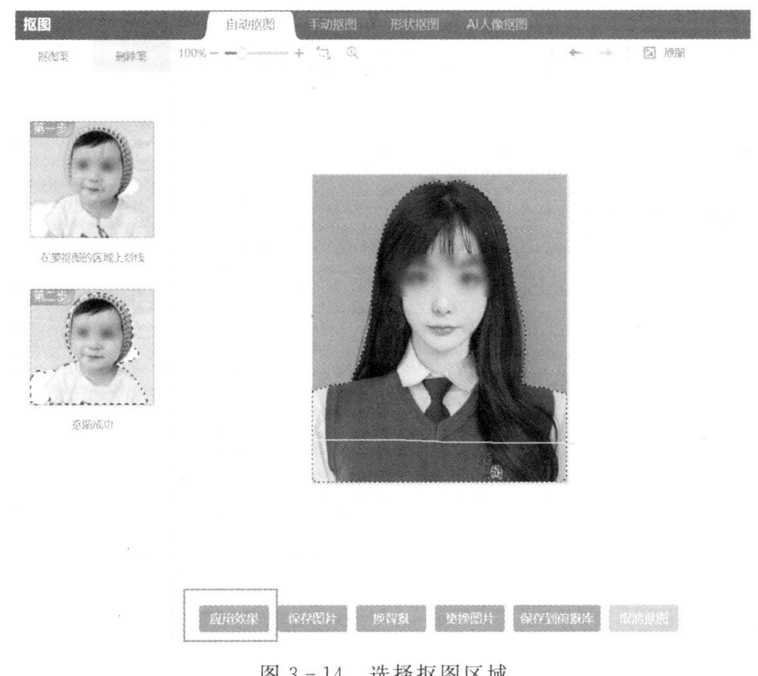

图 3－14　选择抠图区域

步骤 5　完成抠图后可看到当前素材背景变为透明(当前显示为小马赛克效果,实为透明背景),如图 3－15 所示。

步骤 6　完成抠图后可看到当前素材背景变为透明(当前显示为小马赛克效果,实为透明背景),选择左侧“换背景”选项,进行背景更换,如图 3－16 所示。

步骤 7　换背景窗口左侧,选择“纯色背景”,然后在窗口右侧选择纯色背景为白色,单击“应用效果”按钮确认,如图 3－17 所示。

步骤 8　更换好白色背景后,单击美图秀秀窗口界面上方的“裁剪”,如图 3－18 所示。

步骤 9　在图片裁剪界面,用鼠标拖动上下左右四个方向的边界栏,对图片进行裁剪,如图 3－19 所示。

图 3-15　完成抠图

图 3-16　选择换背景

图 3 - 17　更换纯白色背景

图 3 - 18　选择图片裁剪

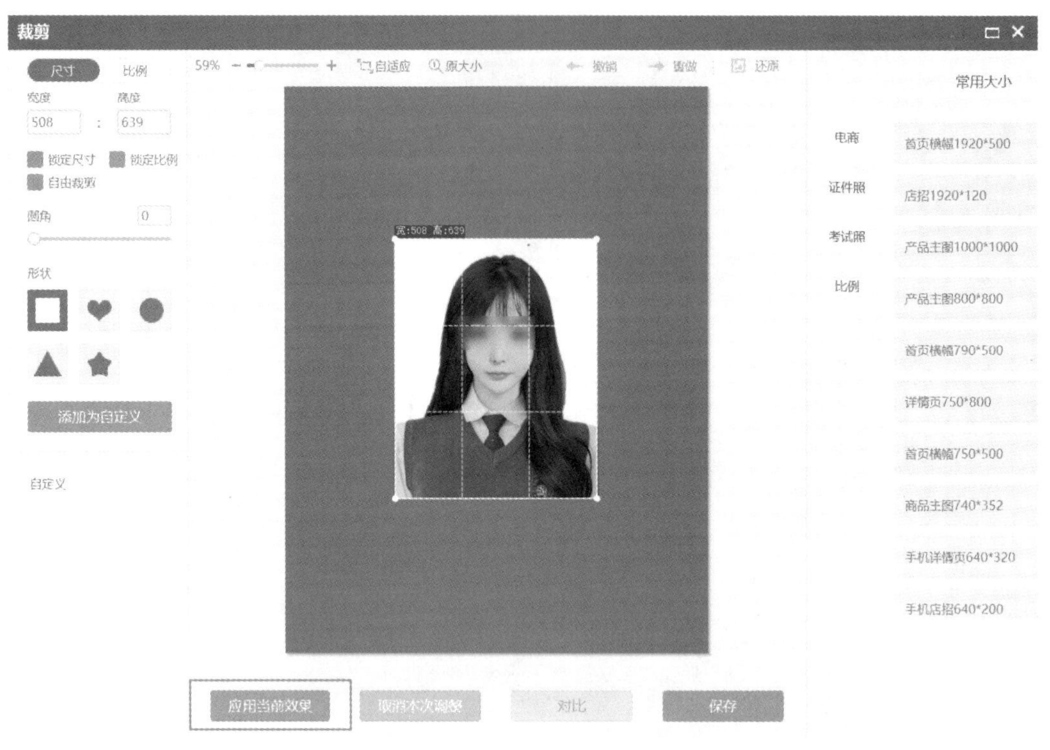

图 3-19　完成图片裁剪

步骤 10　裁剪完成后，单击美图秀秀界面上方的“尺寸”，如图 3-20 所示。

图 3-20　选择修改尺寸

步骤 11　在尺寸界面，先确定取消“锁定长宽比例”的锁定，然后按要求修改宽度为 295 像素，高度为 413 像素，如图 3-21 所示。

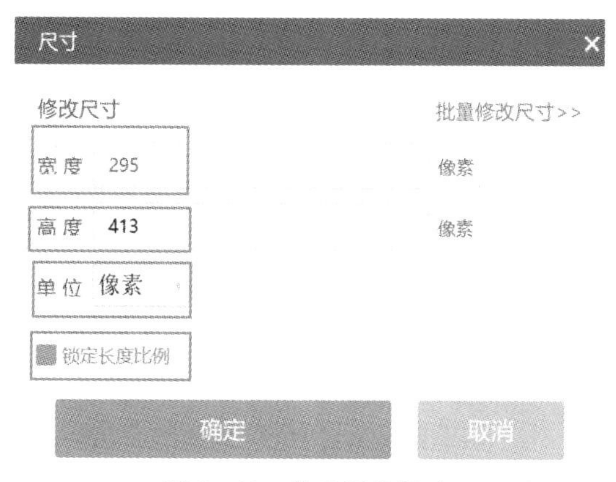

图 3-21　修改图片尺寸

步骤 12　完成证件照的几项要求后，对修改后的图片进行保存，如图 3-22 所示。

图 3-22　完成制作

步骤 13　完成后关闭美图秀秀软件，可使用鼠标右键单击图片文件，在弹出的快捷菜单中选择“属性”选项，在弹出的对话框的“详细信息”选项卡中可以看到当前图片分辨率、大小等相关信息，如图 3-23 所示。

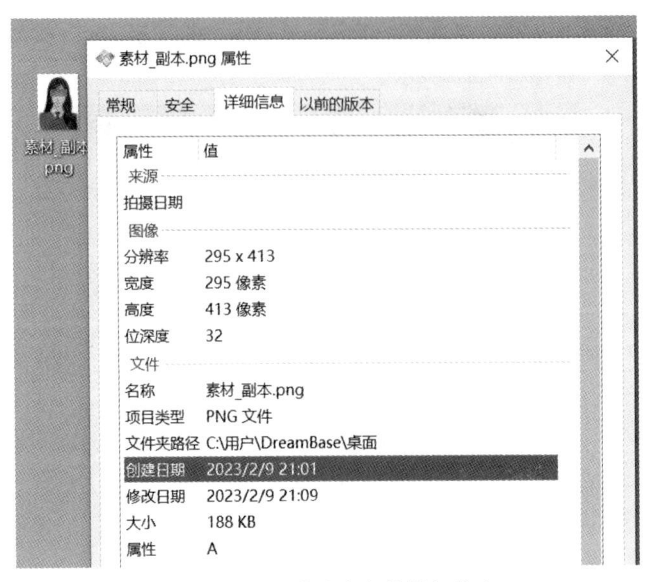

图 3-23 查看图片文件详细信息

第 4 章　Word 文字处理

实验概要

Word 文字处理主要包括文档录入、格式化及综合技能操作。Word 2016 是 Microsoft 公司开发的 Office 2016 办公组件之一，具有界面友好、使用方便、应用广泛、功能强大等特点。通过 Word 中的文字编辑、文档排版、表格制作、图文混排、图像处理、邮件合并等功能，可以完成各种公文、论文、图书、邮件、信封、备忘录、报告、报刊的编辑与设计。

本章通过具体案例来介绍文字处理技术综合应用的各项操作，以加深学生对知识点的理解及运用。4 项实验如下：

(1)文档的基本操作与排版。掌握文档的创建、打开、编辑、保存；文本的编辑、查找和替换；文本格式、段落、项目符号和编号；边框与底纹等。

(2)文档中表格的创建与设置。掌握 Word 表格的创建、编辑、设置、表格中的数据排序和计算；虚框表格的编辑与设计。

(3)文档中的对象插入和图文混排。掌握在文档中插入图片、剪贴画、形状、艺术字、文本框、SmartArt 图形、图表、公式、超链接等对象，以及对它们进行编辑修改等操作。

(4)特殊文档和长文档的排版与设计。掌握邮件合并功能，长文档的编辑(包括：标题样式和级别设定，页面设置、分隔符、页眉页脚和自动生成目录等)。

实验 1　文档基本操作与排版

实验目的

通过本次实验，主要掌握 Word 文档的创建、编辑、打开、保存和关闭；掌握对文本内容的选择、复制、粘贴、移动、删除、修改、插入等基本的编辑功能；掌握文档字体、段落、页面等格式的设置；掌握文本的编辑、查找和替换；文本格式、段落、项目符号和编号；边框与底纹等。

任务 1　Word 文档的简单编排

任务描述

打开实验素材“荷塘月色(素材).docx”，将纸张宽度设置为 15 厘米，高度 20 厘米；文章标题设置为宋体、二号、加粗、居中，正文设置为宋体、小四、首行缩进 2 字符、1.25 倍行距；将正文开头的“曲曲折折”设置为阴文、深蓝、倾斜；为正文添加双线条的边框，3 磅，颜色设置为红色，底纹填充为“白色，背景1，深色35%”；为文档添加页眉，内容为“荷塘月色”；在正文第一自然段后另起行录入第二段的文字，内容为“叶子本是肩并肩密密地挨着，这便宛然有了一道凝碧的波痕。叶子底下是脉脉的流水，遮住了，不能见一些颜色；而叶子却更见风致了。”最后，设置第一自然段与第二自然段的段间距为3行。完成后将该文档另存为自己的“学号 姓名 班级 荷塘月色.doc”，完成后的样式如图4-1所示。

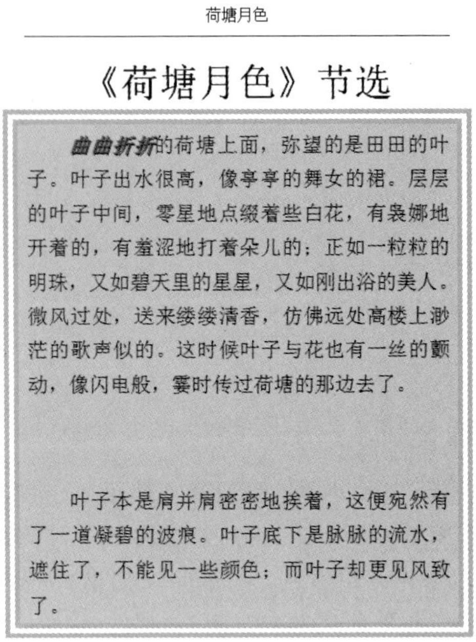

荷塘月色

《荷塘月色》节选

曲曲折折的荷塘上面，弥望的是田田的叶子。叶子出水很高，像亭亭的舞女的裙。层层的叶子中间，零星地点缀着些白花，有袅娜地开着的，有羞涩地打着朵儿的；正如一粒粒的明珠，又如碧天里的星星，又如刚出浴的美人。微风过处，送来缕缕清香，仿佛远处高楼上渺茫的歌声似的。这时候叶子与花也有一丝的颤动，像闪电般，霎时传过荷塘的那边去了。

叶子本是肩并肩密密地挨着，这便宛然有了一道凝碧的波痕。叶子底下是脉脉的流水，遮住了，不能见一些颜色；而叶子却更见风致了。

图4-1 任务1最终效果图

操作步骤：

步骤1 打开实验素材“荷塘月色(素材).docx”，单击“页面布局→纸张大小→其他页面大小”，在弹出的页面设置对话框中设置“纸张大小”为“自定义大小”，在宽度中输入“15厘米”，高度中输入“20厘米”，并确定，如图4-2(a)所示。再选中文章的第一行标题，将其设置为宋体、二号、加粗、居中，如图4-2(b)所示。

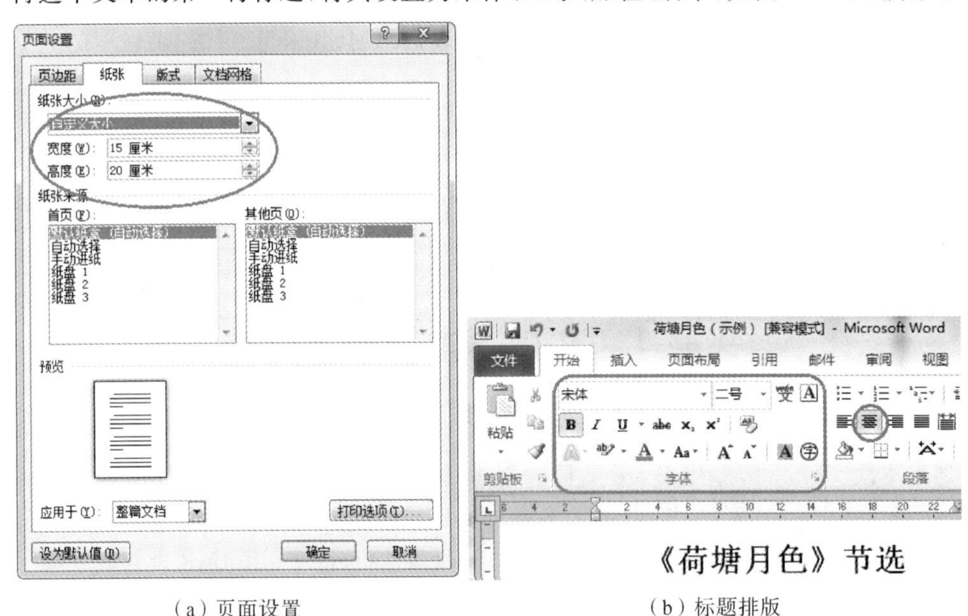

(a) 页面设置 (b) 标题排版

图4-2 页面设置和标题排版

步骤2 选中全部正文，在字体组中设置为宋体、小四；然后单击段落对话框启动器 段落 ，设置“首行缩进2字符、1.25倍行距”，如图4-3所示。

步骤3 由于字体效果“阴文”要在兼容版式下的字体对话框中才能显示，因此我们单

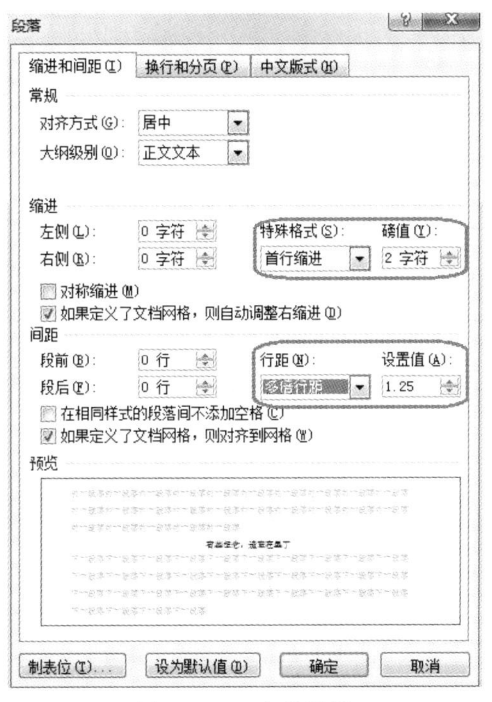

图 4－3　正文的排版

击“文件”→“另存为”，在弹出的“另存为”对话框中的存放位置选择“桌面”，“文件名”处填写自己的“学号姓名班级”，“文件类型”处选择“Word 97－2003 文档”，单击“保存”按钮，如图 4－4 所示；再选中正文中的“曲曲折折”几个字，单击字体对话框启动器 字体，设置“字形”为“倾斜”，“字体颜色”为“深蓝”，“效果”为“阴文”，如图 4－5 所示。

步骤 4　选中全部正文，单击“页面布局”→“页面边框”→“边框”，选择“方框”，在“样式”中选择“双线”，选择“颜色”为红色，“宽度”为“3.0 磅”，应用于“段落”(见图 4－6)，然后

图 4－4　另存为以个人信息命名的 Word 97－2003 文档

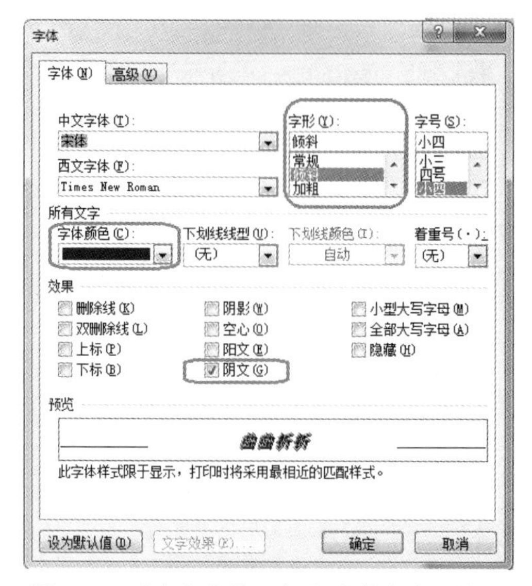

图 4-5　选定文本设置字形、字体颜色和效果

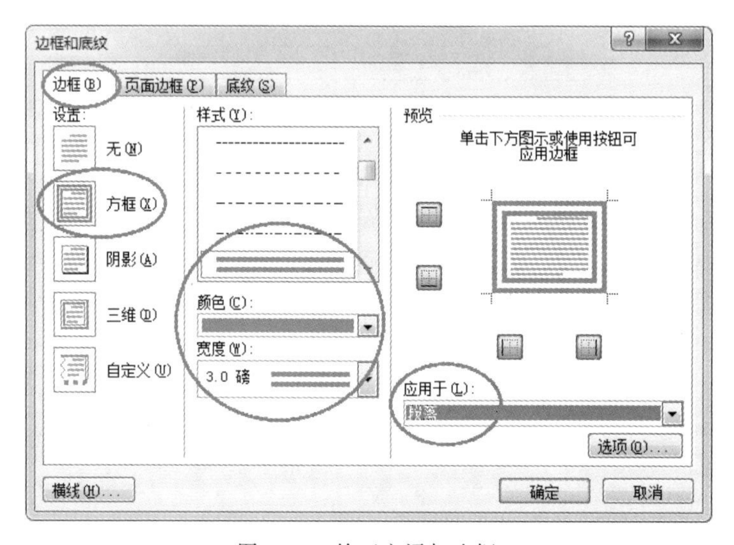

图 4-6　给正文添加边框

切换到“底纹”选项卡，在“填充”处选择“白色，背景 1，深色 35%”，应用于“段落”，单击“确定”按钮，如图 4-7 所示。

步骤 5　选中标题中的“荷塘月色”文字内容并复制，然后双击文档上方的空白区域，右击→在弹出的快捷菜单中选择将其粘贴为纯文本，即为文档添加好了内容为“荷塘月色”的页眉(或直接键入页眉要求的文字也可)，如图 4-8 所示。

步骤 6　在正文第一自然段后打回车，另起一行录入第二段文字，内容为“叶子本是肩并肩密密地挨着，这便宛然有了一道凝碧的波痕。叶子底下是脉脉的流水，遮住了，不能见一些颜色；而叶子却更见风致了。”然后，选中第二自然段，单击段落对话框启动器，在弹出的段落对话框的“间距”处设置“段前”为“3 行”，如图 4-9 所示。至此，我们已完成本任务的全部要求，单击保存按钮后再单击右上角的关闭退出。

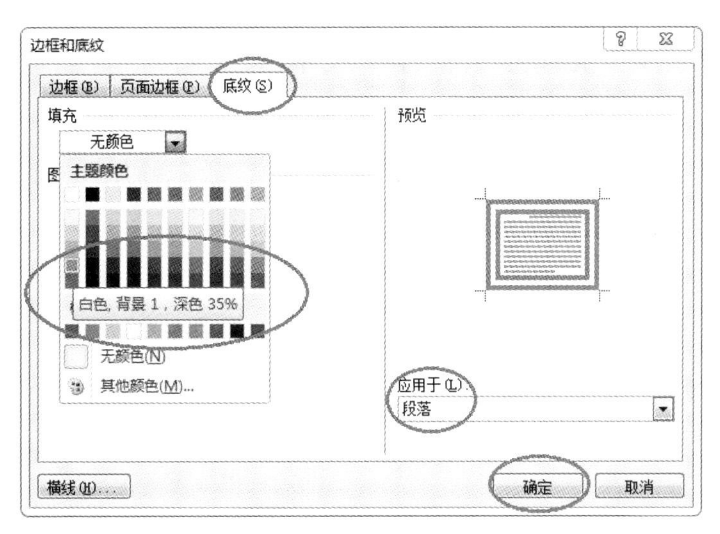

图 4-7　给正文填充底纹

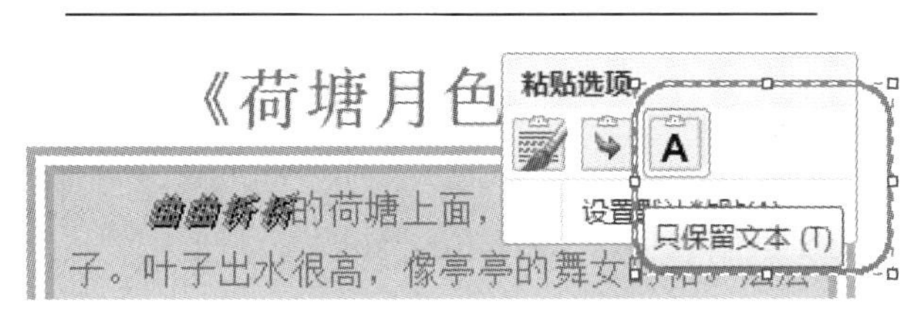

图 4-8　添加页眉

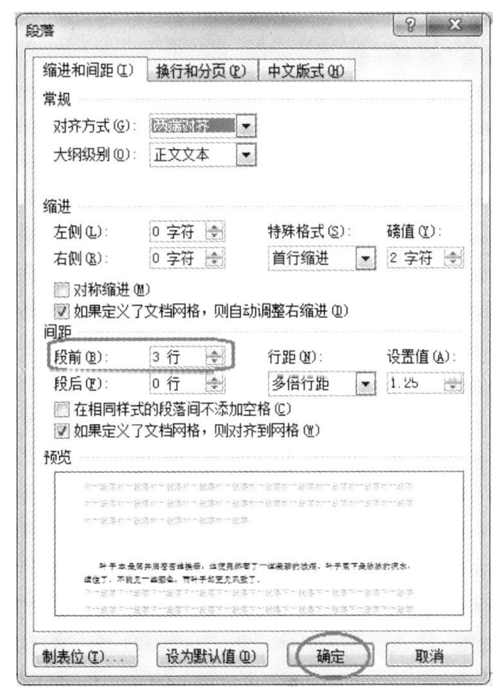

图 4-9　段间距的设置

任务 2　分栏和首字下沉、格式替换、插入文本框

任务描述

打开“风景介绍(素材).docx”，按操作步骤进行编辑，完成后的样式如图 4-10 所示。

崂山是山东半岛的主要山脉，最高峰崂顶海拔 1133 米，是我国海岸线第一高峰，有着海上“第一名山”之称。它耸立在黄海之滨，高大雄伟。当地有一句古语说：“泰山云虽高，不如东海崂。”山光海色，道教名山。

山海相连，山光海色，正是崂山风景的特色。在全国的名山中，唯有崂山是在海边拔地崛起的。绕崂山的海岸线长达 87 公里，沿海大小岛屿 18 个，构成了崂山的海上奇观。当你漫步在崂山的青石板小路上，一边是碧海连天，惊涛拍岸；另一边是青松怪石，郁郁葱葱，你会感到心胸开阔，气舒神爽。因此，古时有人称崂山“神仙之宅，灵异之府。”

《寄王屋山人孟大融》
李白
我昔东海上，劳山餐紫霞。亲见安期公，食枣大如瓜。中年谒汉主，不惬还归家。朱颜谢春辉，白发见生涯。所期就金液，飞步登云车。愿随夫子天坛上，闲与仙人扫落花。

图 4-10　任务 2 最终效果图

操作步骤

步骤 1　打开“风景介绍(素材).docx”素材，选中第 1 段，单击“页面布局”选项卡的“页面设置”组的“分栏”下拉按钮→“更多分栏”，将其分为栏宽不等的 3 栏(前两栏的宽度均为 10 字符，间距为 2 字符，剩下的字符统归第 3 栏)，并加分隔线，单击“确定”按钮，如图 4-11 所示。

步骤 2　选中第 1 段的首个“崂”字，单击“插入”选项卡的“文本”组→“首字下沉”右侧的下拉按钮→在弹出的列表中选择“首字下沉选项”，设置“下沉行数”为“2”，单击“确定”按钮，如图 4-12 所示。

步骤 3　选择“开始”选项卡的“编辑”组的“替换”项，弹出“查找和替换”对话框。在“查找内容”文本框中输入“山”；然后在插入点移至“替换为”中也输入“山”，再单击“更多”按钮，在展开的对话框左下部单击“格式”右侧的下拉按钮，在下拉列表中选择“字体”，在弹出的“替换字体”对话框的“字形”处选择“倾斜”，“字体”为“四号”，“字体颜色”为“红色”，“下划线线型”为双波浪线，“下划线颜色”为“蓝色”，有“着重号”，如图 4-13 所示。

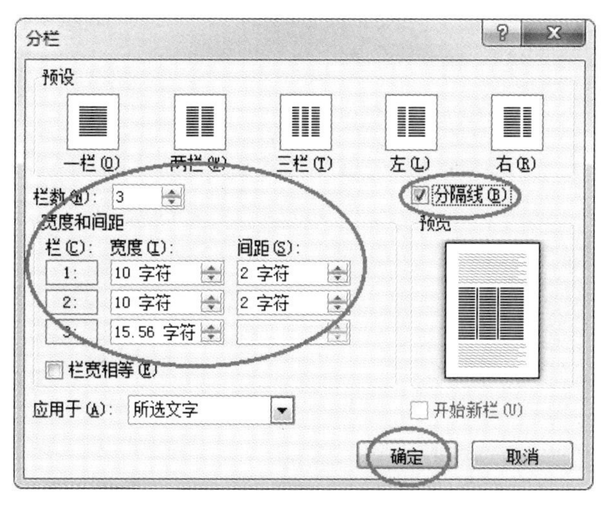

图 4-11　设置"分栏"

图 4-12　设置"首字下沉"

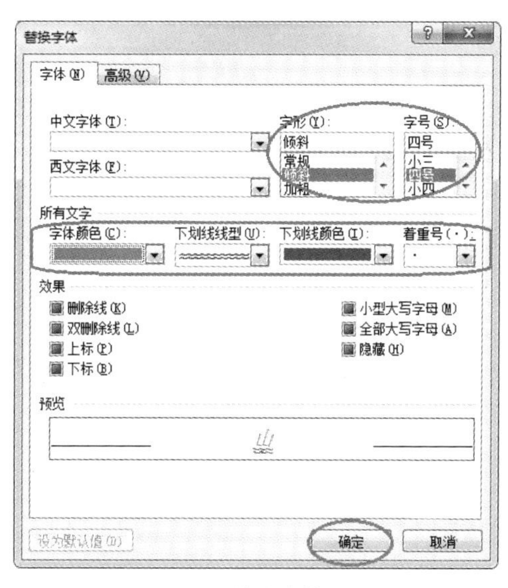

图 4-13　替换字体的设置

单击"确定"按钮后,"查找和替换"对话框的"替换为""格式"处显示如图 4-14 所示(注:如果本步骤设置错误,可将插入点置于格式所在的输入框,然后单击此对话框底部的"不限定格式"进行清除),单击"全部替换"按钮,即可将正文的"山"字替换为刚才设置的格式(标题是艺术字,非文本,属于图形,因此不会被替换)。

步骤 4　选中第 2 段,单击"开始"选项卡的"段落"组右侧下拉箭头,弹出"段落"对话框,设置"特殊格式"为"首行缩进","磅值"为 2 厘米,"段前"为 2 行,"段后"为 10 磅,"行距"为"多倍行距","设置值"为 2.5,如图 4-15 所示,最后单击"确定"按钮。

步骤 5　单击"插入"选项卡的"文本"→"文本框"下拉按钮,选择"绘制竖排文本框",光标呈"+"形时,拖动鼠标即可绘制;绘制好后,在激活的"文本框工具"→"格式"选项卡的"大小"组中设置其"高度"为 5 厘米,"宽度"为 5.5 厘米;在"排列"组的"文字环绕"下拉列表中

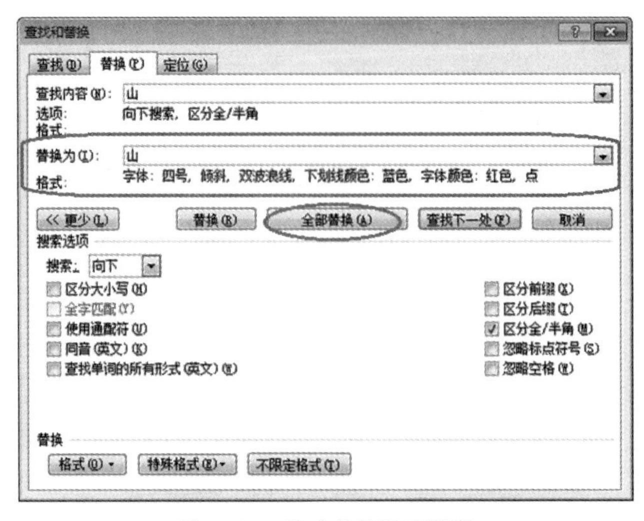

图 4－14　格式替换设置详例

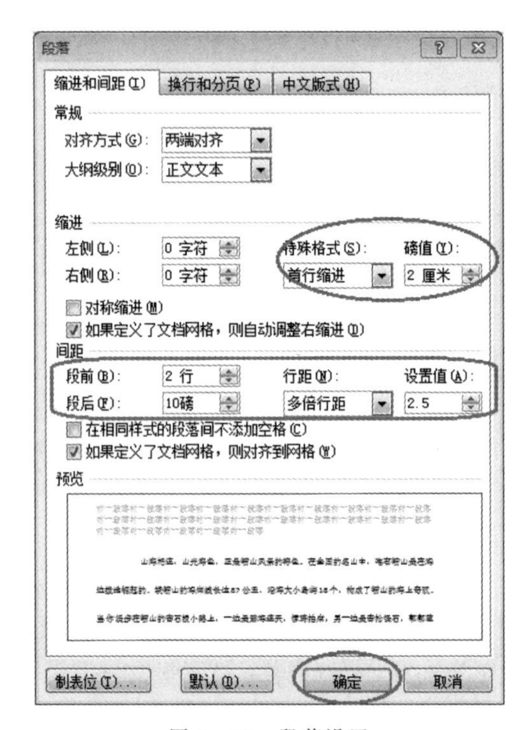

图 4－15　段落设置

选择“四周型环绕”，然后将《寄王屋山人孟大融》这首诗剪切粘贴到该文本框，单击“开始”选项卡“段落”组右侧的下拉箭头，在弹出的“段落”对话框中设置“特殊格式”为“无”，“行距”为“固定值”，“设置值”为“15 磅”，单击“确定”按钮。最后，单击“文本框工具”→“格式”选项卡→“文本框样式”组→“形状填充”下拉按钮→“无填充颜色”；再单击“形状轮廓”下拉按钮→“无轮廓”。

步骤 6　选中图片，在激活的“图片工具”→“格式”选项卡→“图片样式”下拉按钮→单击如图 4－16(a)所示的“柔化边缘椭圆”；在“调整”组单击“颜色”下拉按钮，在下按列表中选“重新着色”的第 4 个“冲蚀”，如图 4－16(b)所示；然后在“排列”组单击“文字环绕”下拉按钮，选择“衬于文字下方”，如图 4－16(c)所示；最后，将该图片拖动到第 1 段和第 2 段文本的下方。【注】此后要对“衬于文字下方”的对象进行修改，单击无法选取时，可在“开始”选项卡上的“编辑”组单击“选择”，在下拉列表中单击“选择对象”，然后单击选取图片，即可进行修改。

步骤 7 将该文档另存为“学号 姓名 班级 风景介绍. docx”，保存在桌面上，以备提交。

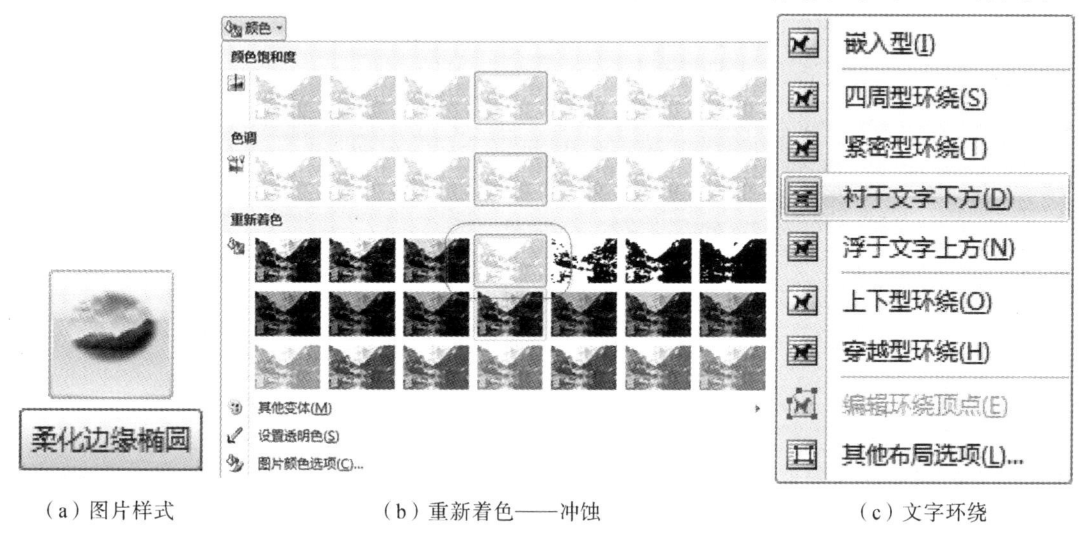

(a) 图片样式　　(b) 重新着色——冲蚀　　(c) 文字环绕

图 4－16 设置并编辑图片

实验 2 表格和图片的插入及设置

实验目的

通过本次实验，主要掌握 Word 表格的创建、编辑、设置、表格中的数据排序和计算，以及虚框表格的编辑与设计，图片的插入、剪裁及大小设置。

任务 1 表格的创建、排序与计算

任务描述

新建一个空白文档，创建一个标题为成绩表的表格，将学生按姓名的拼音升序排序，并计算各门课程的平均分和学生个人的总成绩，最后将文件名保存为“学号 姓名 班级 成绩表. docx”。完成后的样式如图 4－17 所示。

操作步骤

步骤 1 数出任务 1 最终效果图中的表所包含的最大行数为 13 行，所占行数最多的列数为 5 列。新建一个空白文档，在第一行输入“成绩表”，设置成“黑体、二号、居中”，回车换行；单击“插入”→“表格下拉按钮”→“插入表格”，在弹出的插入表格对话框中设置列数为“5”，行数为“13”，然后单击“确定”按钮，如图 4－18 所示。

步骤 2 选中表格第 1 行的所有单元格，单击“表格工具”→“布局”→“合并单元格”。

成绩表

<table>
<tr><td colspan="60">基本信息</td></tr>
<tr><td colspan="15">班级名称</td><td colspan="15"></td><td colspan="15">所属系别</td><td colspan="15"></td></tr>
<tr><td colspan="15">导员</td><td colspan="15"></td><td colspan="15">班主任</td><td colspan="15"></td></tr>
<tr><td colspan="10">班长</td><td colspan="10"></td><td colspan="10">学委</td><td colspan="10"></td><td colspan="10">体委</td><td colspan="10"></td></tr>
<tr><td colspan="60">本学期成绩</td></tr>
<tr><td colspan="12">姓名</td><td colspan="12">英语</td><td colspan="12">高数</td><td colspan="12">计算机</td><td colspan="12">总成绩</td></tr>
<tr><td colspan="12">冯七</td><td colspan="12">65</td><td colspan="12">90</td><td colspan="12">85</td><td colspan="12">240</td></tr>
<tr><td colspan="12">李四</td><td colspan="12">26</td><td colspan="12">96</td><td colspan="12">82</td><td colspan="12">204</td></tr>
<tr><td colspan="12">王五</td><td colspan="12">53</td><td colspan="12">75</td><td colspan="12">88</td><td colspan="12">216</td></tr>
<tr><td colspan="12">张三</td><td colspan="12">98</td><td colspan="12">88</td><td colspan="12">93</td><td colspan="12">279</td></tr>
<tr><td colspan="12">赵六</td><td colspan="12">89</td><td colspan="12">80</td><td colspan="12">90</td><td colspan="12">259</td></tr>
<tr><td colspan="12">平均分</td><td colspan="12">66.2</td><td colspan="12">85.8</td><td colspan="12">87.6</td><td colspan="12">239.6</td></tr>
<tr><td colspan="30">何时何地获得何奖励
□一等奖
□二等奖
□三等奖
奖金￥ 元</td><td colspan="30">何时何地受过何处分
□重大
□记过
□警告
根据城院【2017】1 号文</td></tr>
</table>

图 4－17 任务 1 最终效果图

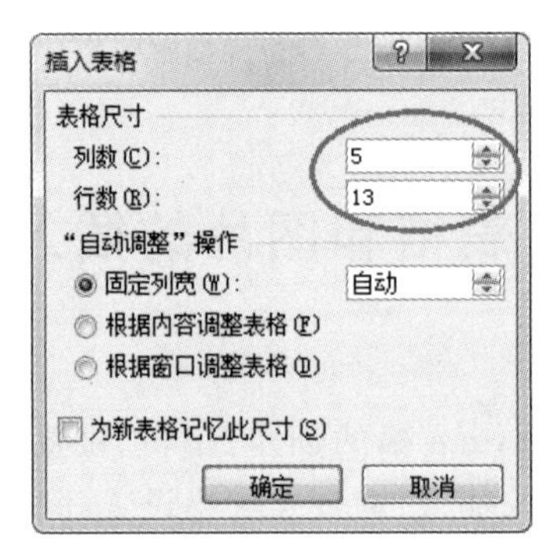

图 4－18 在插入表格对话框中填上之前数出的最大行数和占行最多的最大列数

选中 2、3 两行的所有单元格，单击“表格工具”→“布局”→“拆分单元格”，在弹出的对话框中设置列数为“4”，行数为“2”，单击“确定”按钮。选中第 4 行的所有单元格，单击“表格工具”→“布局”→“拆分单元格”，在弹出的对话框中设置列数为“6”，行数为“1”，单击“确定”按钮。选中表格第 5 行的所有单元格，单击“表格工具”→“布局”→“合并单元格”。然后按图 4－19 所示在对应的单元格录入文字内容。

步骤 3 在第 6 至第 12 行中依次输入以下内容，如图 4－20(a)所示；录入完后，选中从“张三”至“冯七”的所有单元格，单击“表格工具”→“布局”→“排序”，在弹出的排序对话框中设置“主要关键字”为“列 1”，“类型”为“拼音”→“升序”，且“无标题行”，如图 4－20(b)所示；单击“确定”按钮，得到的排序结果如图 4－20(c)所示。

步骤 4 选中最后一行的所有单元格，单击“表格工具”→“布局”→“拆分单元格”，在弹

基本信息					
班级名称			所属系别		
导员			班主任		
班长		学委		体委	
本学期成绩					

图 4-19 表中第 1—5 行的合并、拆分与文字输入

姓名	英语	高数	计算机	总成绩
张三	98	88	93	
李四	26	96	82	
王五	53	75	88	
赵六	89	80	90	
冯七	65	90	85	
平均分				

图 4-20(a) 表中第 6—12 行中应录入的内容

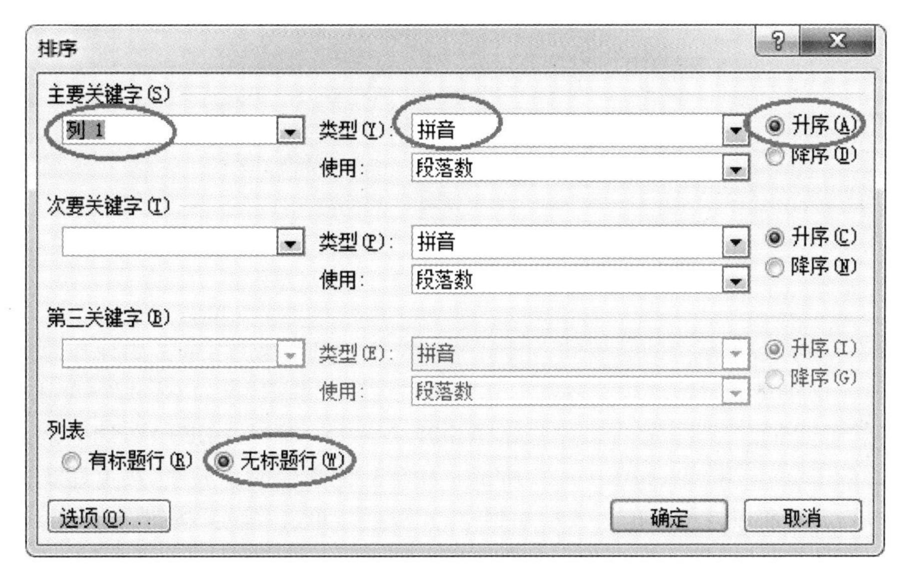

图 4-20(b) 将所有学生按姓名的拼音做升序排序

姓名	英语	高数	计算机	总成绩
冯七	65	90	85	
李四	26	96	82	
王五	53	75	88	
张三	98	88	93	
赵六	89	80	90	

图 4-20(c) 排序后的结果

出的对话框中设置列数为“2”,行数为“1”,单击“确定”按钮,分别在两个单元格中输入如图 4-21 所示的内容。

何时何地获得何奖励 □一等奖 □二等奖 □三等奖 奖金¥　　元	何时何地受过何处分 □重大 □记过 □警告 根据城院【2017】1号文

图 4-21　最后一行需输入的内容

步骤 5　选中1～12行，单击“表格工具”→“布局”→“单元格大小”→“高度设置为1厘米”，“对齐方式”→“水平居中”。选中第13行，单击“表格工具”→“布局”→“单元格大小”→“高度设置为9厘米”，“对齐方式”→“靠上两端对齐”，“开始”→“段落”→“1.5倍行距”。单击表格左上方的全选按钮⊞，将表格内的所有字体设置为宋体、小四号、西文设置成 Times New Roman。单击全选按钮，在“表格工具”→“设计”→“绘图边框”组中将线型选为“双线、1.5磅”、笔颜色为“红色”，再单击“边框”右侧的下拉按钮(见图4-22)，选择“外侧框线”，即可给表格加上1.5磅红色双线型外框。

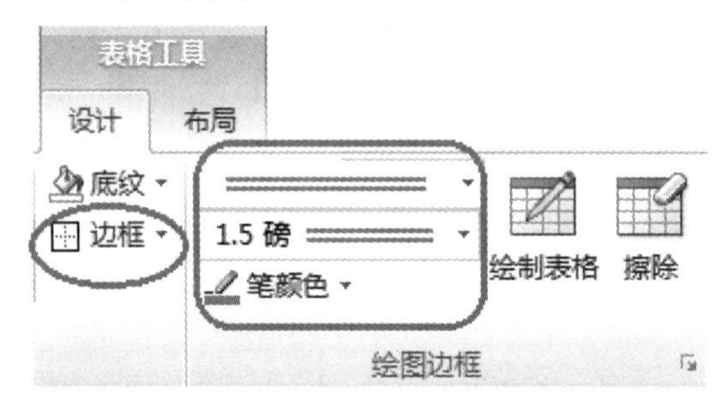

图 4-22　给表格加上1.5磅红色双线型外框

步骤 6　计算各位学生的总成绩。计算第1位学生的总成绩：单击要计算总成绩的单元格，使插入点在其中闪烁，单击“表格工具”→“布局”→“数据”组的“公式” 公式 按钮，在弹出的“公式”对话框的“公式”栏中直接显示了快捷公式“＝SUM(LEFT)”，选中该公式将它复制下来，单击“确定”按钮，如图4-23所示。计算其他学生的总成绩，按上述步骤调出公式对话框后，直接将刚才复制的公式粘贴到“公式”栏中，单击“确定”按钮。

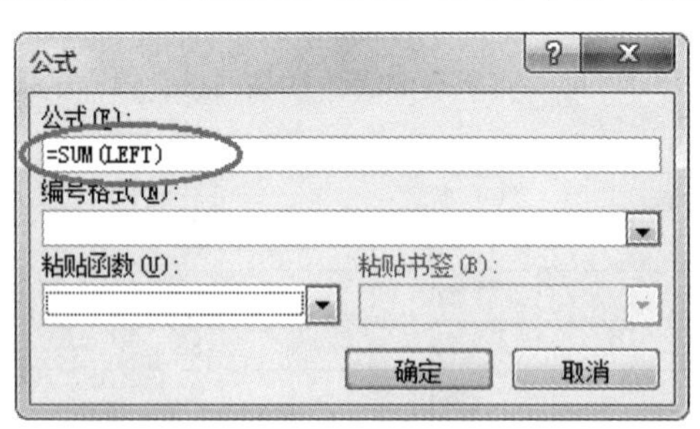

图 4-23　计算各位学生的总成绩

步骤 7　计算各门课程的平均分。计算第1门课程的平均分：单击要计算平均分的单元格，使插入点在其中闪烁，单击“表格工具”→“布局”→“数据”组的“公式” 公式 按钮，在弹出的“公式”对话框的“粘贴函数”下拉菜单中选择 AVERAGE，然后将“公式”栏中改为“＝

AVERAGE(ABOVE)”，选中该公式将它复制下来，单击“确定”按钮，如图 4－24 所示。计算其他课程的平均分，按上述步骤调出公式对话框后，直接将刚才复制的公式粘贴到“公式”栏中，单击“确定”按钮。

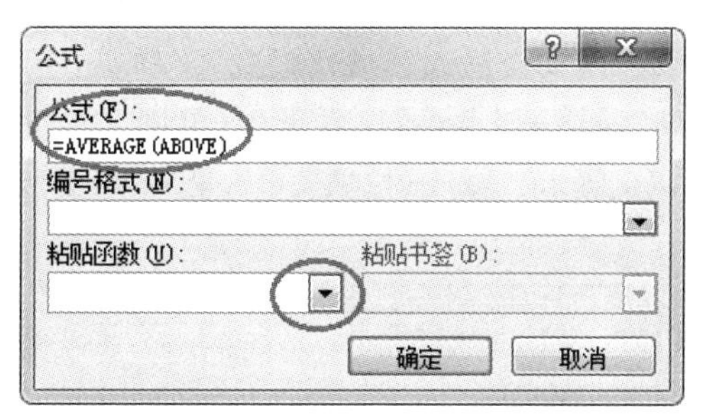

图 4－24　计算各门课程的平均分

【注】如行标题或列标题也为数值型内容时，不可以使用快捷公式，而要手动数出要计算单元格的列标(A、B、C 等大写字母)和行号(1、2、3 等阿拉伯数字)，以逗号“,”表示引用不连续的单元格或单元格区域，以冒号“:”表示引用连续的单元格区域。

任务 2　虚框表格的编辑与设计

任务描述

新建一个空白文档，运用图片素材“LOGO.JPG”和虚框表格制作一篇论文封面，并将文件名保存为“学号 姓名 班级 论文封面.docx”，完成后的样式如图 4－25 所示。

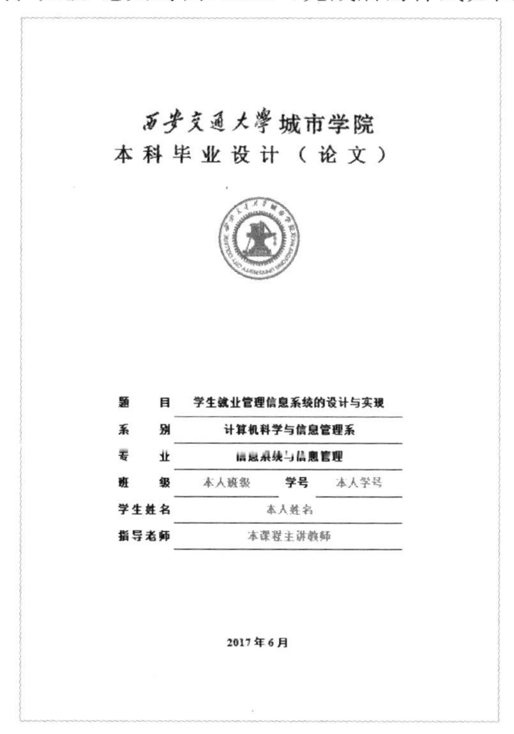

西安交通大学城市学院
本科毕业设计（论文）

题　目	学生就业管理信息系统的设计与实现		
系　别	计算机科学与信息管理系		
专　业	信息系统与信息管理		
班　级	本人班级	学号	本人学号
学生姓名	本人姓名		
指导老师	本课程主讲教师		

2017 年 6 月

图 4－25　任务 2 最终效果图

操作步骤

步骤 1 新建一个空白文档，单击“开始”选项卡→“段落”组→显示/隐藏编辑标记。敲击回车键空 2 行，在第 3 行插入图片“LOGO. JPG”。在激活的“图片工具”→“格式”→“大小”组中进行“裁剪”，只留“西安交通大学城市学院”字样，居中。然后再单击“大小”右侧的下拉箭头，在弹出的“布局”对话框“大小”选项卡中(见图 4-26)去掉“锁定纵横比”的勾选，然后在“高度”栏填写 1.15 厘米、“宽度”栏填写 10 厘米，单击“确定”按钮。

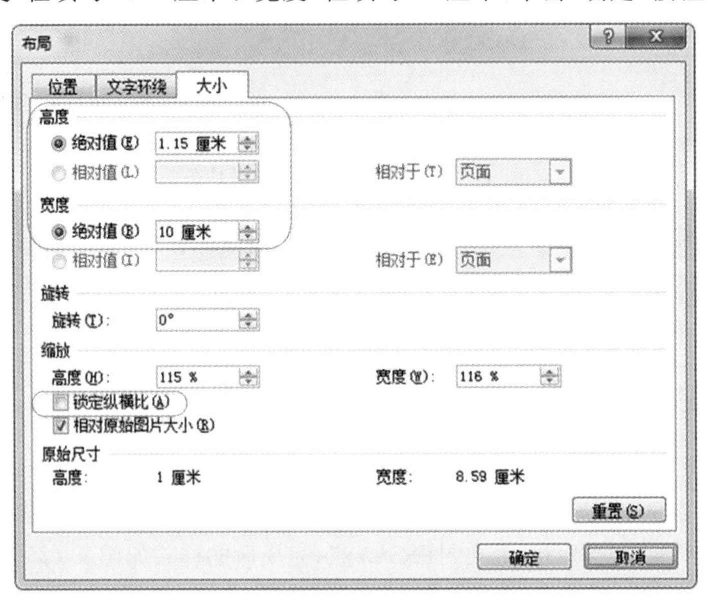

图 4-26 设置 LOGO 图片的大小

步骤 2 在第 4 行输入“本科毕业设计(论文)”字样，选中这些文字，在“开始”选项卡→“字体”组中设置成“宋体、小一、加粗、居中”；再单击“开始”选项卡→“字体”组右侧的下拉箭头，在弹出的“字体”对话框中切换到“高级”选项卡，设置“间距”为“加宽”，“磅值”为“5.5 磅”，如图 4-27(a)所示。最后单击“开始”选项卡→“字体”组右侧的下拉箭头，在弹出的“段落”对话框中设置“段前、段后”均为 0 行，“行距”为“单倍行距”，如图 4-27(b)所示。

步骤 3 敲击回车键，空 1 行。在第 6 行插入图片“LOGO. JPG”。在激活的“图片工具”→“格式”→“大小”组中进行“裁剪”，只留红色圆形校徽，居中。然后再单击“大小”右侧的下拉箭头，在弹出的“布局”对话框“大小”选项卡中去掉“锁定纵横比”的勾选，然后在“高度”栏和“宽度”栏都填写 3.5 厘米。

步骤 4 敲击回车键，空 4 行。插入点在第 11 行闪烁，此时，单击“插入”选项卡→“表格”下拉按钮→拖动网格插入一个 4×6 的表格(其他插入方式也可)。在第 1 列依次输入如图 4-28 所示的“题目、……、指导老师”等内容，然后分别合并第 1、第 2、第 3、第 5、第 6 行的第 2、第 3、第 4 列，按图 4-28 所示依次输入剩余信息，注意将“班级、学号、学生姓名、指导老师”替换成本人信息。输入完成后，选中整表，在“开始”选项卡→“字体”组中设置成“宋体、四号、加粗”；并在“段落”组单击使表格居中；再单击“表格工具”→“设计”选项卡→“表格样式”组的“边框”右侧下拉按钮→“无框线”；然后按住 Ctrl 键依次选中如图 4-28 所示的带下划线的文本所在单元格，单击“表格工具”→“设计”选项卡→“表格样式”组的“边

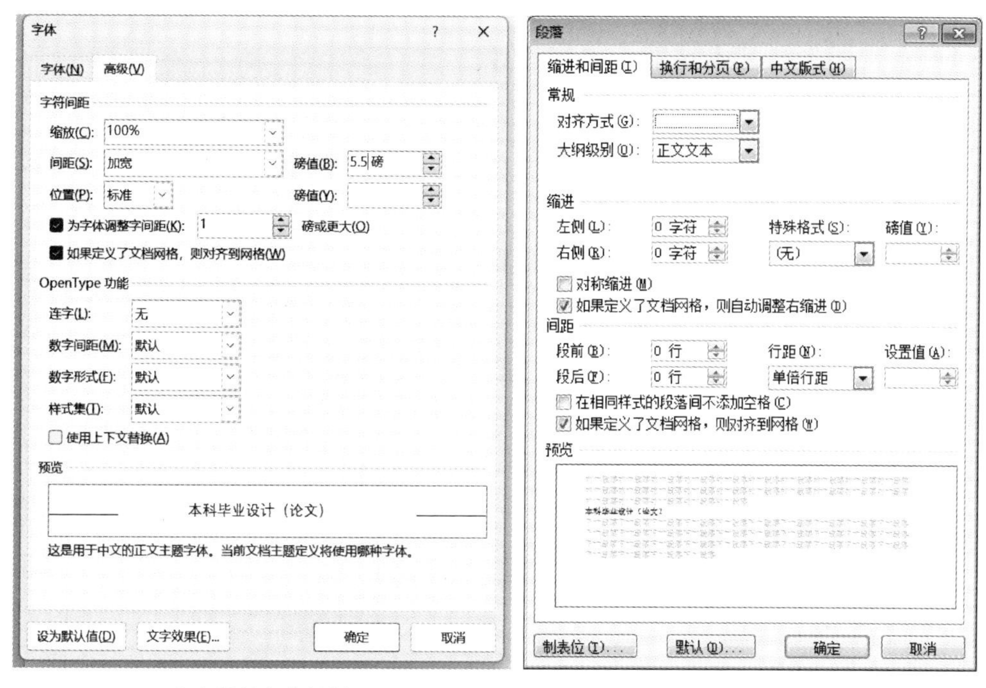

（a）设置字符间距　　　　（b）设置段落

图 4-27　设置字符间距、段落

题　　目	**学生就业管理信息系统的设计与实现**		
系　　别	**计算机科学与信息管理系**		
专　　业	**信息系统与信息管理**		
班　　级	本人班级	**学号**	本人学号
学生姓名	本人姓名		
指导老师	本课程主讲教师		

图 4-28　封面文字信息示例

框”右侧下拉按钮→“下框线”。

步骤 5　字号为五号的情况下敲击回车键空 6 行。在第 23 行输入“2017 年 6 月”字样，选中该文本并设置成“宋体、四号、居中”。

步骤 6　将该文档另存为自己的“学号　姓名　班级　论文封面.docx”，并存放在桌面，关闭后以备提交。

实验 3　自选图形、艺术字、页面设置

实验目的

通过本次实验，主要掌握文本中自选图形或图片的插入与编辑、艺术字的设计、图文混排方式、页眉和页脚、页面设置等知识。

任务 1　自选图形及艺术字的编辑与设计

任务描述

新建一个空白文档，利用 Word 中的自选图形和艺术字制作如图 4－29 所示的“光照图”。

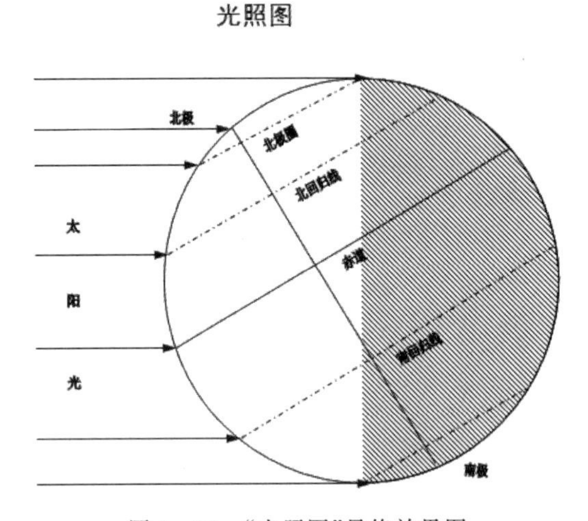

图 4－29　“光照图”最终效果图

操作步骤

步骤 1　打开 Word 2010，新建一个空白文档，在“页面布局”选项卡→“页面设置”组→“纸张方向”中→设置“横向”。在第 1 行输入“光照图”字样，选中并设置成“黑体、小二、居中”，然后回车换行。

步骤 2　单击“插入”选项卡→“插图”组→“形状”下拉按钮→“新建绘图画布”；此时“文本框工具”的“格式”选项卡被激活，在“大小”组中设置该文本框的高度为 13 厘米，宽度为 24 厘米，如图 4－30 所示。

【注】在 Word 中制图，先插入绘图画布做画板是为了使后续排版中，图形和文本混排时不会散乱变形，也是为了更方便选定和操作（需要注意的是，在实际考试中做题时，不允许插入画布）。

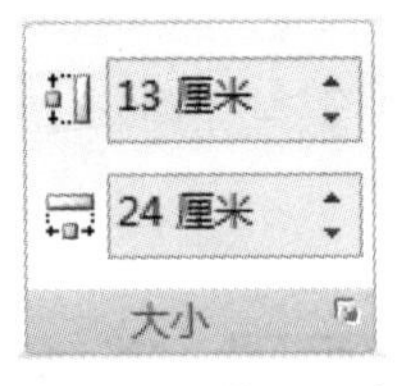

图 4－30　设置绘图画布大小

步骤 3　在“插入”选项卡→“插图”组→“形状”下拉按钮→“基本形状”中单击“椭圆”，光标呈“＋”形时，按住 Shift 键并拖动鼠标可画出一个正圆，此时“绘图工具”的“格式”选项卡被激活，在“大小”组中设置该圆的高度和宽度均为 10 厘米，在“形状样式”组单击“形状填充”右侧的下拉按钮，在下拉列表中选“渐变”→“其他渐变”（或“纹理”→“其他纹理”也可），在弹出的“设置形状格式”对话框中选中“填充”选项卡中的“图案填充”单选按钮，选择第1排的第3个“浅色下对角线”(注意前景色为黑色，背景色为白色，如图4-31所示)，单击“关闭”按钮。移动该圆使其居中。

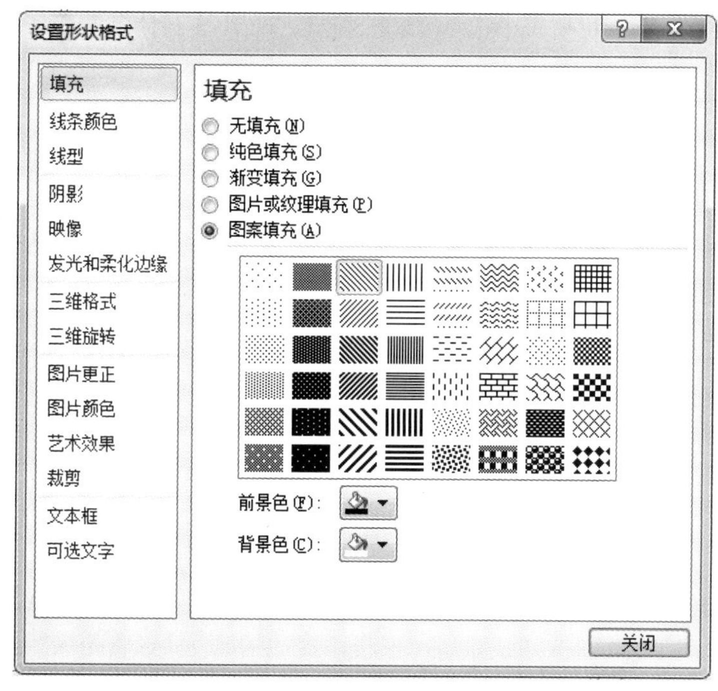

图4-31 设置圆形的填充效果

步骤4 在“插入”选项卡→“插图”组→“形状”下拉按钮→“基本形状”中单击“矩形”，光标呈“+”形时，画出一个长方形，此时“绘图工具”的“格式”选项卡被激活，在“大小”组中设置该长方形高度为10厘米、宽度为5厘米。按“Shift+鼠标左键”组合键选中长方形和上一步画出的圆形，在“排列”组单击“对齐”下拉按钮，先“左对齐”、再“顶部对齐”。然后只选长方形，在“形状样式”组单击“形状轮廓”右侧的下拉按钮，在下拉列表中选“无轮廓”，效果如图4-32所示。

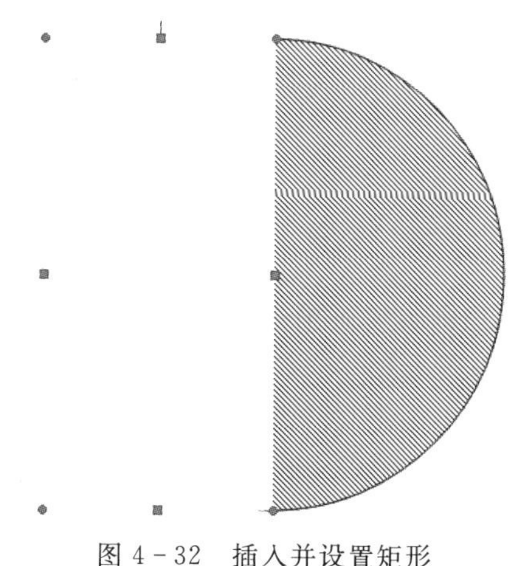

图4-32 插入并设置矩形

步骤 5 在"插入"选项卡→"插图"组→"形状"下拉按钮→"基本形状"中单击"椭圆"，光标呈"+"形时，按住 Shift 键并拖动鼠标可画出一个正圆，此时"绘图工具"的"格式"选项卡被激活，在"大小"组中设置该圆的高度和宽度均为 10 厘米，在"形状样式"组单击"形状填充"右侧的下拉按钮，在下拉列表中选"无填充颜色"。移动该圆使其与第 1 个圆重合，如图 4－33 所示。

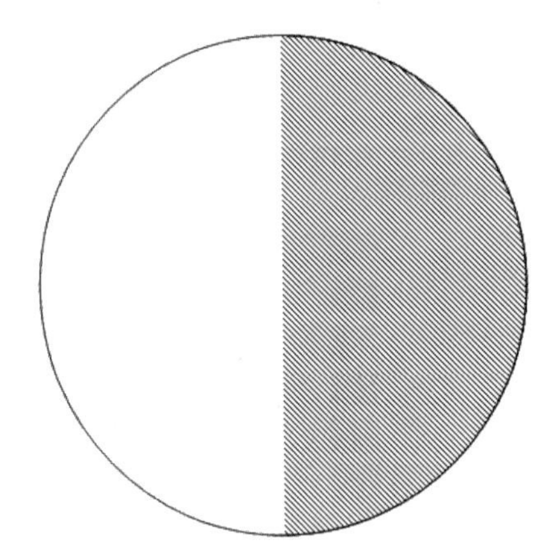

图 4－33 画出第 2 个圆并使之与第 1 个圆重合

步骤 6 使用插入自选图形的方式画出 6 条线，操作略。然后按住 Shift 键，用鼠标选中如图 4－34(a)所示的 1、2、4、5 线条，在"形状样式"组中单击"形状轮廓"右侧的下拉按钮，在下拉列表中选"虚线"→"划线-点"，如图 4－34(b)所示。

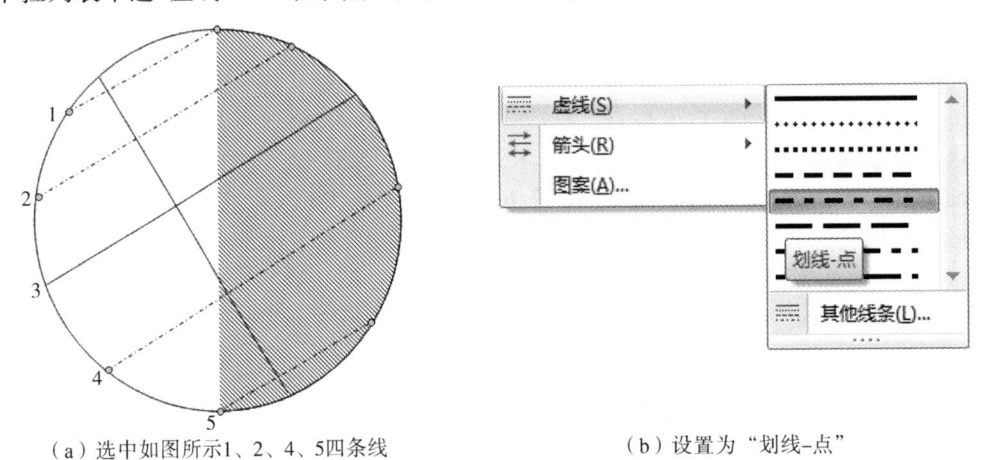

(a) 选中如图所示1、2、4、5四条线 (b) 设置为"划线-点"

图 4－34 插入线条并进行设置

步骤 7 使用插入自选图形的方式画出 7 个宽度均为 8.5 厘米的箭头，如图 4－35(a)所示，使它们与刚才所画的线段左端相交，然后选中这 7 个箭头，在"排列"组单击"对齐"下拉按钮，选"左对齐"；并单击"形状样式"组右侧的下拉箭头，在拉列表中单击"箭头"→"其他箭头"，在弹出的"设置形状格式"对话框中打开"线型"选项卡，设置"后端类型"为第 2 个，如图 4－35(b)所示。

步骤 8 单独选中第 2 个箭头，单击"大小"组"宽度"的"减少"按钮，直到该箭头缩至与

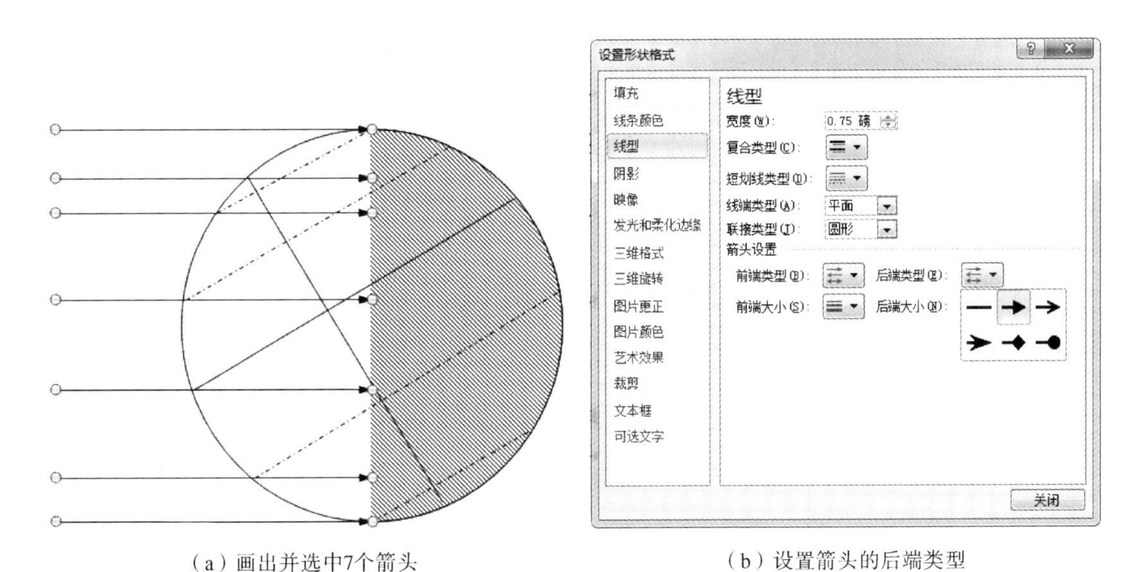

（a）画出并选中7个箭头　　　　（b）设置箭头的后端类型

图 4 - 35　插入箭头并进行设置

线段左端相对。再选中第 3 个箭头，执行相同的操作；第 4、第 5、第 6 个箭头同上。完成后如图 4 - 36 所示。

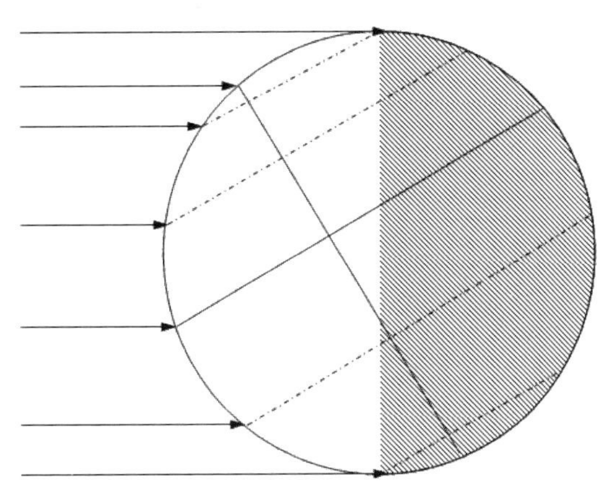

图 4 - 36 逐个减少 2、3、4、5、6 箭头的宽度

步骤 9　文字输入。插入艺术字，重点是要改变艺术字的“文字环绕”方式为“浮于文字上方”，才便于调整角度和位置；同时应注意艺术字的“高度”应为统一尺寸，“宽度”按高度×文字个数（例如：高度为 0.35 厘米，“南极”共 2 个字，宽度为 0.35×2＝0.7 厘米）。该步骤比较简单，操作略。完成后如图 4 - 37 所示。

步骤 10　选中“文本框”，单击“文本框样式”组“形状轮廓”右侧的下拉按钮，设置为“无轮廓”，结果如本任务开始的图 4 - 29 所示。单击“文件”按钮，将该文档“另存为”桌面“学号 姓名 班级 光照图.docx”，以备提交。

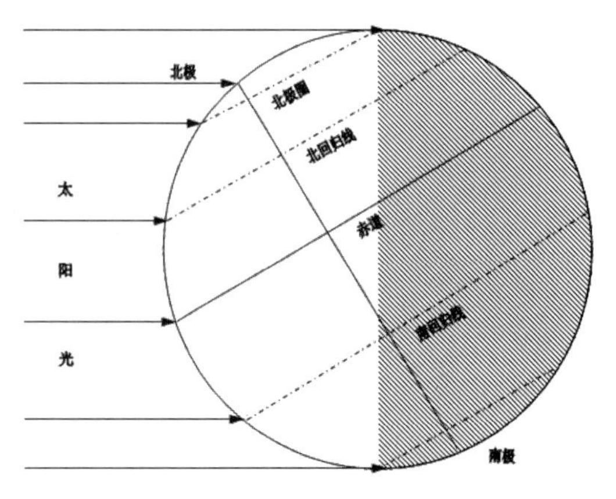

图 4－37　插入并设置艺术字

任务 2　页面设置及页眉页脚

任务描述

打开实验素材“艾宾浩斯遗忘曲线(素材).docx”，将素材分节，并设置 1、2、4 页的纸张方向为纵向，第 3 页为横向，并添加页眉和页码，完成后的效果如图 4－38 所示。

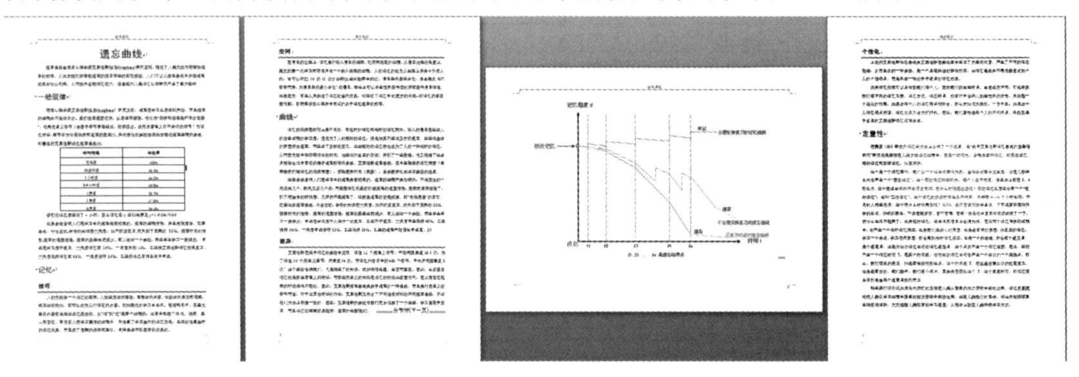

图 4－38　“艾宾浩斯遗忘曲线(素材).docx”最终效果图

操作步骤

步骤 1　打开“艾宾浩斯遗忘曲线(素材).docx”，将插入点定位于第 2 页的最后一段末尾处，单击“页面布局”选项卡→“页面设置”组→“分隔符”下拉按钮→“下一页”；然后将插入点定位于第 3 页图片尾部，同样单击“页面布局”选项卡→“页面设置”组→“分隔符”下拉按钮→“下一页”，这样就把图片单独划分到第 3 页上了。

步骤 2　将插入点定位于第 3 页的首行，按 Delete 键将图片提升至首行；单击“页面布局”选项卡→“页面设置”组→“纸张方向”下拉按钮→“横向”。此时，只有第 3 页是横向页面。

步骤 3　单击“页面布局”选项卡→“页面设置”组→“页边距”下拉按钮→在下拉列表中选“自定义边距”→弹出“页面设置”对话框，设置“左边距”中的“上”和“下”均为 2.3 厘米，“左”和“右”均为 3 厘米，并单击“应用于”右侧的下拉按钮→“整篇文档”→单击“确定”按钮。

步骤4　单击第3页的图片，此时“图片工具”→“格式”选项卡被激活，设置其“大小”组的“高度”为14厘米，然后设置图片居中。

步骤5　双击任意一页文本上方的空白区域，即可激活“页眉页脚工具”→“设计”选项卡，在其中的“位置”组设置“页脚底端距离”为1.5厘米，并在“选项”组勾选“奇偶页不同”，然后使用鼠标滚轮将文档翻动至第1页，将插入点定位在第1页“页眉”处，输入“遗忘曲线”；再将插入点定位在第1页“页脚”处，单击“页眉和页脚”组的“页码”下拉按钮，在下拉列表中选择“页面底端”→“普通数字3”。然后将插入点定位在第2页“页眉”处，仍输入“遗忘曲线”；再将插入点定位在第2页“页脚”处，单击“页眉和页脚”组的“页码”下拉按钮，在下拉列表中选择“页面底端”→“普通数字1”。最后，单击“关闭页眉和页脚”(或双击文本区域跳出页眉页脚的编辑)。

步骤6　将文件另存为“学号 姓名 班级 艾宾浩斯遗忘曲线.docx”，保存在桌面，以备提交。

实验4　文字处理综合应用

实验目的

通过本次实验，学生将掌握批量文档生成(如准考证、邀请函等等)和长篇文档的排版方法。包括：字体格式、段落格式、标题级别、页码格式等格式的设置和编辑；目录的生成与编辑、修订替换等功能的使用。

任务1　使用邮件合并批量制作准考证

任务描述

当我们希望创建一组文档(如一封寄给多个客户的套用信函或一个地址标签页)，可以使用邮件合并。每个信函或标签含有同一类信息，但内容各不相同。例如，在致客户的多个信函中，可以对每个信函进行个性化，称呼每个客户的姓名。每个信函或标签中的唯一信息都来自数据源中的条目。

邮件合并过程中需要执行以下步骤。

(1)设置主文档。主文档包含的文本和图形会用于合并文档的所有版本。例如，套用信件中的寄信人地址或称谓。

(2)将文档连接到数据源。数据源是一个文件，它包含要合并到文档的信息。例如，信函收件人的姓名和地址。

(3)调整收件人列表或项列表。Word为数据文件中的每一项(或记录)生成主文档的一个副本。如果数据文件为邮寄列表，这些项可能就是收件人。如果只希望为数据文件中的某些项生成副本，可以选择要包括的项(记录)。

(4)向文档添加占位符(称为邮件合并域)。执行邮件合并时，来自数据源文件的信息会填充到邮件合并域中。

(5)预览并完成合并。打印整组文档之前可以预览每个文档副本。

使用Word 2010的邮件合并功能可以批量制作会议通知、请柬、成绩单、工资条等，下面以制作批量准考证为例进行讲解。

操作步骤

步骤 1 创建“准考证(主文档).docx”和“准考证(数据源).xlsx”两个素材，并进行格式设定，完成后如图 4-39(a)、(b)所示。

2017 年全国职称外语等级考试

准考证

准考证号： 报考等级：

姓名： 考场号：

身份证号： 座位号：

贴照片

注：考生必须带准考证、身份证、2B 铅笔、橡皮、外语字典，不得带电子字典及传呼、手机等通讯工具。

图 4-39(a) “准考证(主文档).docx”完成示例

	A	B	C	D	E	F
1	准考证	姓名	身份证号	报考等级	考场号	座位号
2	99010210	王大伟	132801198001012576	理工B	001	15
3	99010211	马红军	132801197501012719	理工A	003	6
4	99010212	李　梅	610201197701011822	卫生A	005	7
5	99010213	吴一凡	153605197201013353	综合A	006	12
6	99010214	唐小飞	151008198501011312	综合B	007	18

图 4-39(b) “准考证(数据源).xlsx”完成示例

步骤 2 在 Word 2010 中打开“准考证(主文档).docx”→单击“邮件”选项卡→“开始邮件合并”组→“开始邮件合并”下拉按钮，在下拉列表中单击“邮件合并分步向导”，在编辑区的右侧显示“邮件合并”任务窗格，如图 4-40 所示，从中选择合适的文档类型。本例中我们选择“信函”，并单击“下一步：正在启动文档”链接。

步骤 3 选中“使用当前文档”，单击“下一步：选取收件人”链接，如图 4-41 所示(使用当前正在编辑的文档，或使用模板、现有文档来设置信函。如果使用正在编辑的文档，那就要在文档的某些位置预留适当的空白区域；若使用的是模板，则不要轻易删除或修改模板原有的格式)。

步骤 4 选取收件人。收件人列表要事先编辑好，或者直接使用 Outlook 中的联系人列表，本例中指步骤 1 中事先编辑好“准考证(数据源).xlsx”，因此选定“使用现有列表”，如图 4-42(a)所示，并单击“浏览”项。

在弹出的“选取数据源”对话框中找到收件人列表文件所在路径并选中文件，如图 4-42(b)所示，然后单击“打开”按钮。

弹出“选择表格”对话框，如图 4-42(c)所示。由于该数据源首行包含列标题，因此需选中该对话框下部的“数据首行包含列标题”复选框，单击“确定”按钮。

弹出如图 4-42(d)所示的“邮件合并收件人”对话框，在本步中还可以在列表中选择部分收件人及重新编辑收件人的信息，单击“确定”按钮。

然后单击“下一步：撰写信函”链接。

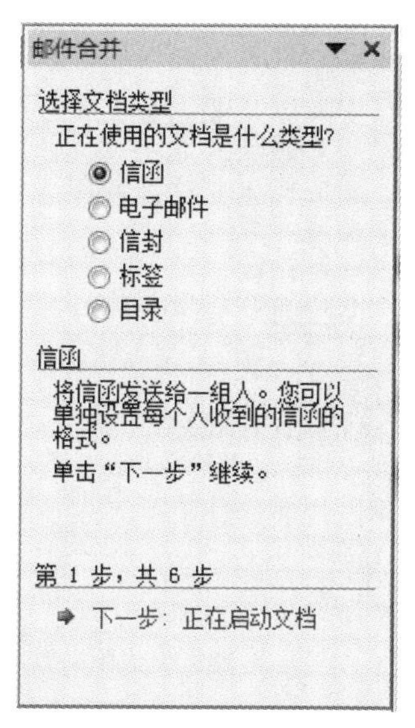

图4-40 邮件合并分步向导→第1步

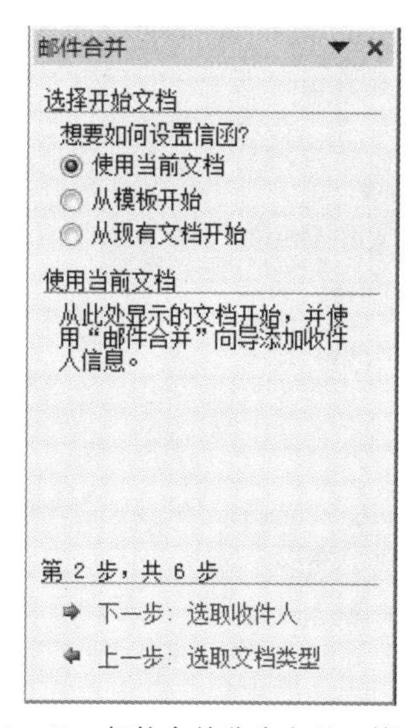

图4-41 邮件合并分步向导→第2步

步骤5 在选择了收件人之后便可以进一步编辑准考证了。本例将插入点定位在“主文档”的“准考证号”字样后面，在图4-43(a)所示的“邮件合并”窗格中单击“其他项目”项，弹出如图4-43(b)所示的“插入合并域”对话框，选择“准考证”，单击“插入”按钮；重复上述操作直到“姓名”“身份证号”“报考等级”“考场号”“座位号”等合并域都插入完毕，得到如图4-43(c)的结果，单击“下一步：预览信函”链接。

步骤6 如图4-44所示，在该步骤可以单击“收件人”两边的“《”和“》”符号预览上一页或下一页的内容，还可以“排除此收件人”，若还存在问题，可以单击“上一步：撰写信函”链接，回到前面任意步骤进行修改。如没有问题，则单击“下一步：完成合并”链接。

步骤7 如图4-45(a)所示，我们已完成合并，并可“打印”或“编辑单个信函”。“打印”

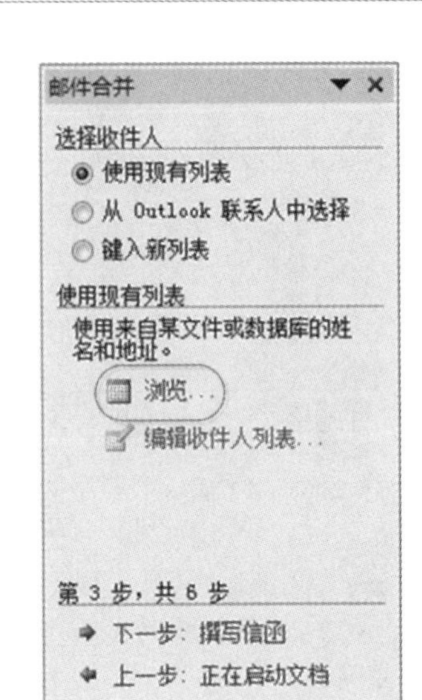

图 4-42(a)　邮件合并分步向导→第 3 步

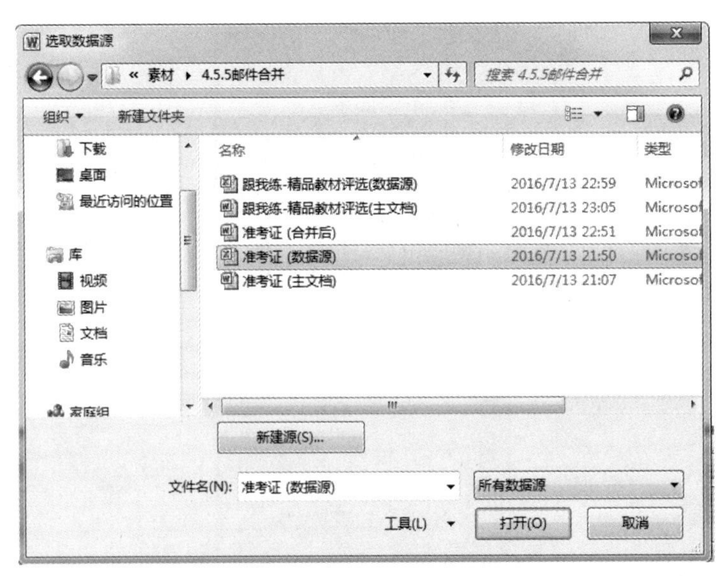

图 4-42(b)　“选取数据源”对话框

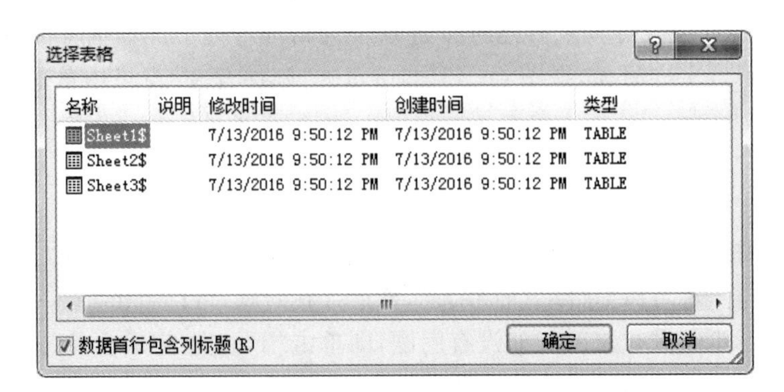

图 4-42(c)　“选择表格”对话框

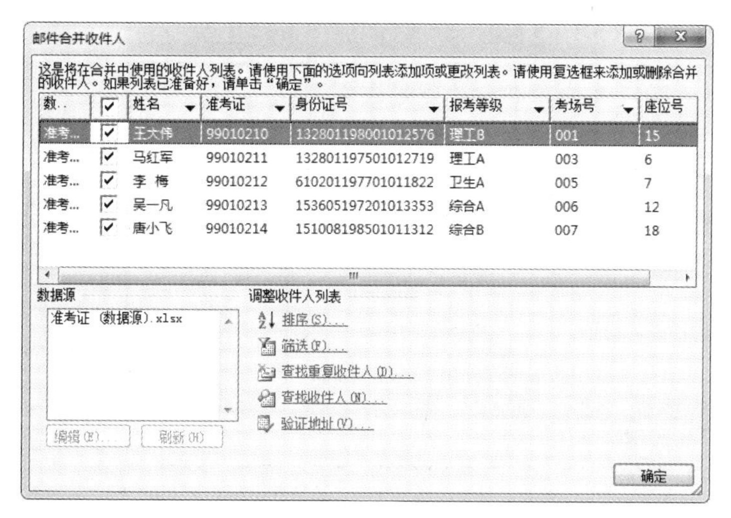

图 4-42(d) "邮件合并收件人"对话框

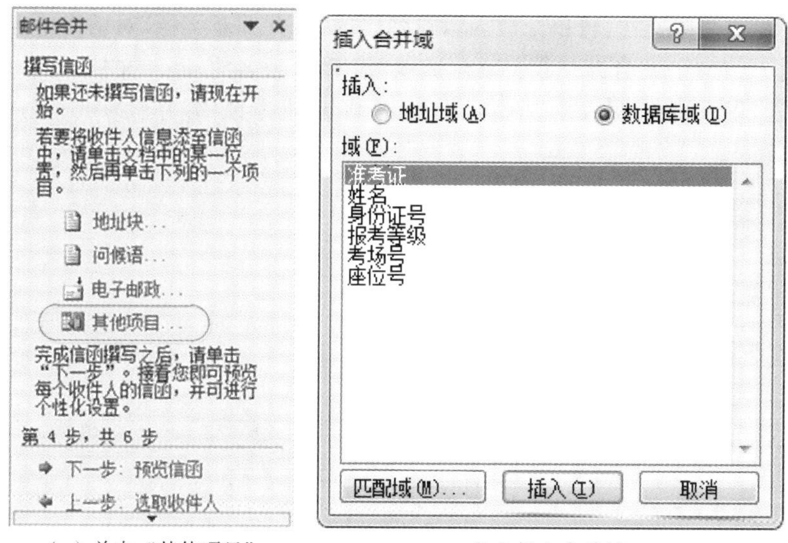

(a) 单击"其他项目"　　(b) 插入合并域

2017 年全国职称外语等级考试

准考证

准考证号：«准考证» 姓名：«姓名» 身份证号：«身份证号»	报考等级：«报考等级» 考场号：«考场号» 座位号：«座位号»	贴 照 片

注：考生必须带准考证、身份证、2B 铅笔、橡皮、外语字典，不得带电子字典及传呼、手机等通讯工具。

(c) "插入合并域"结果示例

图 4-43 邮件合并分步向导→第 4 步

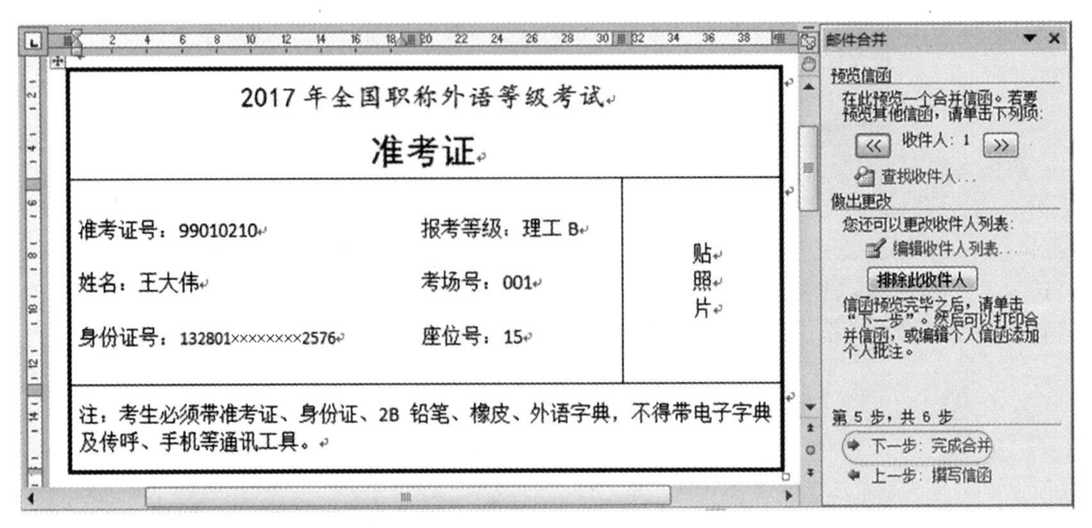

图 4-44　邮件合并分步向导→第 5 步

合并到打印机，本例选择"编辑单个信函"，在弹出的"合并到新文档"对话框中选择"全部"并"确定"(见图 4-45(b))，合并结果自动生成以"信函 1"为名的 docx 文档，此时，我们可以单击"文件"按钮，将该文档"另存为"→"学号 姓名 班级 准考证(合并后). docx"，以备提交。

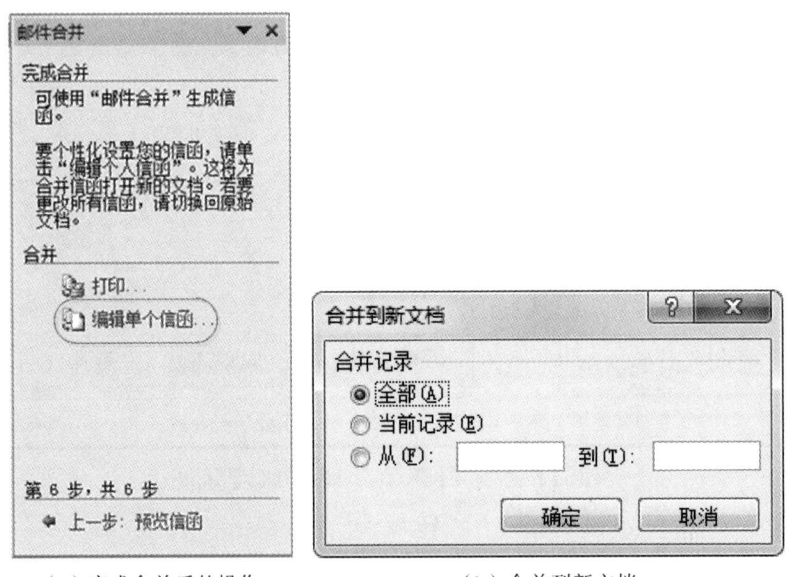

(a) 完成合并后的操作　　　　(b) 合并到新文档

图 4-45　邮件合并分步向导→第 6 步

根据上例，使用本节配套素材包中的"精品教材评选(主文档)""(数据源)"两个文件，试用邮件合并完成精品教材评选邀请函的批量制作。

任务 2　长文档的编排→论文排版

任务描述

打开实验素材"论文(素材). docx"，按操作步骤为文档设置封面、标题样式、正文、参考文献等，并设置奇偶页不同的页眉页脚和页码，给素材分节、添加项目符号和编号、实现图文混排，最后自动生成目录。

操作步骤

步骤1 打开“论文(素材).docx”，调出标尺、导航窗格、显示所有格式标记。

步骤2 设置各级标题的样式。一级标题设为三号黑体字居中，段前段后设为自动，2倍行距。二级标题设为小三号黑体左对齐排列，1.25倍行距。技巧：先将各级标题设置好，再选中某一级标题，“开始”→“编辑”→“选择”→选定所有格式类似的文本，进行相应的字体设置和段落设置，即可一次性将该级别的全部标题排版好(本例中使用这种方式设置标题1、标题2只需执行两次)。另外还可以设定好一个标题后，使用“格式刷”将同类别的标题刷上相同的格式(“开始→格式刷”，单击只能刷一次，双击可以刷多次)。设置好标题后，我们就可以在“文档结构图”任务窗格单击对应的标题在文档中进行快速跳转了。

步骤3 设置正文文本：首行缩进2字符，中文设为宋体小四号字，西文设为Times New Roman小四号字，行距1.25倍。技巧：先选定某一段正文，“开始”→“编辑”→“选择”→选定所有格式类似的文本，进行相应的字体设置和段落设置，即可将与选定正文类似的全部文本排版好。不怕麻烦也可以使用格式刷。

【注】带自动编号的正文会视为不同类型，需要另行选定并设置。

步骤4 插入前面所述实例中已编辑好的“论文封面”。

步骤5 给素材分节，让每个新的章节均开始于奇数页：两种方式。

使用“页面布局”→“分隔符”→“(分节符)下一页”::::::::分节符(下一页)::::::::

或使用“页面布局”→“分隔符”→“(分节符)奇数页”::::::::分节符(奇数页)::::::::

【注】前者无论编辑状态还是打印状态都较为直观，但实际遇某章节的内容有增减时需要检查该章是否结束在偶数页，从而增删空白页(增加空白页时使用“页面布局”→“分隔符”→“分页符” ::::::::分页符::::::::)以确保后续章节开始于奇数页；后者无论前一章节有任何内容增减，都无需检查，能确保下一章节开始于奇数页，但在编辑状态下不太直观，有隐含页，编辑时只能从左下角的“页面”状态信息进行判断，或在打印预览方式下才可直观地看到隐含页(“分节符”→“偶数页”与此类同，指新的章节都开始于偶数页，同样也是编辑时显示不太直观，打印预览时才能显示完整)。

步骤6 更改项目编号：将文中以“A.B.C……”开头的序号统一改成“1)、2)、3)……”类型的编号。

【注】如因使用“格式刷”导致编号延续上一处的编号而出现后续编号时，将光标定位到需要从1开始编号的位置上，右击鼠标，在弹出的快捷菜单中选择“重新开始于1”项(操作后如遇首条文本缩进发生变化，使用格式刷复制下一条文本对其进行格式设置，或手动调整标尺、或在“段落”中设置“特殊格式”使文本对齐)。

步骤7 图文混排：按文中第3章的要求在标志处插入两幅图和1个表格，注意满足细节要求。

步骤8 英文摘要“KEYWORDS”处的排版：先将“视图”→“显示”→“标尺”调出来，用鼠标左键按住标尺下方的“悬挂缩进滑块”不放向后拖动，完成后如图4-46(a)所示；或单击“段落”下拉箭头，在弹出的“段落”对话框中设置“特殊格式”为“悬挂缩进”，“磅值”为“6.6字符”。如图4-46(b)所示。

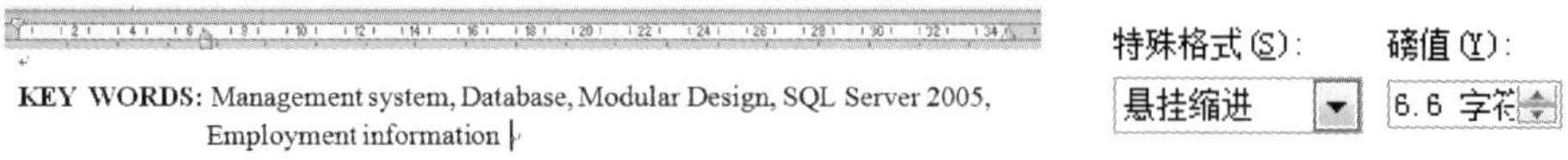

KEY WORDS: Management system, Database, Modular Design, SQL Server 2005, Employment information

特殊格式(S): 悬挂缩进 磅值(Y): 6.6 字符

(a) 利用标尺上的滑块排版　　(b) 利用悬挂缩进排版

图 4-46　英文摘要"KEYWORDS"处的排版

步骤 9　引用自动目录。将插入点定位在"中\英文摘要"后面预留放置目录的位置处，单击"引用"→"自动目录 1"。

【注】此时插入的目录是为了先占位，因为页码的显示还不符合实验要求。在完成全文的页码设置后要"更新目录(或'更新域')"，"只更新页码"(适用于页码有变动时)或"更新整个目录"(适用于标题和页码均有变动时)。

步骤 10　设置页眉。勾选"首页不同、奇偶页不同"。将"中英文摘要""目录"及后续的章节、致谢、参考文献等的奇数页页眉设置成该章的标题，偶数页页眉设置成"西安交通大学城市学院本科生毕业设计(论文)"字样。技巧：在本例中，有多少章就需要设置多少次奇数页页眉。每一章的奇数页页眉都要先断开与上一章节页眉的链接，即"页眉和页脚工具→设计→链接到前一条页眉"，橘黄色表示链接到前一条页眉，普通灰度表示断开与前一条页眉的链接。在本例中，偶数页页眉仅需设置一次：从"中文摘要"的背面空白页开始设置，先断开与上一章节页眉的链接，以确保封面的背面不会产生页眉；然后输入"西安交通大学城市学院本科生毕业设计(论文)"即可，从"中文摘要"之后的每个章节都无需再设置偶数页页眉。

步骤 11　设置页脚处的页码。将"中\英文摘要"及"目录"的页码设置成"Ⅰ、Ⅱ、Ⅲ"大写罗马文样式，奇数页居右下，偶数页居左下。技巧：在"中文摘要"的首个奇数页页脚处参照步骤 10 的方法断开与上一条页脚的链接，页码编号设置为"起始页码"→"Ⅰ"，居"右下"；然后在"中文摘要"的首个偶数页页脚处参照步骤 11 的方法断开与上一条页脚的链接，页码编号设置为"起始页码"→"Ⅱ"，居"左下"。"英文摘要"和"目录"两章不动，采用默认设置即可实现延续页脚和页码的设置。

将论文正文"1　绪论"章节开始至文章结束的页脚/页码设置成"1、2、3…"阿拉伯数字样式，奇数页居"右下"，偶数页居"左下"。技巧：在"绪论"的首个奇数页页脚处参照步骤 11 的方法断开与上一条页脚的链接，页码编号设置为"起始页码"→"1"，居"右下"；然后在"绪论"的首个偶数页页脚处参照步骤 10 的方法断开与上一条页脚的链接，页码编号设置为"起始页码"→"2"，居"左下"。后续各章节均不动，采用默认设置即可实现延续页脚和页码的设置。

步骤 12　参考文献的引用。将论文"2.1 小节至 2.2 小节"中的"[1]、…、[5]"运用"引用"→"插入尾注"的方式设置成参考文献引用格式，插入后页面显示如图 4-47 所示。

此时，还应去掉"尾注分隔符"。切换到"视图"→"草稿"，然后单击"引用"→"显示备注"，调出"尾注"窗口，在下拉菜单中选择"尾注分隔符"项，如图 4-48 所示，再将光标移至该线段处，将其删掉即可。

步骤 13　在"目录"处更新页码，检查是否每个章节的页码都是奇数，如不符在对应章节的页脚做相应调整后再回到目录更新页码。最后，设置目录除标题外的中文为宋体小四、西文为 Times New Roman。

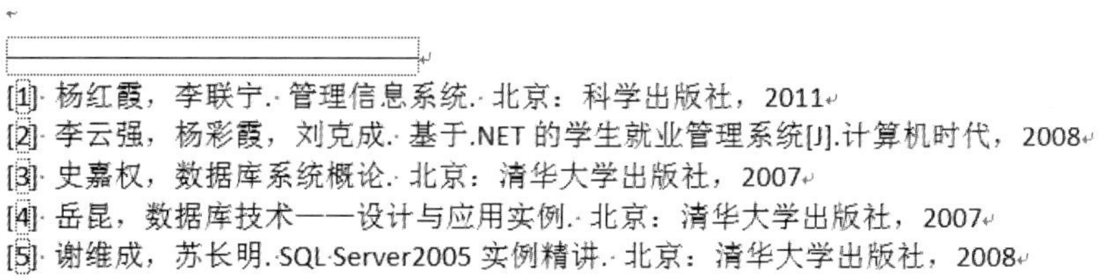

[1] 杨红霞，李联宁. 管理信息系统. 北京：科学出版社，2011
[2] 李云强，杨彩霞，刘克成. 基于.NET 的学生就业管理系统[J].计算机时代，2008
[3] 史嘉权，数据库系统概论. 北京：清华大学出版社，2007
[4] 岳昆，数据库技术——设计与应用实例. 北京：清华大学出版社，2007
[5] 谢维成，苏长明. SQL Server2005 实例精讲. 北京：清华大学出版社，2008

图 4－47 使用“插入尾注”引用参考文献的结果示例

图 4－48 删除“尾注分隔符”

步骤 14 将该文档另存为“学号 姓名 班级 论文. docx”并保存在桌面上，以备提交。

第 5 章　Excel 电子表格基础实验

实验概要

Excel 是目前最流行的一款电子表格软件，它可以进行各种数据的处理、统计分析和辅助决策操作，Excel 中有大量的公式函数，可以实现许多功能，广泛地应用于管理、统计财经、金融等众多领域。Excel 界面友好，用户使用方便，能大幅提高工作效率。

本章通过具体案例来介绍表格处理技术综合应用的各项操作，以加深学生对知识点的理解及运用。4 项实验如下：

(1)电子表格的基础性操作。掌握工作簿及工作表的创建、修改、删除、保存等；工作表标签页的新建、编辑、重命名；单元格的合并与拆分、单元格数据格式的设置与编辑，单元格的边框及自动填充等。

(2)公式与常用函数的应用。掌握工作表中单元格的引用方式、常用函数的插入、数据区域的选择、参数的设定、条件的判断以及函数的嵌套使用等。

(3)电子表格数据统计及分析。掌握数据的排序、分类汇总和数据筛选。

(4)电子表格数据转化及统计。掌握将表格中的数据转换为可视化的图表、图表的建立和修改，用于直观地对相关数据进行比较分析；将表格中的数据转化为数据透视表，用于快速整理数据。

实验 1　电子表格的基本操作

实验目的

通过本次实验操作，主要掌握工作簿及工作表的建立、编辑、重命名；工作表标签页的新建、编辑、重命名；单元格的合并、数字格式设置、单元格的边框及自动填充。

任务 1　职工工资表的建立

任务描述

新建一个工作簿文件，具体要求如下：进入后建立 5 个工作表标签，将标签从左往右依次改名为“2011 年”“2012 年”“2013 年”“2014 年”“2015 年”，且标签颜色依次改为红、蓝、绿、黄、黑；在 2015 标签页上建立工作表，将 A1:L2 单元格合并，L3:L9 单元格合并，并为 A3:L9 单元格加上黑色单实线边框；表格中内容如图 5 - 1 所示，在表格最左侧的序号处用填充的方式填入相应编号；最后用自己的“班级＋姓名＋学号”命名文件，且将文件类型保存为“.xls”格式。

XX部门职工工资表

序号	姓名	基本工资	工龄工资	奖金	应得工资	养老保险	医疗保险	失业保险	住房公积金	实发工资	备注
01	王一	1,500.00	400.00	300.00		150.00	100.00	50.00	100.00		
02	李娜	1,200.00	200.00	400.00		120.00	100.00	50.00	100.00		
03	杨雄	1,800.00	600.00	150.00		200.00	100.00	50.00	100.00		
04	李四	1,000.00	100.00	200.00		100.00	100.00	50.00	100.00		
05	谢正	1,400.00	300.00	155.00		140.00	100.00	50.00	100.00		
06	陈丹	1,500.00	350.00	260.00		150.00	100.00	50.00	100.00		

工作表标签：2011 2012 2013 2014 2015

图 5-1 职工工资表样例

操作步骤

步骤 1 单击 Windows“开始”菜单中的“Excel 2016”项，如图 5-2 所示。

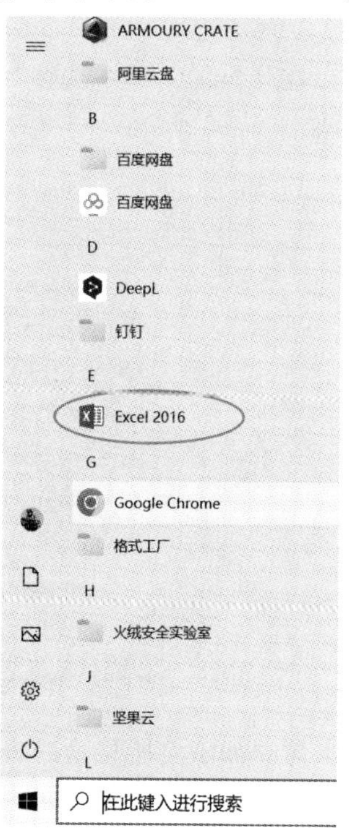

图 5-2 打开 EXCEL 工作簿

步骤 2 在打开的 Excel 中单击“插入工作表”按钮以建立新的工作表，如图 5-3 所示。

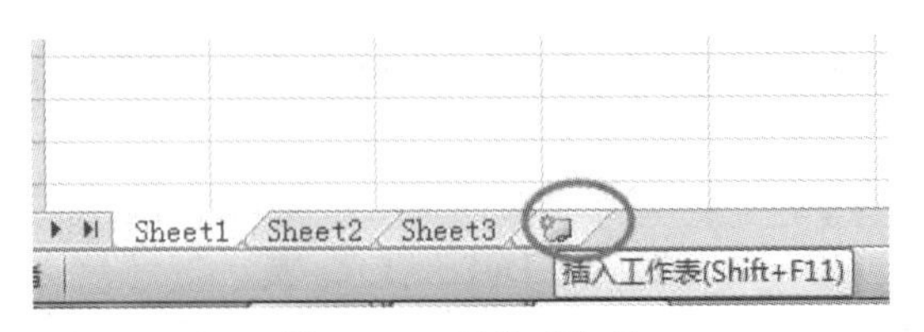

图 5-3 新建工作表

步骤 3 建立够 5 个工作表后右键单击工作表标签，在弹出的快捷菜单中选择“重命名”选项，按照要求依次对 5 个工作表进行重命名，如图 5-4 所示。

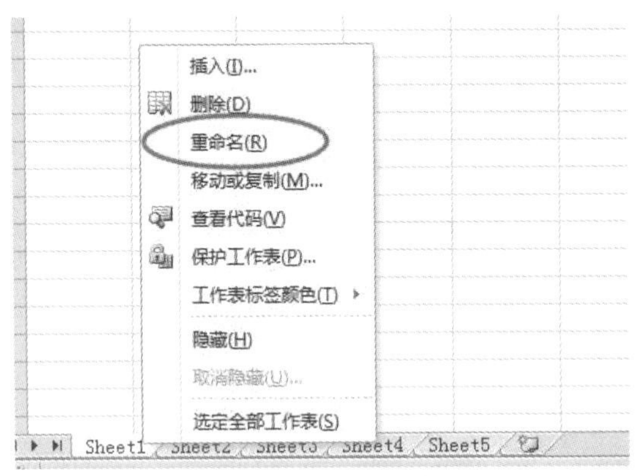

图 5-4 工作表重命名

步骤 4 右键单击工作表标签，在弹出的菜单中选择“工作表标签颜色”选项，按照要求依次对 5 个工作表进行颜色更改，如图 5-5 所示。

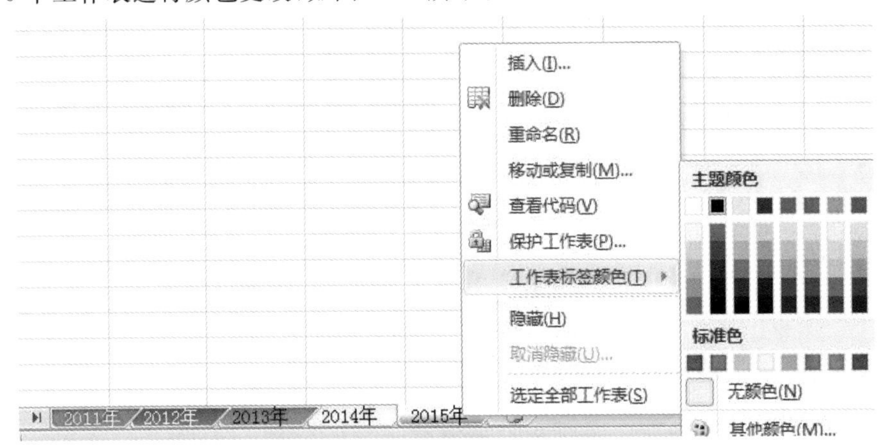

图 5-5 更改工作表标签颜色

步骤 5 在“2015 年”标签页上建立如示例所显示的表格，鼠标左键拖动选中 A1:L2 单元格，打开上方“开始”选项卡→“对齐方式”→“合并后居中”，如图 5-6 所示。

L3:L9 单元格的合并操作相同。

步骤 6 因为数值前加 0 无意义，所以 Excel 会自动去掉数值前的 0。我们为了能够输入“01”“02”等以 0 开头的序号，需将单元格格式设置为“文本”类型。具体操作为选中 A4:A9 单元格，打开“开始”选项卡中“数字”区域的下拉箭头，选择“文本”选项，如图 5-7 所示。

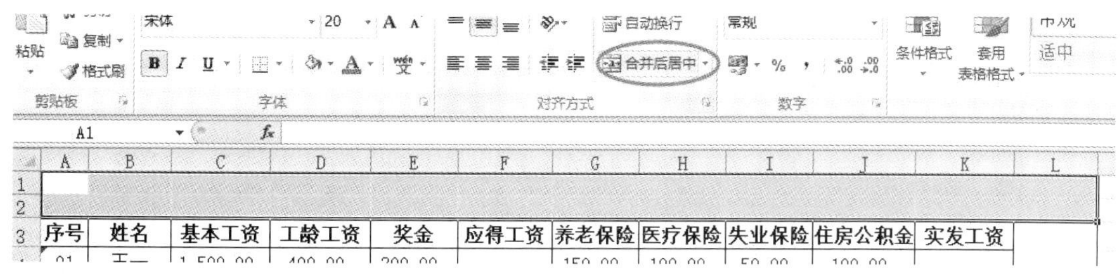

图 5-6　合并单元格

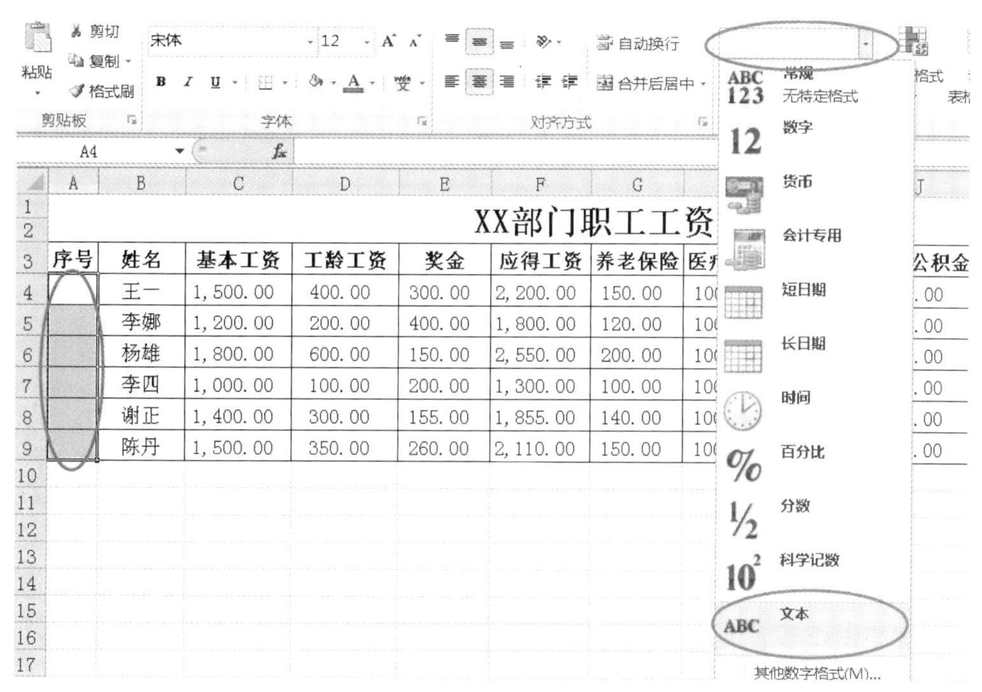

图 5-7　单元格设置文本类型

步骤7　鼠标左键拖动选中 A3:L9 单元格，单击“开始”→“字体”→“边框”→“所有框线”，如图 5-8 所示。

图 5-8　添加表格框线

步骤 8 全部设置完成后单击“Office 按钮”中的“另存为”→“Excel 工作簿”→在文件名处输入自己的“班级姓名学号”，然后单击“保存”按钮（注：注意文件所保存的位置），如图 5-9 所示。

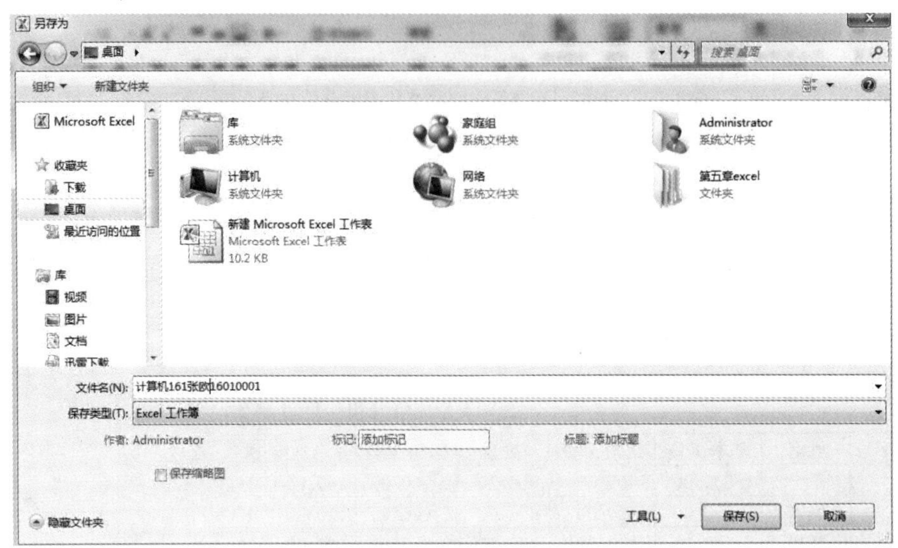

图 5-9 Excel 文件另存

实验 2 电子表格中的数据运算

实验目的

通过本次实验操作，主要掌握公式及简单函数的应用；公式及函数的单元格填充；函数的嵌套使用。

任务 1 职工工资表的计算

任务描述

在实验 1 所做 Excel 表格的基础上，完成下列要求：将除“序号”列外的内容为数字的单元格全部设置成“数值”类型，小数位保留两位小数；使用函数计算“应得工资”，使用公式计算“实发工资”。在应得工资前插入 1 列，在“F3”单元格中输入“评级”文字，当职工奖金大于等于 400 时为优秀，大于等于 300 为良好，大于等于 200 为合格，小于 200 为不合格，用函数计算各职工等级。参考样例如图 5-10 所示。

操作步骤

步骤 1 打开实验 2 任务 1 的素材文件，左键选中 C4:K9 单元格，鼠标右键单击，选择“设置单元格格式”→“数字”→“数值”选项，设置成保留 2 位小数的数值类型，如图 5-11 所示。

步骤 2 鼠标左键选中 F4 单元格，单击左上方的“插入函数” *fx*，弹出“插入函数”对话框，选择 SUM 函数，如图 5-12 所示。

XX部门职工工资表												
序号	姓名	基本工资	工龄工资	奖金	评级	应得工资	养老保险	医疗保险	失业保险	住房公积金	实发工资	备注
01	王一	1,500.00	400.00	300.00	良好	2,200.00	150.00	100.00	50.00	100.00	1,800.00	
02	李娜	1,200.00	200.00	400.00	优秀	1,800.00	120.00	100.00	50.00	100.00		
03	杨雄	1,800.00	600.00	150.00	不合格	2,550.00	200.00	100.00	50.00	100.00		
04	李四	1,000.00	100.00	200.00	合格	1,300.00	100.00	100.00	50.00	100.00		
05	谢正	1,400.00	300.00	155.00	不合格	1,855.00	140.00	100.00	50.00	100.00		
06	陈丹	1,500.00	350.00	260.00	合格	2,110.00	150.00	100.00	50.00	100.00		

图 5-10　参考样例

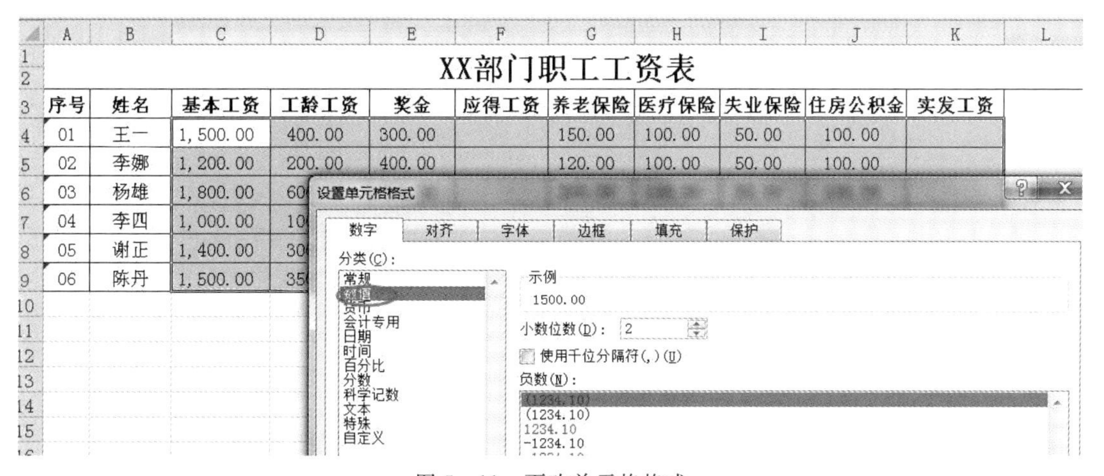

图 5-11　更改单元格格式

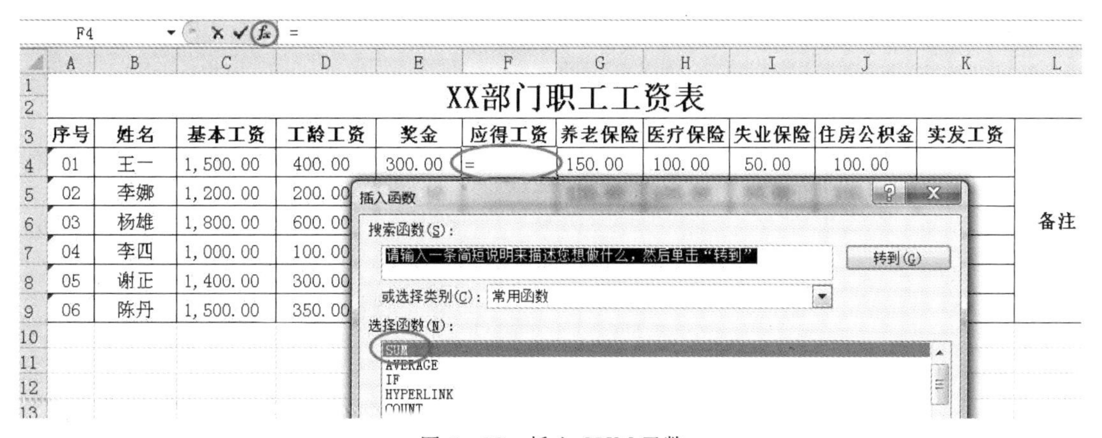

图 5-12　插入 SUM 函数

然后单击"确定"按钮，打开函数编辑器，如图 5-13 所示，因为求和的 C4:E4 单元格为连续单元格，所以在 SUM 函数编辑器中参数设置可以只在"Number1"处选择 C4:E4。

步骤 3　完成 F4 单元格函数操作后，可左键下拉 F4 单元格的填充柄进行自动填充，如图 5-14 所示。

步骤 4　鼠标左键选中 K4 单元格，在上方"编辑栏"输入"＝C4＋D4＋E4－G4－H4－I4－J4"后按回车键确定，完成公式计算实发工资，或也可用"＝F4－G4－H4－I4－J4"，如图 5-15 所示。其后单元格的向下填充，同步骤 3。

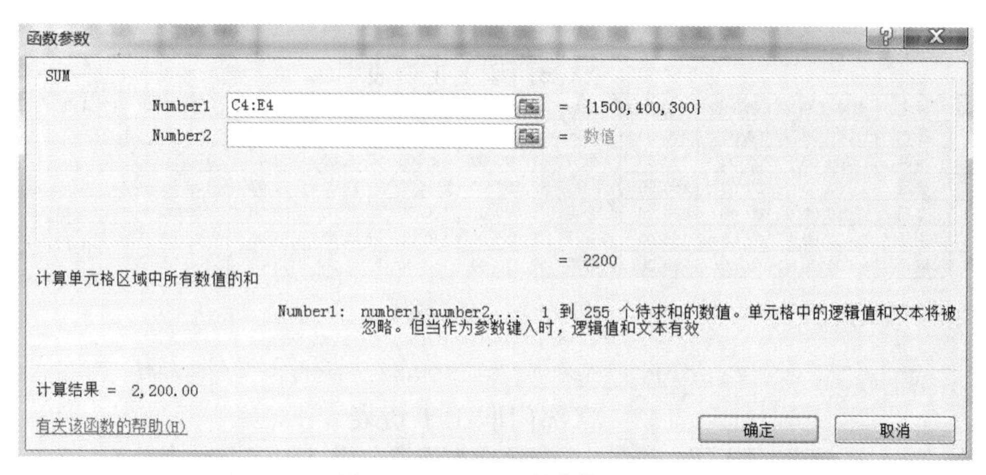

图 5-13 SUM 函数参数设置

	A	B	C	D	E	F	G	H
1								
2	XX部门职工工资表							
3	序号	姓名	基本工资	工龄工资	奖金	应得工资	养老保险	医疗
4	01	王一	1,500.00	400.00	300.00	2,200.00	150.00	100.
5	02	李娜	1,200.00	200.00	400.00		120.00	100.
6	03	杨雄	1,800.00	600.00	150.00		200.00	100.
7	04	李四	1,000.00	100.00	200.00		100.00	100.
8	05	谢正	1,400.00	300.00	155.00		140.00	100.
9	06	陈丹	1,500.00	350.00	260.00		150.00	100.

图 5-14 单元格函数填充

SUM =C4+D4+E4-G4-H4-I4-J4

	A	B	C	D	E	F	G	H	I	J	K	L
1												
2	XX部门职工工资表											
3	序号	姓名	基本工资	工龄工资	奖金	应得工资	养老保险	医疗保险	失业保险	住房公积金	实发工资	
4	01	王一	1,500.00	400.00	300.00	2,200.00	150.00	100.00	50.00	100.00	4-I4-J4	
5	02	李娜	1,200.00	200.00	400.00	1,800.00	120.00	100.00	50.00	100.00		
6	03	杨雄	1,800.00	600.00	150.00	2,550.00	200.00	100.00	50.00	100.00		备注
7	04	李四	1,000.00	100.00	200.00	1,300.00	100.00	100.00	50.00	100.00		
8	05	谢正	1,400.00	300.00	155.00	1,855.00	140.00	100.00	50.00	100.00		
9	06	陈丹	1,500.00	350.00	260.00	2,110.00	150.00	100.00	50.00	100.00		

图 5-15 单元格公式应用

步骤 5 鼠标右键单击 F 列，在弹出的快捷菜单中选择“插入”选项，在 F 列和 E 列间插入新的一列，如图 5-16 所示。

步骤 6 在新插入的 F3 单元格输入“评级”，然后点击“王一”对应的评级单元格 F4，插入 IF 函数，如图 5-17 所示。

步骤 7 根据题目要求为三次判断四种结果，所以在打开的 IF 函数编辑器中设置其第一层判断的参数，如图 5-18 所示。第一层判断条件为“E4(王一的奖金)＞＝400”，判断如果成立则显示为“优秀”，否则进行第二层判断，所以在“Value_if_false”参数处鼠标左键单击确保光标在此，然后单击左上角“名称框”的下拉箭头，选择要插入的函数进行函数内部的函数插入，我们称为函数的嵌套。

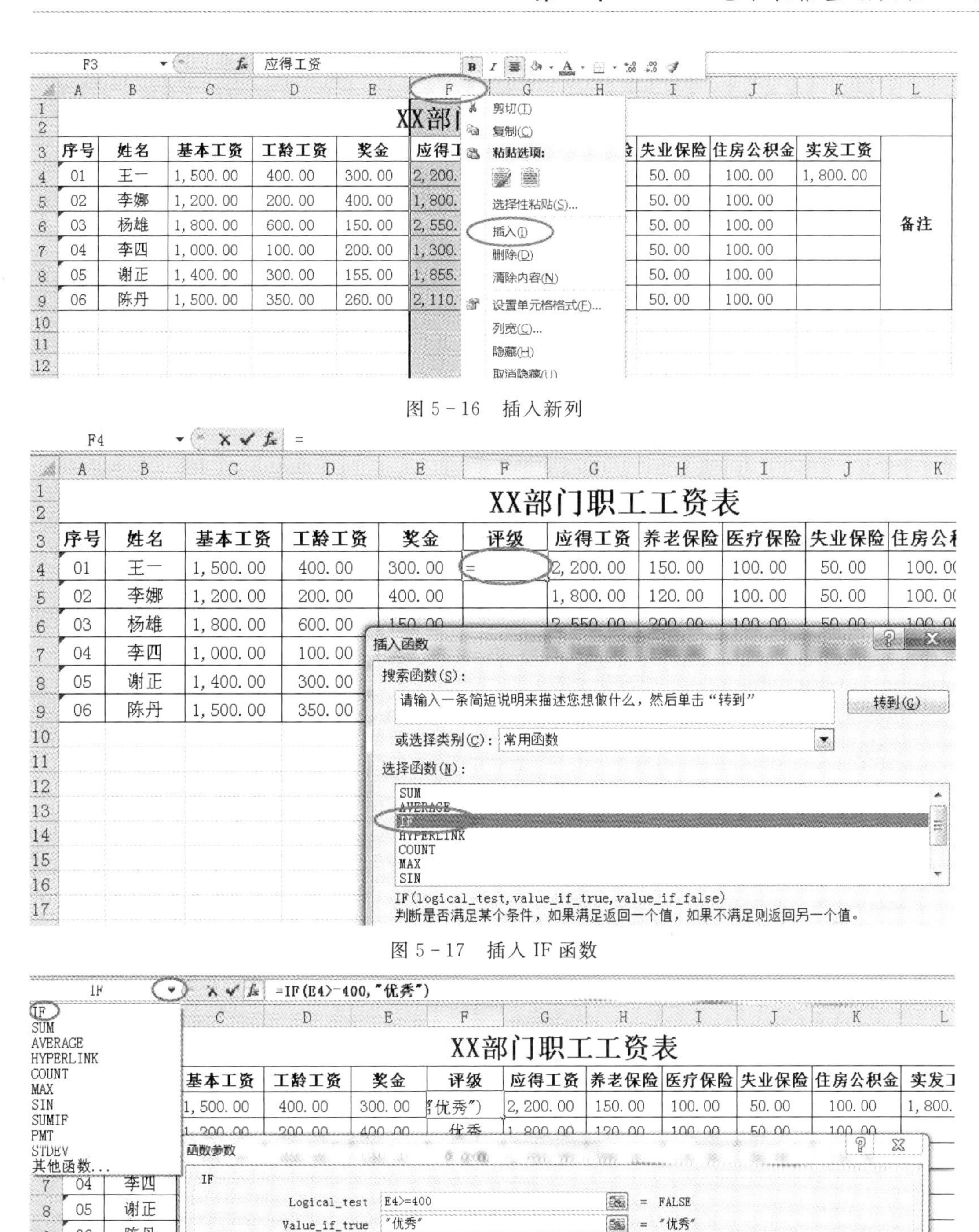

图 5-16　插入新列

图 5-17　插入 IF 函数

图 5-18　IF 函数第一层

步骤 8　通过步骤 7 的方法我们在第一层 IF 函数中插入了第二层 IF 函数，在打开的第二层 IF 函数编辑器中的参数设置如图 5－19 所示，且在第二层 IF 函数的“Value_if_false”参数处要插入第三层 IF 函数，方法同步骤 7。

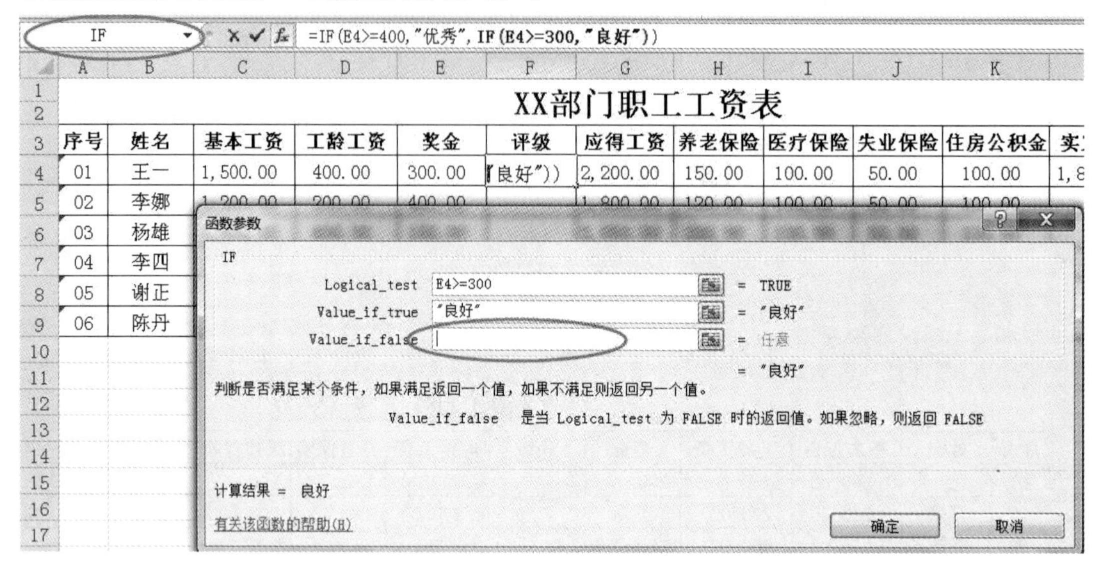

图 5－19　IF 函数第二层

步骤 9　在打开的第三层 IF 函数编辑器中进行具体参数设置，如图 5－20 所示。

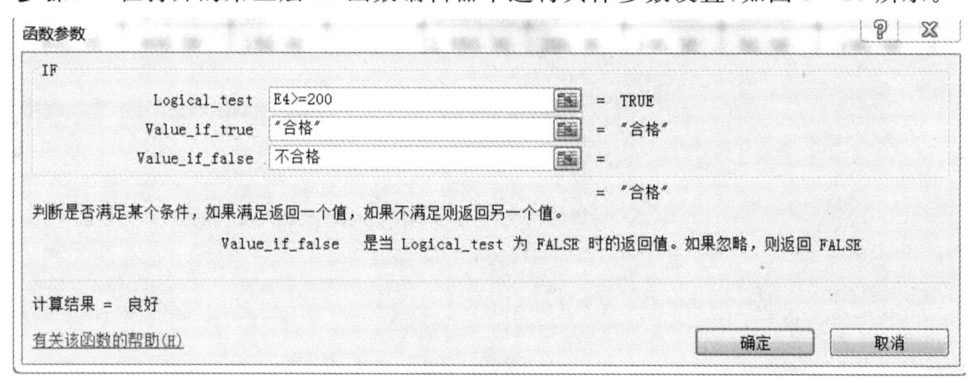

图 5－20　IF 函数第三层

步骤 10　完成 F4 单元格“王一”的等级评定后向下拉动填充柄进行填充，如图 5－21 所示，最终完成本题。

	A	B	C	D	E	F	G	H	I	J	K	L	M
1–2	XX部门职工工资表												
3	序号	姓名	基本工资	工龄工资	奖金	评级	应得工资	养老保险	医疗保险	失业保险	住房公积金	实发工资	
4	01	王一	1,500.00	400.00	300.00	良好	2,200.00	150.00	100.00	50.00	100.00	1,800.00	
5	02	李娜	1,200.00	200.00	400.00	优秀	1,800.00	120.00	100.00	50.00	100.00		
6	03	杨雄	1,800.00	600.00	150.00	不合格	2,550.00	200.00	100.00	50.00	100.00		备注
7	04	李四	1,000.00	100.00	200.00	合格	1,300.00	100.00	100.00	50.00	100.00		
8	05	谢正	1,400.00	300.00	155.00	不合格	1,855.00	140.00	100.00	50.00	100.00		
9	06	陈丹	1,500.00	350.00	260.00	合格	2,110.00	150.00	100.00	50.00	100.00		

图 5－21　IF 函数填充

任务2　VLOOKUP函数引用

任务描述

小李今年毕业后，在一家计算机图书销售公司担任市场部助理，主要的工作职责是为部门经理提供销售信息的分析和汇总。请你根据销售数据报表，按照如下要求完成统计和分析工作：根据图书编号，请在“订单明细”工作表的“图书名称”列中，使用VLOOKUP函数完成图书名称的自动填充，“图书名称”和“图书编号”的对应关系在“编号对照”工作表中；根据图书编号，请在“订单明细”工作表的“单价”列中，使用VLOOKUP函数完成图书单价的自动填充，“单价”和“图书编号”的对应关系在“编号对照”工作表中；在“订单明细”工作表的“小计”列中，计算每笔订单的销售额；根据“订单明细”工作表中的销售数据，统计所有订单的总销售金额，并将其填写在“统计报告”工作表的B3单元格中。本案例的素材如图5-22所示。

销售订单明细表

订单编号	日期	书店名称	图书编号	图书名称	单价	销量（本）	小计
BTW-08001	2011年1月2日	鼎盛书店	BK-83021			12	
BTW-08002	2011年1月4日	博达书店	BK-83033			5	
BTW-08003	2011年1月4日	博达书店	BK-83034			41	
BTW-08004	2011年1月5日	博达书店	BK-83027			21	
BTW-08005	2011年1月6日	鼎盛书店	BK-83028			32	
BTW-08006	2011年1月9日	鼎盛书店	BK-83029			3	
BTW-08007	2011年1月9日	博达书店	BK-83030			1	
BTW-08008	2011年1月10日	鼎盛书店	BK-83031			3	
BTW-08009	2011年1月10日	博达书店	BK-83035			43	
BTW-08010	2011年1月11日	隆华书店	BK-83022			22	
BTW-08011	2011年1月11日	鼎盛书店	BK-83023			31	
BTW-08012	2011年1月12日	隆华书店	BK-83032			19	
BTW-08013	2011年1月12日	鼎盛书店	BK-83036			43	

订单明细　编号对照　统计报告

图5-22(a)　案例素材1

图书编号对照表

图书编号	图书名称	定价
BK-83021	《计算机基础及MS Office应用》	¥ 36.00
BK-83022	《计算机基础及Photoshop应用》	¥ 34.00
BK-83023	《C语言程序设计》	¥ 42.00
BK-83024	《VB语言程序设计》	¥ 38.00
BK-83025	《Java语言程序设计》	¥ 39.00
BK-83026	《Access数据库程序设计》	¥ 41.00
BK-83027	《MySQL数据库程序设计》	¥ 40.00

订单明细　编号对照　统计报告

图5-22(b)　案例素材2

操作步骤

步骤1　选择图5-22(a)所示Excel素材文件下方的“订单明细”标签，在表格中选中第一个订单对应的图书名称“E3”单元格，然后单击上方的 *fx* 插入函数按钮，在打开的插入函数编辑框中选择“VLOOKUP”函数（打开的编辑框默认是“常用函数”列表，若没有“VLOOKUP”函数可在上方的“搜索函数”文本框中自行输入“vlookup”然后单击“转到”按钮；或在中间“选择类型”框中选择“全部”，将显示Excel中全部函数列表，在其中寻找并选

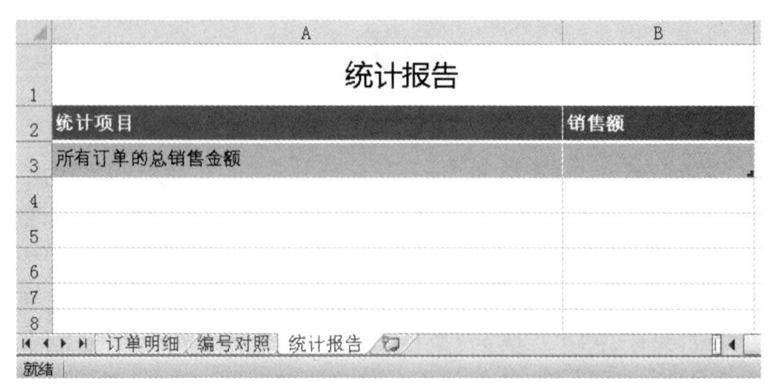

图 5-22(c) 案例素材 3

择“VLOOKUP”函数),如图 5-23 所示。

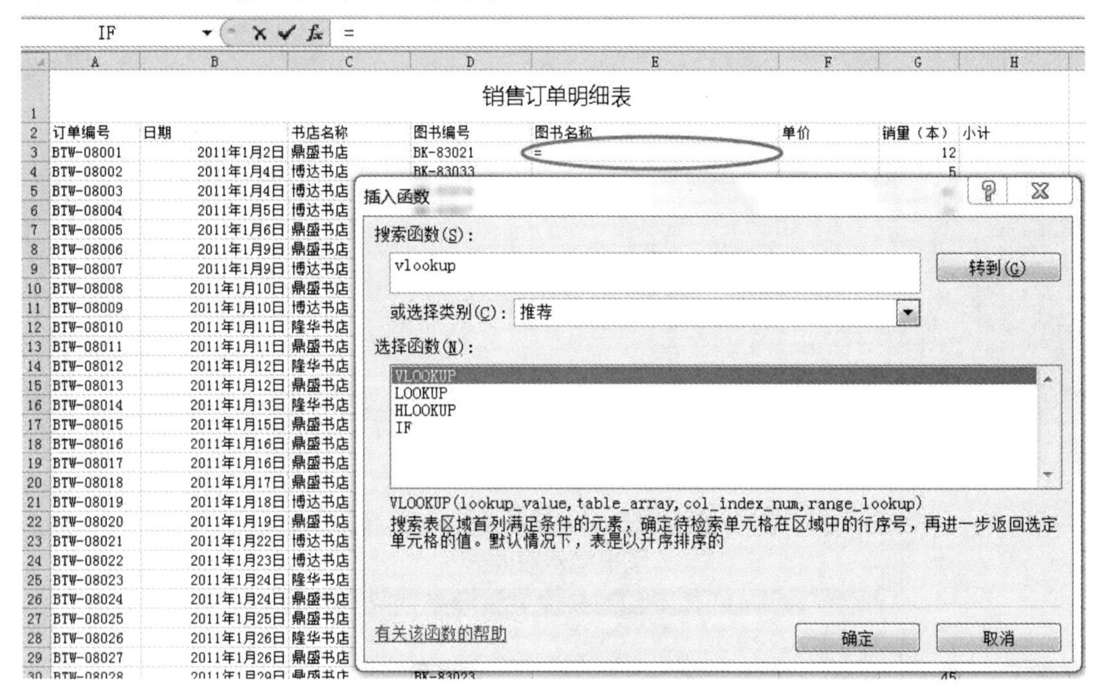

图 5-23 VLOOKUP 求图书名称

选择“VLOOKUP”函数后在打开的函数编辑器中进行各参数设置,其中“Lookup_value”参数选择需要查找的图书名称对应的图书编号,此处选择“D3”;“Table_array”参数选择将要查找的目标数据和其对应的需提取的数据共同所在的表格范围,此处选择“编号对照”标签页中的“图书编号对照表”的全表数据(将光标定位在“Table_array”后的编辑框后,鼠标单击 Excel 文件下方的“编号对照”标签打开“编号对照”标签页。在“编号对照”标签页中的“图书编号对照表”中选择“A2:C19”单元格,此时“Table_array”后的编辑框中的内容变为“表 2[#全部]”。需要特别注意的是,“VLOOKUP”函数的功能是在“Table_array”参数搜索的表区域中的首列内容为我们“Lookup_value”参数查找的内容,如我们查找的内容不是作为搜索区域的首列内容存在,则此函数无效);“Col_index_num”参数为我们需要提取返回数据在查找的表区域中所处的列的相对位置,此相对位置以查找目标为第一列开始计算。此处我们需要返回的“图书名称”是在“Table_array”中“表 2[#全部]”中位于第 2 列，所以“Col_index_num”参数为 2；“Range_lookup”参数为查找时为精确匹配还是大致匹配，若输入“TRUE”或忽略不填或“1”都为精确匹配则，而输入“FALSE”或“0”则为大致匹配，此处我们输入“0”进行大致匹配即可。如图 5-24 所示。

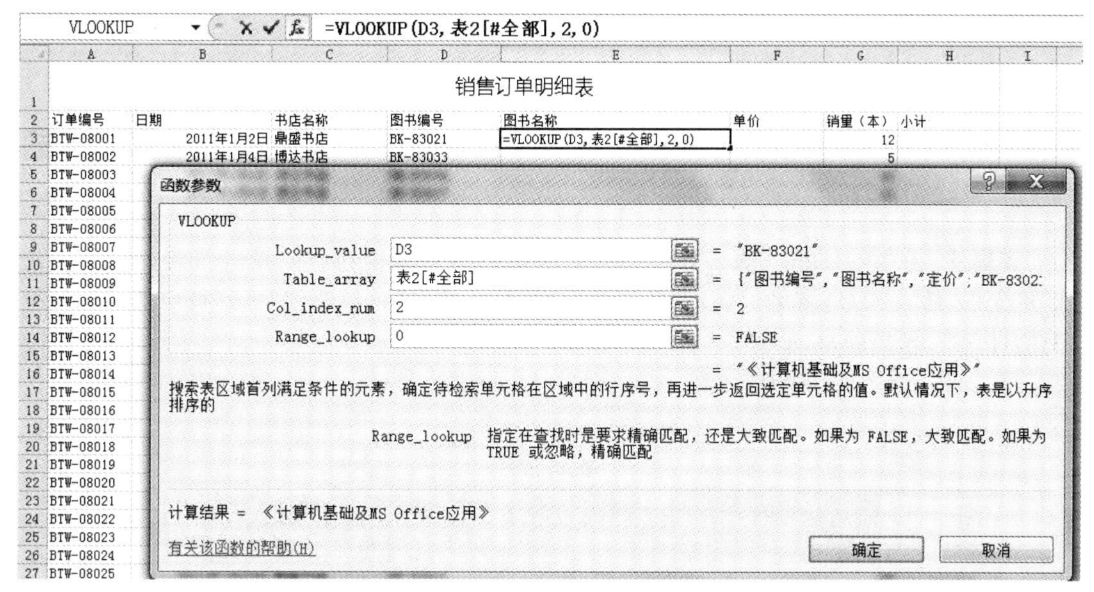

图 5-24 VLOOKUP 图书名称的参数设置

在计算出第一个图书编号对应的图书名称后，通过自动填充功能填充所有的图书编号。

步骤 2 计算图书单价的方法与步骤 1 相同，选中 F3 单元格后插入 VLOOKUP 函数，在函数编辑器中设置各参数内容，如图 5-25 所示。

“Lookup_value”参数：D3

“Table_array”参数：表 2[#全部]

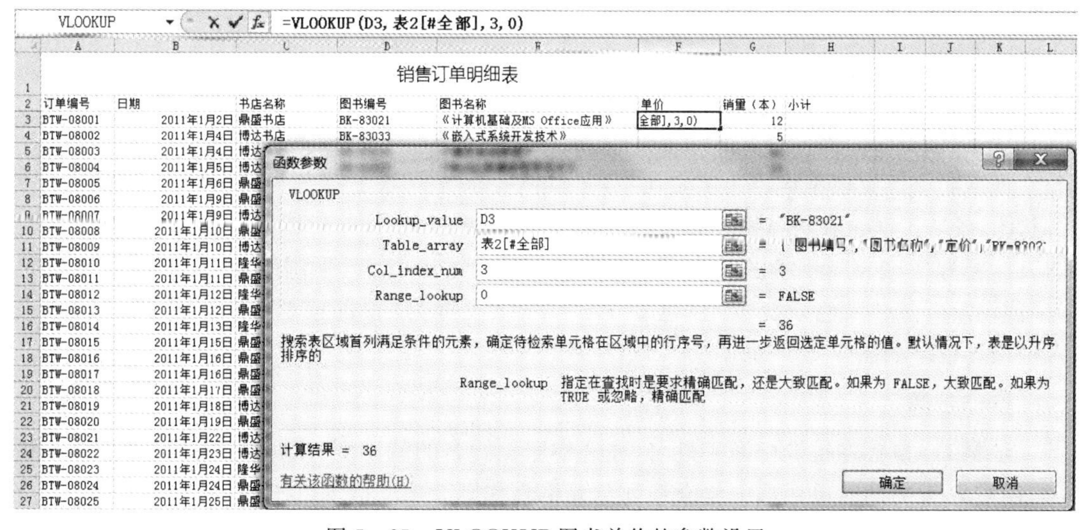

图 5-25 VLOOKUP 图书单价的参数设置

"Col_index_num"参数:3

"Range_lookup"参数:0

步骤 3 每单图书的销售额计算方法为图书单价×销售量,所以选择 H3 单元格,将其内容编辑为"=F3 * G3",即为销售额,如图 5-26 所示。

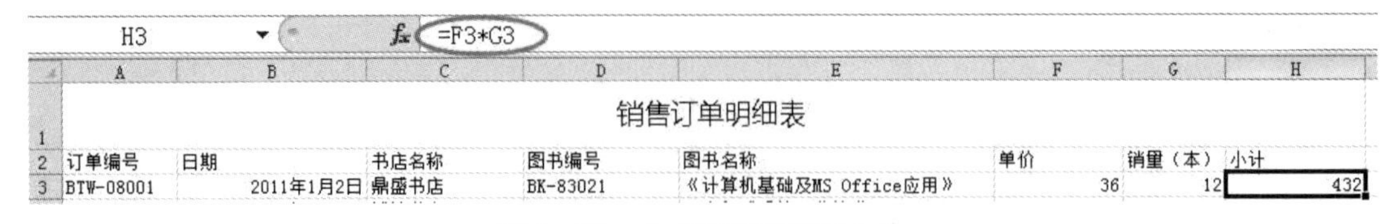

图 5-26 公式计算销售额小计

步骤 4 在"统计报告"表中计算所有订单的总销售金额,选择"统计报告"标签,单击 B3 单元格,插入 SUM 函数,在打开的函数编辑器中,选择"订单明细"标签页中的小计数据"H3:H636",然后确定,如图 5-27 所示。

图 5-27 SUM 订单总销售额

实验 3 电子表格中的图表制作

实验目的

通过本次实验操作,主要掌握 Excel 工作表中各种图表的制作及美化编辑等内容。

任务 1 数据转图表基本练习

任务描述

根据职工工资表制作职工奖金比例图,具体要求为以职工姓名与奖金数据为依据生成饼状图,各职工奖金在饼状图中以百分比形式显示所占比例,并对图表进行适当美化,改变图表标题为"职工奖金比例图",并设置标题为"彩色填充-红色,强调颜色 2";设置图表底色为"预设渐变"→"浅色渐变-个性色 5";图表三维设置为"顶部棱台"→"棱台"→"松散嵌入",最终效果如图 5-28 所示。

操作步骤

步骤 1 鼠标左键选中职工姓名,在选中职工姓名的基础上,增加选中奖金数据单元格(按住 Ctrl 键的同时鼠标选中奖金系列单元格),如图 5-29 所示。

在数据选中的基础上插入一个饼状图,如图 5-30 所示。

步骤 2 选择生成的饼状图,打开上方"设计"选项卡,在"快速布局"中选择"布局 2",此

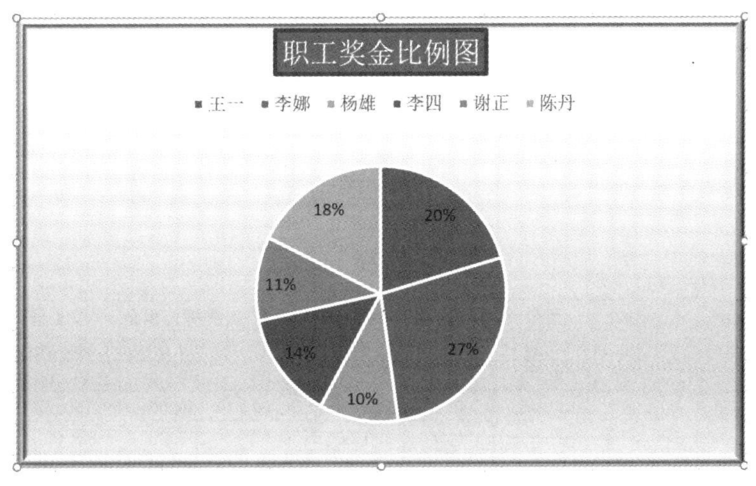

图 5 - 28　最终示例图

	A	B	C	D	E	F	G	H	I
1	职工工资表								
2	姓名	基本工资	工龄工资	奖金	养老保险	医疗保险	失业保险	住房公积金	实发工资
3	王一	1, 500. 00	400. 00	300. 00	150. 00	100. 00	50. 00	100. 00	1, 800. 00
4	李娜	1, 200. 00	200. 00	400. 00	120. 00	100. 00	50. 00	100. 00	1, 430. 00
5	杨雄	1, 800. 00	600. 00	150. 00	200. 00	100. 00	50. 00	100. 00	2, 100. 00
6	李四	1, 000. 00	100. 00	200. 00	100. 00	100. 00	50. 00	100. 00	950. 00
7	谢正	1, 400. 00	300. 00	155. 00	140. 00	100. 00	50. 00	100. 00	1, 465. 00
8	陈丹	1, 500. 00	350. 00	260. 00	150. 00	100. 00	50. 00	100. 00	1, 710. 00
9	合计	8, 400. 00	1, 950. 00	1, 465. 00	860. 00	600. 00	300. 00	600. 00	9, 455. 00

图 5 - 29　姓名及奖金系列单元格的选中

文件 开始 插入 页面布局 公式 数据 审阅 视图 天翼云盘 告诉我您想要做什么...
数据透视表 推荐的数据透视表 表格 图片 联机图片 形状 SmartArt 屏幕截图 应用商店 我的加载项 Visio Data Visualizer Bing Maps People Graph 推荐的图表 数据透视图 三维地图
表格 插图 加载项
二维饼图 三维饼图 圆环图
饼图
使用此图表类型:
• 显示整体的比例。
在下列情况下使用它:
• 数字等于 100%。
• 图表仅包含几个饼图切片(太多切片造成难以估计角度)。
更多饼图(M)...
图表 1

	A	B	C	D	E	F	G	H	I
1	职工工资表								
2	姓名	基本工资	工龄工资	奖金	养老保险	医疗保险	失业保险	住房公积金	实发
3	王一	1, 500. 00	400. 00	300. 00	150. 00	100. 00	50. 00	100. 00	1, 80
4	李娜	1, 200. 00	200. 00	400. 00	120. 00	100. 00	50. 00	100. 00	1, 43
5	杨雄	1, 800. 00	600. 00	150. 00	200. 00	100. 00	50. 00	100. 00	2, 10
6	李四	1, 000. 00	100. 00	200. 00	100. 00	100. 00	50. 00	100. 00	950
7	谢正	1, 400. 00	300. 00	155. 00	140. 00	100. 00	50. 00	100. 00	1, 46
8	陈丹	1, 500. 00	350. 00	260. 00	150. 00	100. 00	50. 00	100. 00	1, 710. 00
9	合计	8, 400. 00	1, 950. 00	1, 465. 00	860. 00	600. 00	300. 00	600. 00	9, 455. 00

图 5 - 30　插入饼状图

时图表变为百分比饼状图形式，如图 5 - 31 所示。

选中标题，此时标题出现光标，可进行编辑，编辑标题文字为“职工奖金比例图”，如图 5

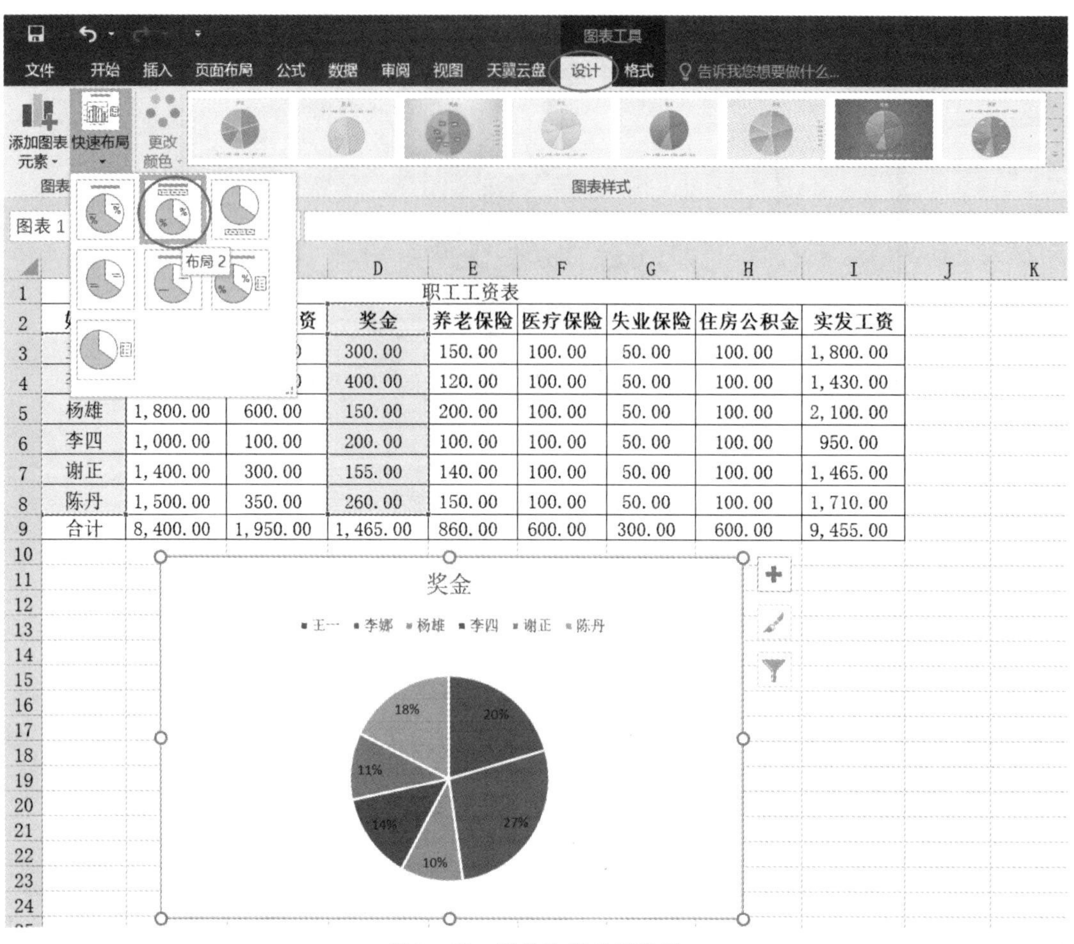

图 5-31　百分比饼状图设置

-32 所示；选择“格式选项卡”→“主题样式”→“彩色填充-红色，强调颜色 2”，如图 5-33 所示。

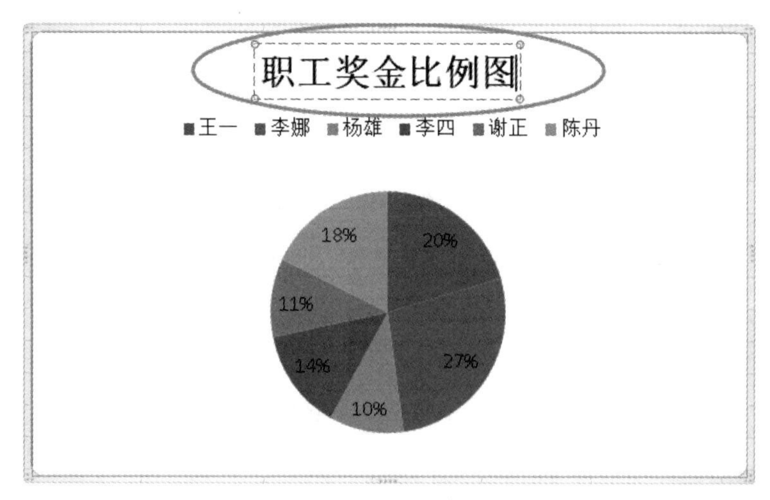

图 5-32　编辑图表标题

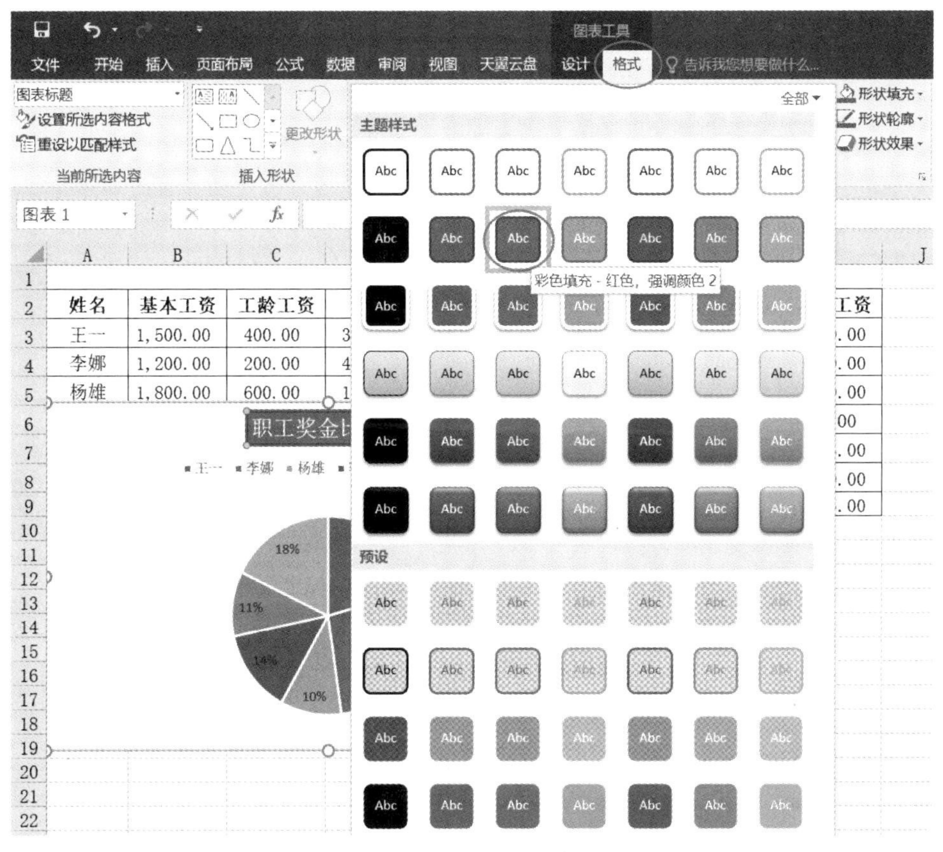

图 5 - 33　图表标题格式设置

步骤 3　选中图表右键单击，在弹出的快捷菜单中选择“设置图表区域格式”选项，如图 5 - 34 所示，对图表的背景等样式进行设置。

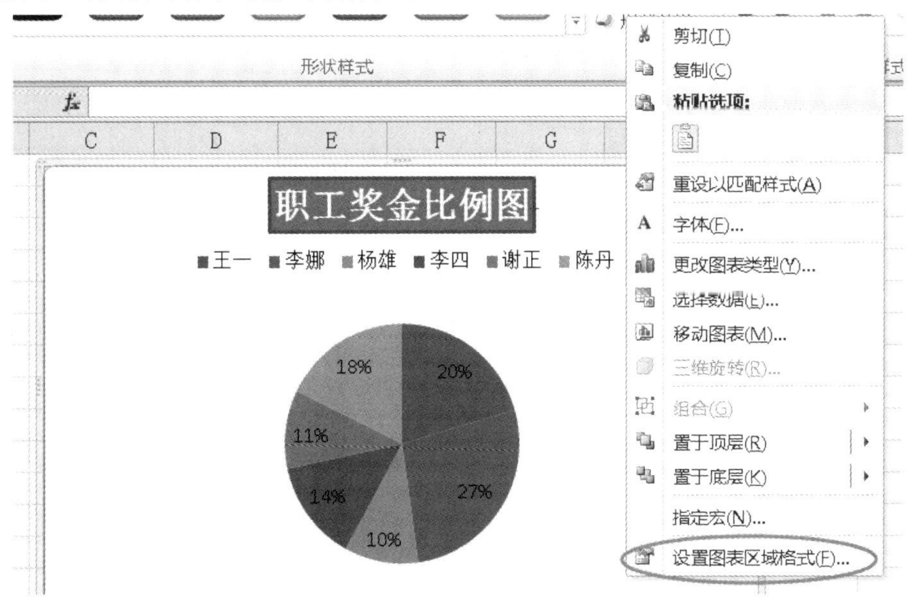

图 5 - 34　图表格式设置

首先在图表区格式中选择“填充与线条”来设置图表的背景。在“填充”中选择“渐变填充”,“预设渐变”选择为“浅色渐变-个性色 5”,如图 5-35 所示。

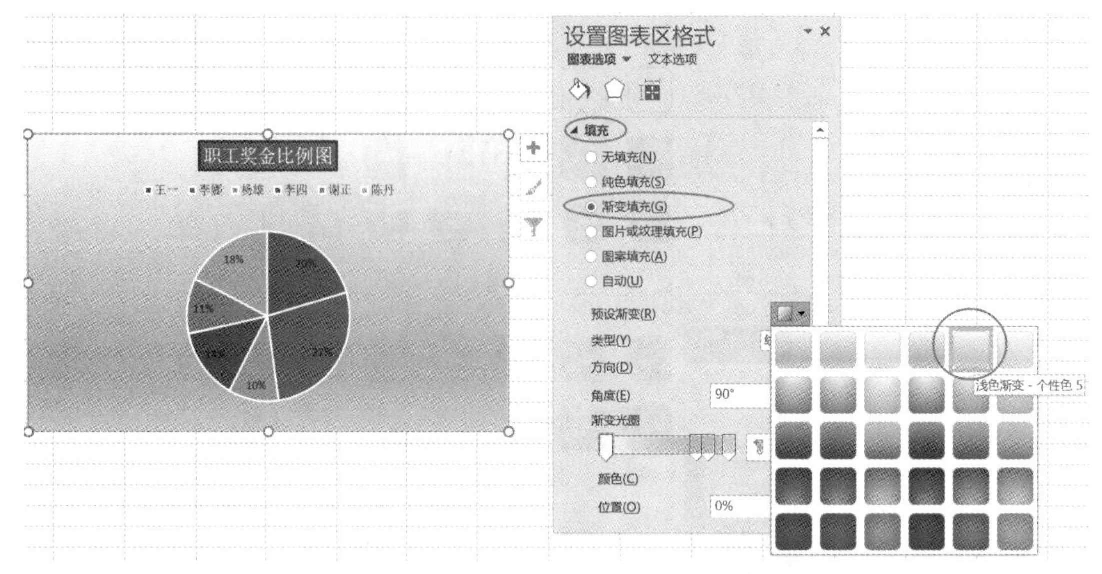

图 5-35　图表背景设置

其次选择“效果”→“三维格式”,在“顶部棱台”→“棱台”中选择“松散嵌入”效果,如图 5-36 所示。

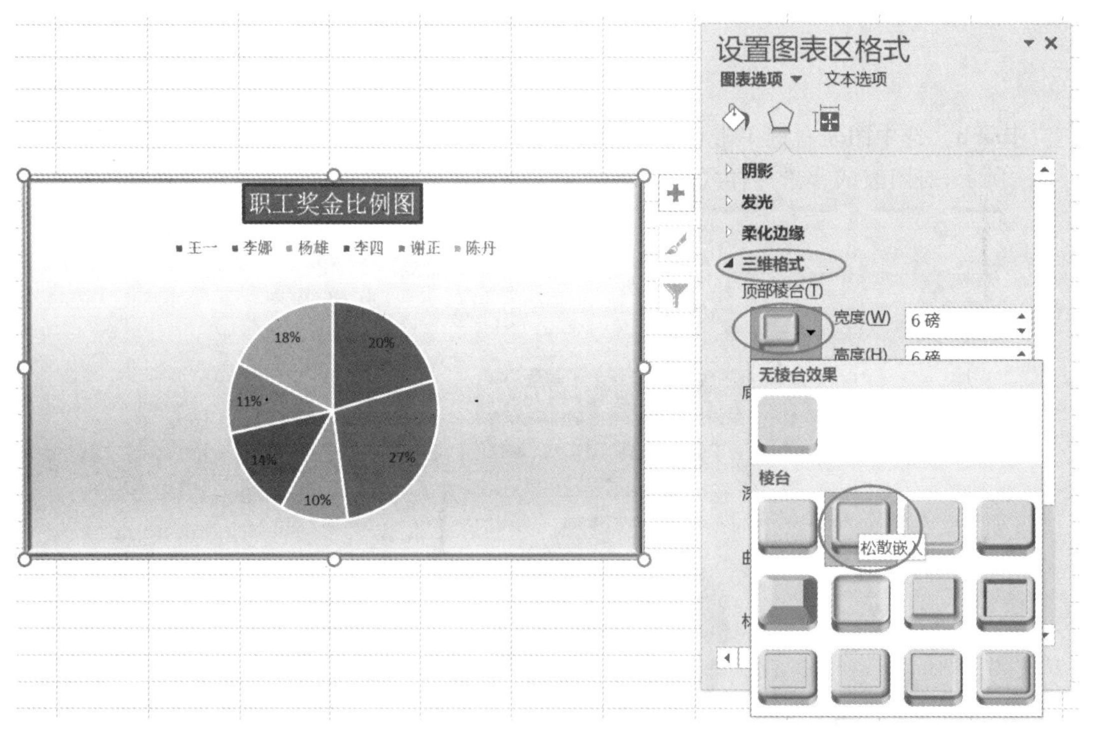

图 5-36　三维棱台效果设置

全部设置完成后单击“关闭”按钮,此时图表设置完成,最终效果如图 5-37 所示。

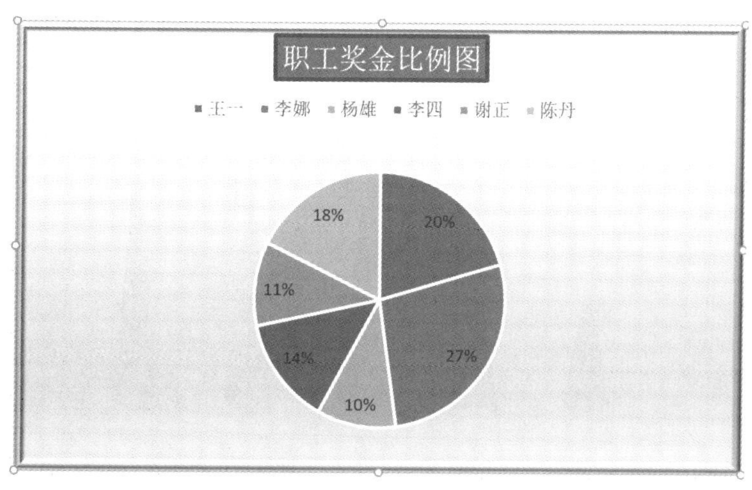

图5-37 最终效果图

任务2 多数据对比图、三维图及趋势图练习

任务描述

根据2005年至2009年统计数据表生成以下三种图表：

(1)根据年份将国内生产总值、财政收入、工业增加值、建筑业增加值、全社会固定资产投资、社会消费品零售总额及城乡居民人民币储蓄存款余额等数据放在一张簇状柱形图中生成对比图，最终效果如图5-38所示。

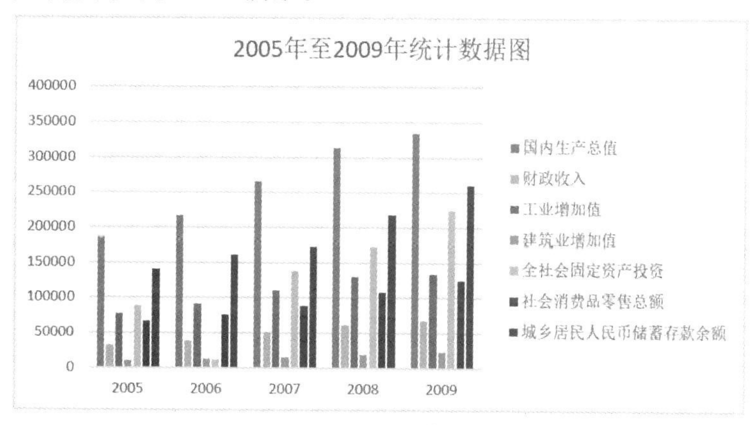

图5-38 2005—2009年统计数据图

(2)根据年份，生成历年财政收入对比图，图表类型为三维簇状柱形图，其中数据表示为圆锥形，填充颜色为“渐变填充”→“底部聚光灯-个性色2”，最终效果如图5-39所示。

(3)根据年份生成历年工业增加值的趋势图，最终效果如图5-40所示。

操作步骤

步骤1 打开“插入”选项卡，选择柱状图，生成一张空白簇状柱形图图表，如图5-41所示。

选中空白图表打开上方“设计”选项卡，在“数据”区单击“选择数据”来输入生成图表的

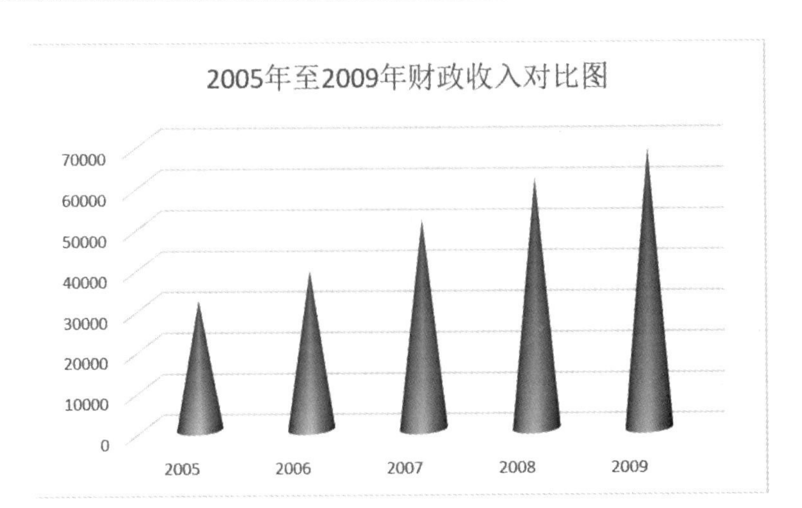

图 5 - 39　2005 至 2009 年财政收入对比图

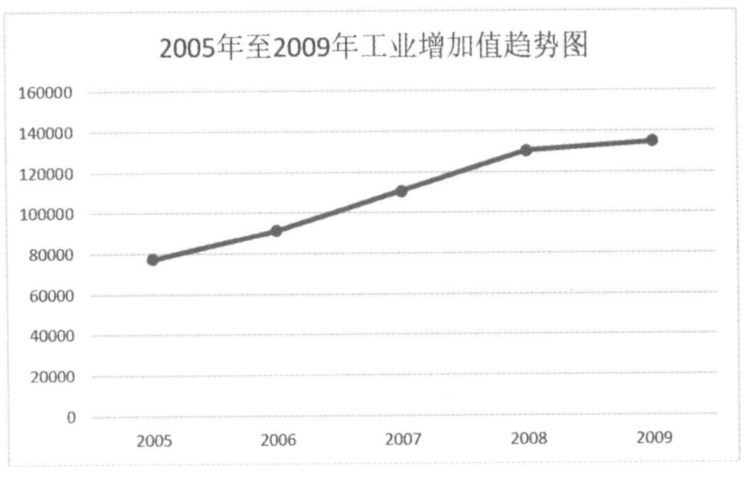

图 5 - 40　2005 到 2009 年工业增加值趋势图

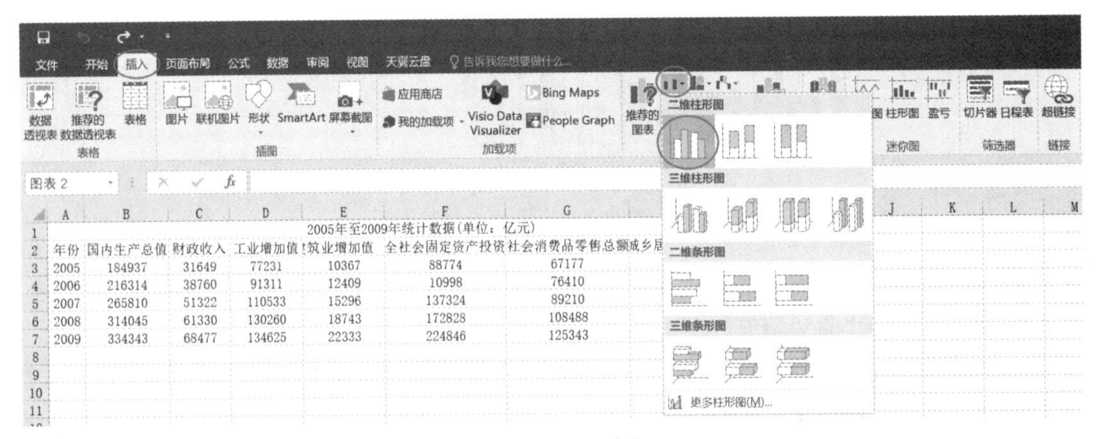

图 5 - 41　空白图表插入

数据来源，此处先选中年份数据 A2:A7，再使用 Ctrl 键增加其余数据 B2:H7，如图 5 - 42 所示。

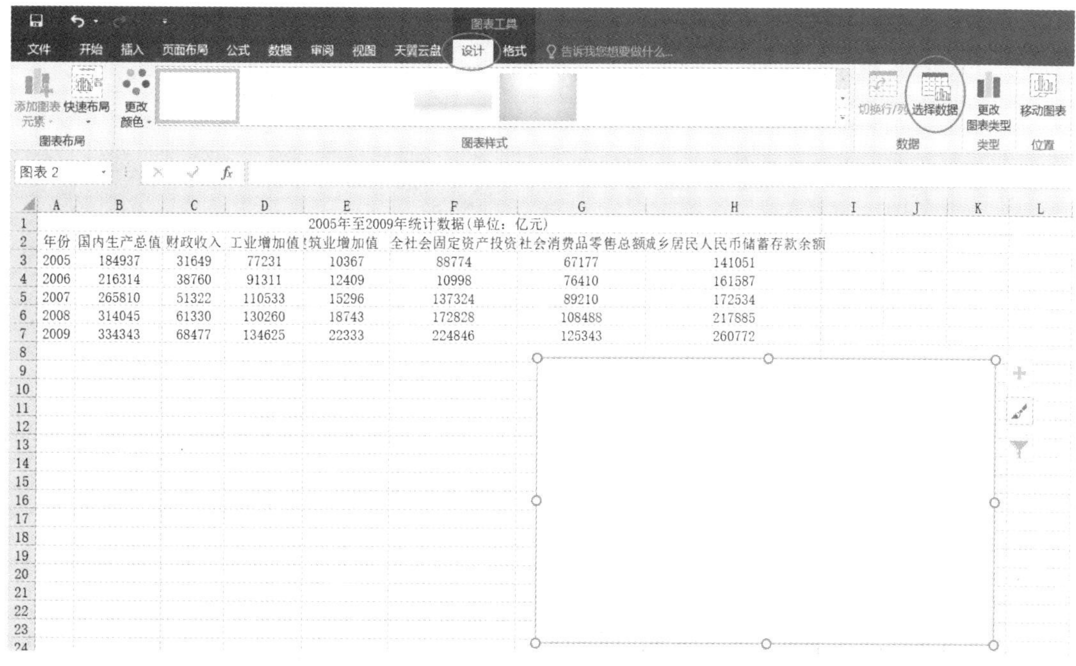

图 5 - 42　图表数据区选择

此时数据选择后图例项与水平(分类)轴标签还需进行编辑与修改，在图例项中选择“年份”然后单击“删除”按钮，如图 5 - 43 所示。

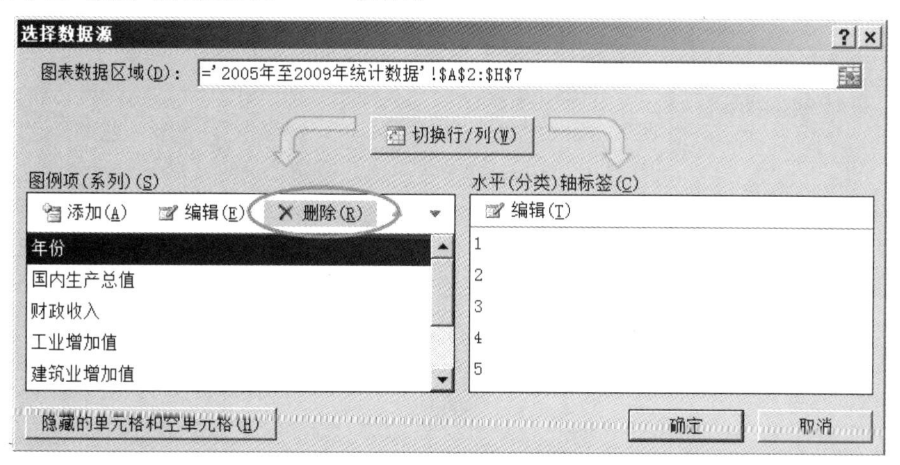

图 5 - 43　图例区修改

接下来再修改水平(分类)轴标签，单击水平轴标签处的“编辑”按钮，在弹出的轴标签区域选择窗口选择 A3:A7 然后单击“确定”按钮，如图 5 - 44(a)和图 5 - 44(b)所示。

到此图表数据选择窗口设置完毕，完成设置后的窗口数据如图 5 - 45 所示，此时可单击“确定”按钮生成 2005 年至 2009 年统计数据图。

按照题目要求，我们还需在生成的图表中间上方显示图表标题，生成图表标题的方法为选中图表，在上方的选项卡区域选择“设计”选项卡，然后选择“添加图表元素”→“图表标

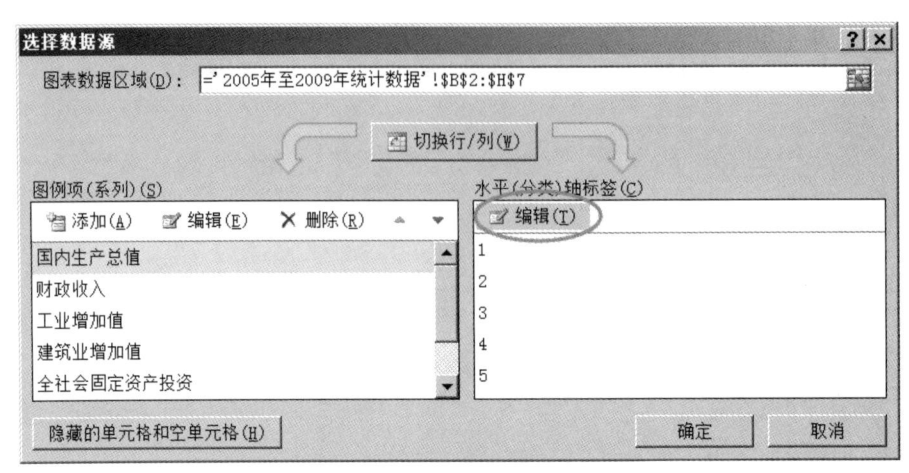

图 5-44(a)　编辑水平轴标签 1

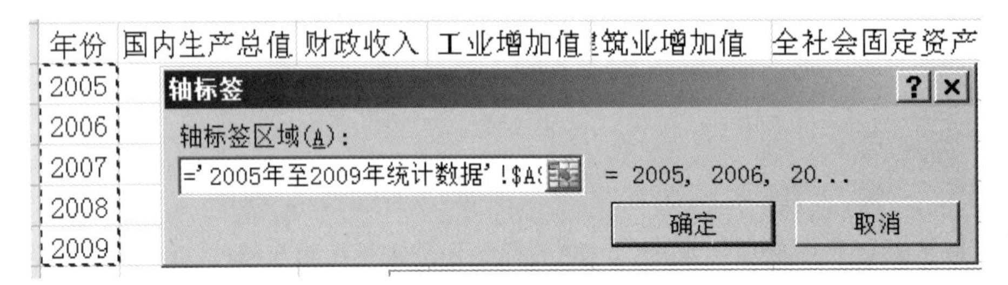

图 5-44(b)　编辑水平轴标签 2

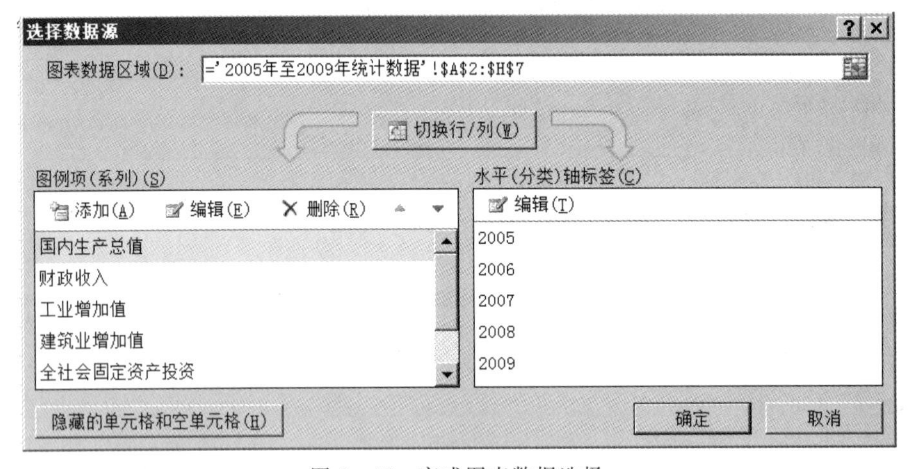

图 5-45　完成图表数据选择

题"→"图表上方"选项，即可在图表中上方显示标题项，如图 5-46 所示。

图表标题的内容编辑具体方法同实验 3 任务 1。使用同样的方法给图表右侧添加图例，最终生成的图表如图 5-47 所示。

步骤 2　根据题目要求生成 2005 年至 2009 年财务收入对比图，首先在空白处插入一个"三维簇状柱形图"，如图 5-48 所示。

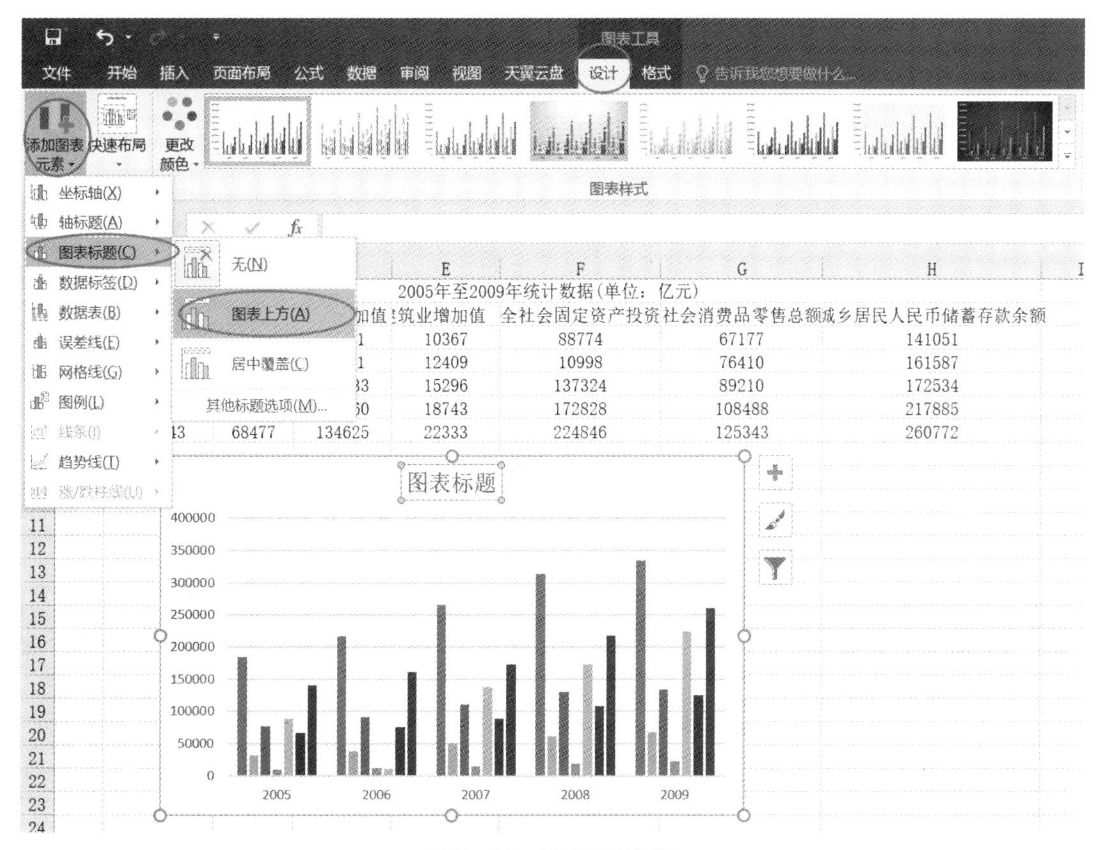

图5-46　显示图表标题

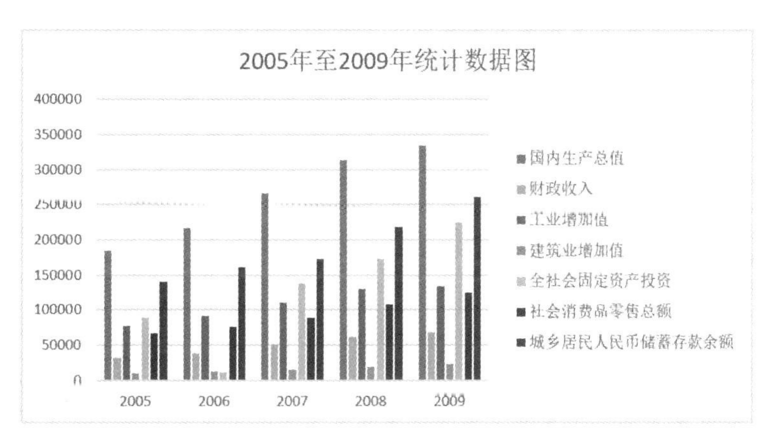

图5-47　最终效果图

选中空白图表，依次单击“设计”选项卡→“数据”区域→“选择数据”，在打开的窗口中的“图表数据区域”处选择“年份”数据列和“财政收入”数据列，具体方法参照前例，如图5-49所示。

此时对“图例项”内容进行修改，选中“年份”选项，单击“删除”按钮，如图5-50所示。

完成后图例项内容仅留“财政收入”。然后再对“水平(分类)轴标签”内容进行编辑，单击“编辑”按钮，在弹出的对话框中“轴标签”区域选择A3:A7，然后单击“确定”按钮，如图

图 5-48　插入三维簇状柱形图

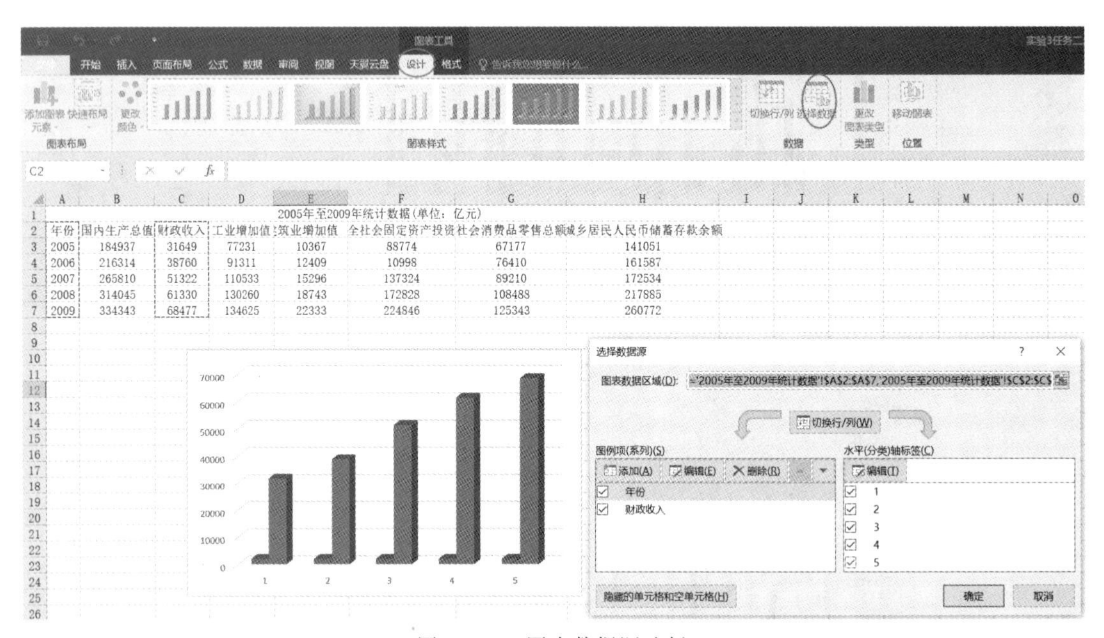

图 5-49　图表数据源选择

5-51(a)与图 5-51(b)所示。

最终数据选择完成，如图 5-52 所示，此时单击“确定”按钮，生成图表。

根据题目要求，图表中的数据表示应为圆锥形，选中图中的数据表示柱状体，右键单击，在弹出的快捷菜单中选择“设置数据系列格式”选项，如图 5-53 所示。

在打开的“设置数据系列格式”面板中的左侧选择“形状”，在其右侧内容中选择“完整圆锥”选项，如图 5-54 所示。

根据题目要求还应将数据图例颜色填充为“渐变填充”→“底部聚光灯-个性色 2”，在“设置数据系列格式”面板的左侧选择“填充”→“渐变填充”→“底部聚光灯-个性色 2”选项，如图 5-55 所示。

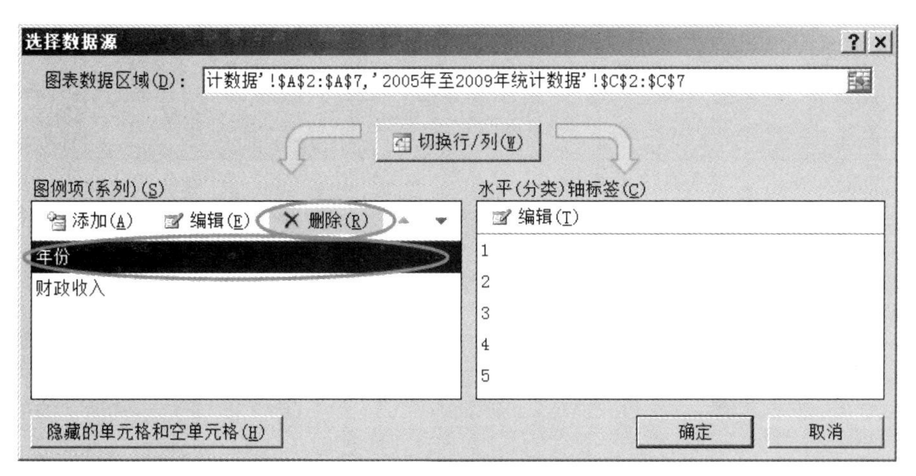

图 5-50 图例项修改

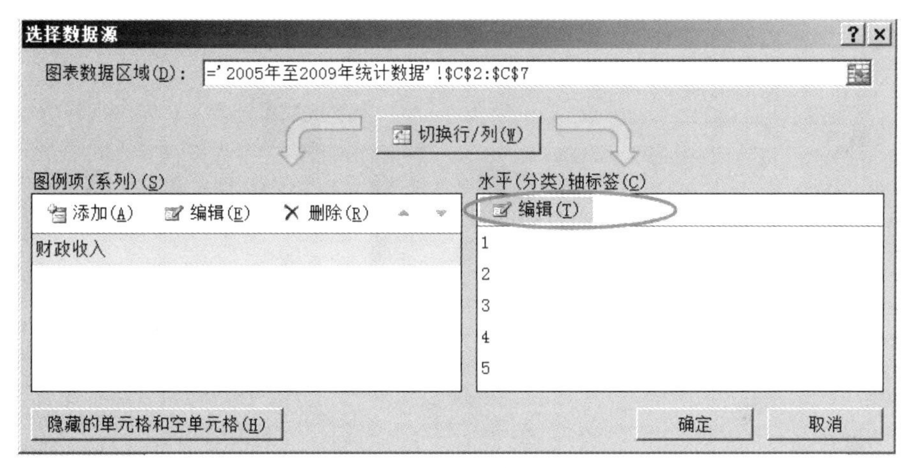

图 5-51(a) 水平轴标签编辑 1

	A	B	C	D	E	
1					2005年至2009年统i	
2	年份	国内生产总值	财政收入	工业增加值	筑业增加值	全社会
3	2005	184937	31649	77231	10367	
4	2006	216314	38760	91311	12409	
5	2007	265810	51322	110533	15296	
6	2008	314045	61330	130260	18743	
7	2009	334343	68477	134625	22333	

轴标签

轴标签区域(A)：

年统计数据'!$A$3:$A$7 = 2005, 2006, 20...

确定 取消

图 5-51(b) 水平轴标签编辑 2

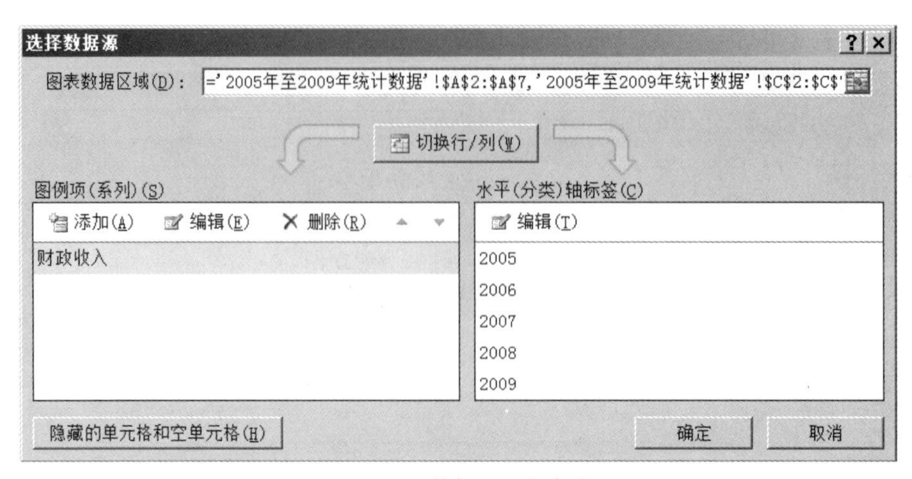

图 5-52　数据源选择完成

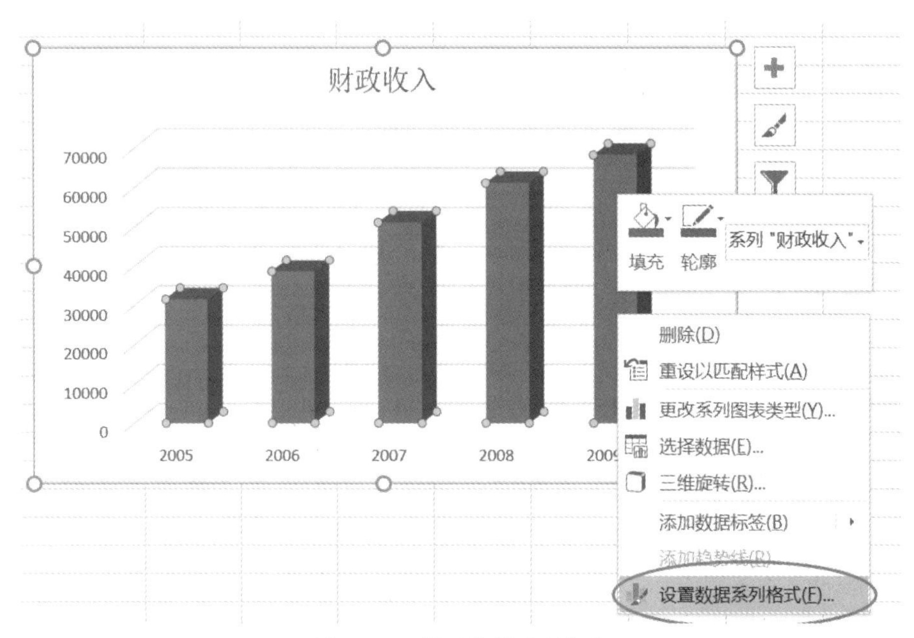

图 5-53　设置数据系列格式

单击确定后生成数据表示为“圆锥形”颜色为“渐变填充”→“底部聚光灯-个性色 2”的三维簇状柱形图，此时点击上方图表标题进行编辑，如图 5-56 所示。

最终完成的 2005 年至 2009 年财政收入对比图，如图 5-57 所示。

步骤 3　根据题目要求插入空白折线图，如图 5-58 所示。

点击空白图表，选择上方的“设计”选项卡，在“数据”区域点击“选择数据”，在打开的“选择数据源”窗口选择 D2:D7 区域，如图 5-59 所示。

对“水平(分类)轴标签”内容进行编辑，点击“编辑”，在弹出的对话框中“轴标签”区域选择 A3:A7，然后单击“确定”按钮，如图 5-60(a)与图 5-60(b)所示。

在完成后的折线图中点击数据项折线，右键单击，在弹出的快捷菜单中选择“设置数据系列格式”选项，如图 5-61 所示。

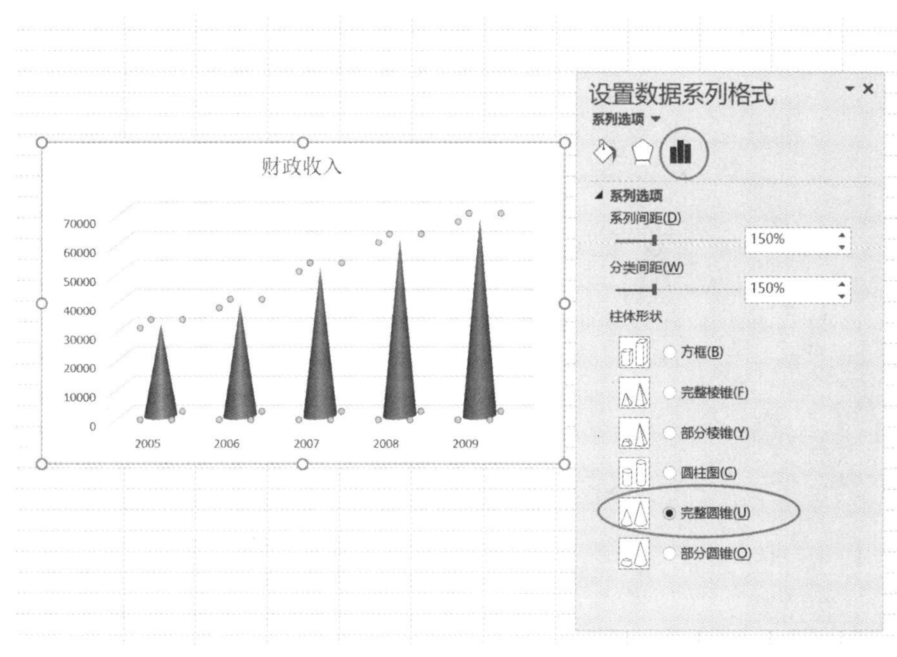

图 5－54　改变图例数据项形状

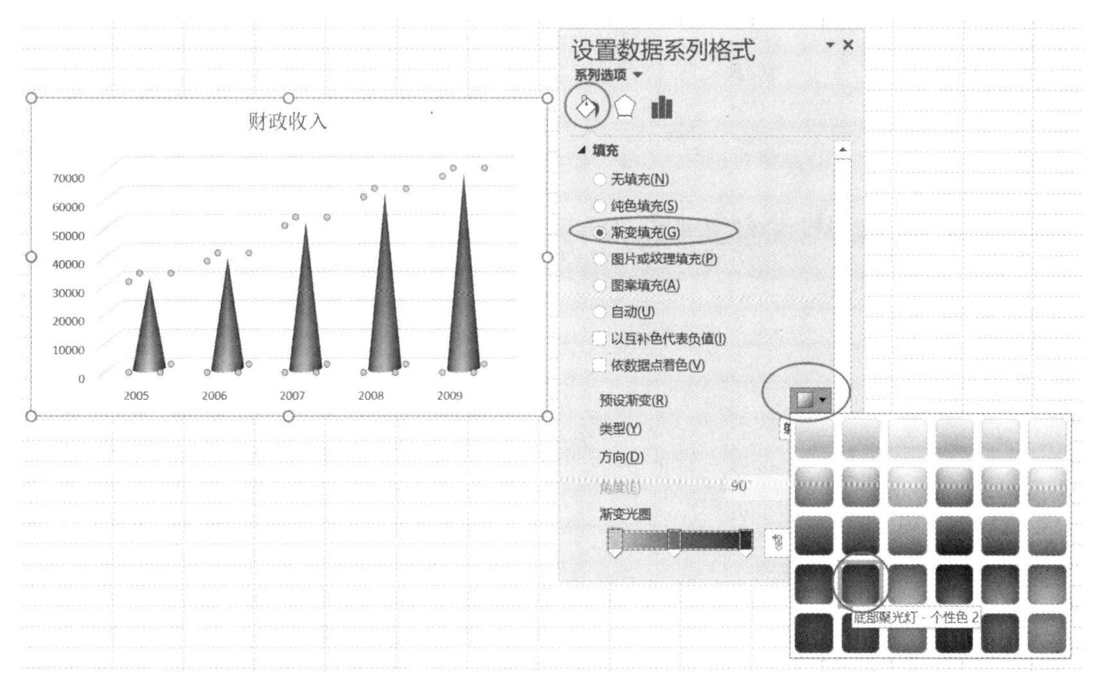

图 5－55　改变图例数据项颜色

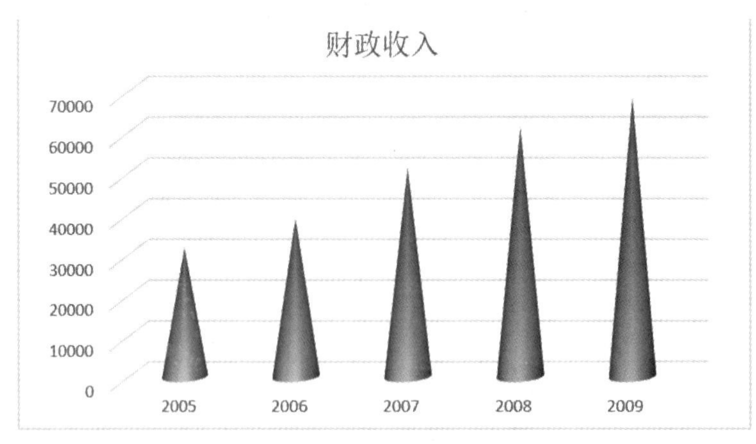

图 5-56 编辑图标题

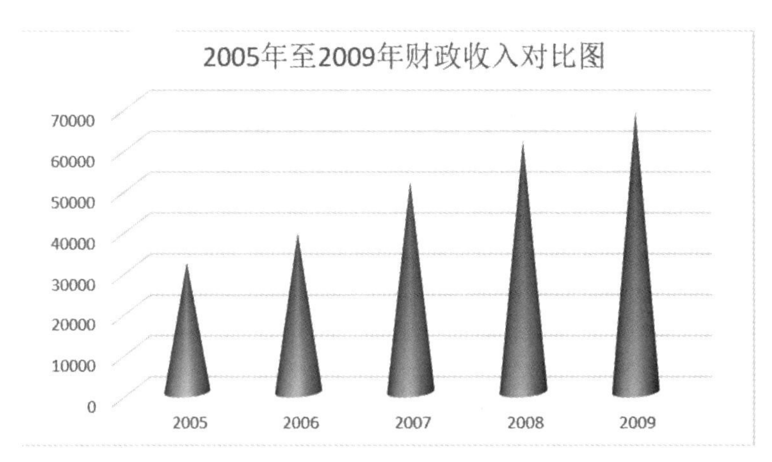

图 5-57 2005 年至 2009 年财政收入对比图

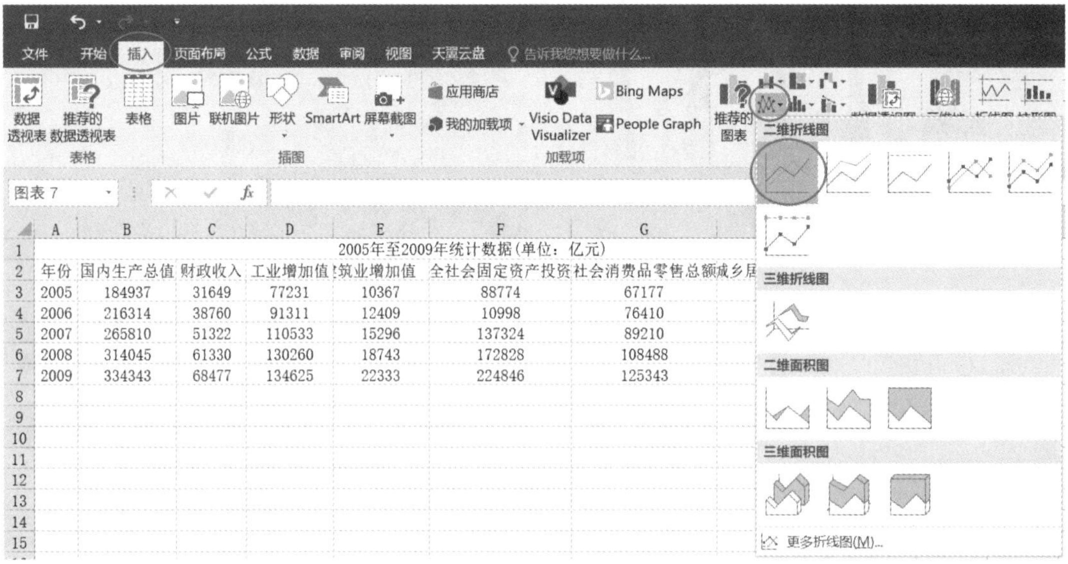

文件 开始 插入 页面布局 公式 数据 审阅 视图 天翼云盘 告诉我您想要做什么...

数据透视表 推荐的数据透视表 表格 | 图片 联机图片 形状 SmartArt 屏幕截图 | 应用商店 我的加载项 Visio Data Visualizer Bing Maps People Graph | 推荐的图表

二维折线图 三维折线图 二维面积图 三维面积图 更多折线图(M)...

图表 7

2005年至2009年统计数据(单位：亿元)

年份	国内生产总值	财政收入	工业增加值	筑业增加值	全社会固定资产投资	社会消费品零售总额城乡居
2005	184937	31649	77231	10367	88774	67177
2006	216314	38760	91311	12409	10998	76410
2007	265810	51322	110533	15296	137324	89210
2008	314045	61330	130260	18743	172828	108488
2009	334343	68477	134625	22333	224846	125343

图 5-58 插入空白折线图

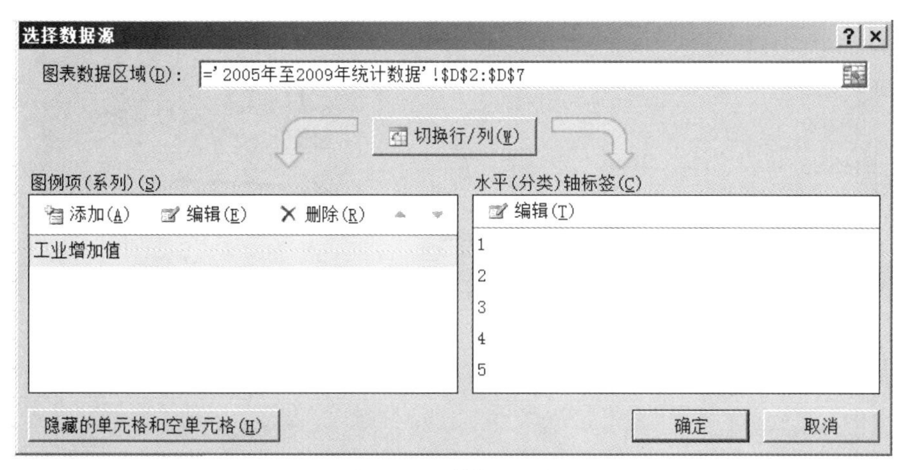

图 5－59　数据源选择

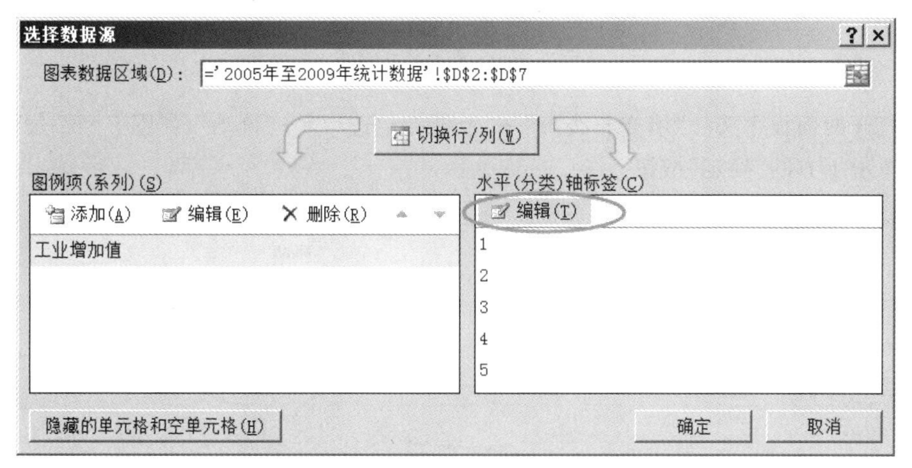

图 5－60(a)　水平轴标签编辑 1

	A	B	C	D	E	
1					2005年至2009年统计	
2	年份	国内生产总值	财政收入	工业增加值	筑业增加值	全社会
3	2005	184937	31649	77231	10367	
4	2006	216314	38760	91311	12409	
5	2007	265810	51322	110533	15296	
6	2008	314045	61330	130260	18743	
7	2009	334343	68477	134625	22333	

轴标签

轴标签区域(A):

=' 2005年至2009年统计数据' !$A　= 2005, 2006, 20...

确定　取消

图 5－60(b)　水平轴标签编辑 2

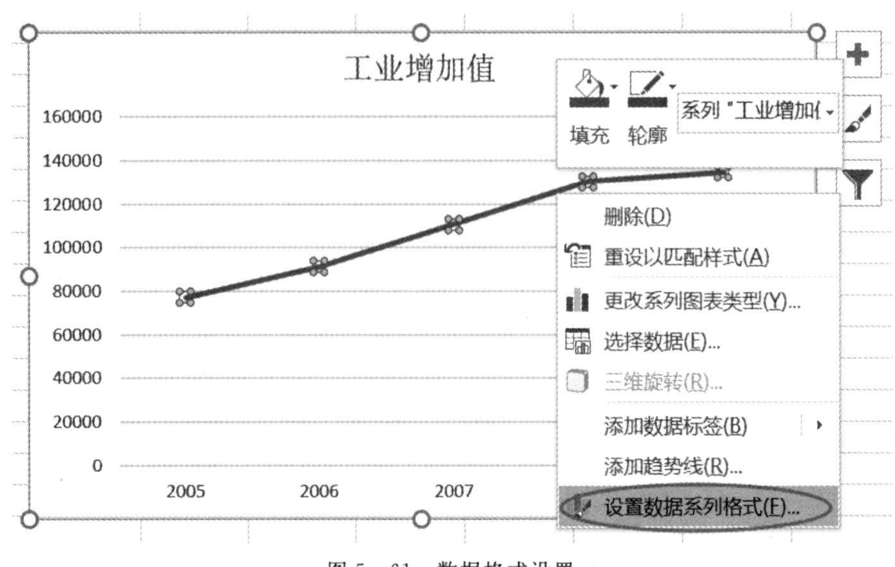

图 5-61 数据格式设置

在打开的面板中选择“填充与线条”→“数据标记选项”→“自动”，如图 5-62 所示，完成设置后单击下方的“确定”按钮。

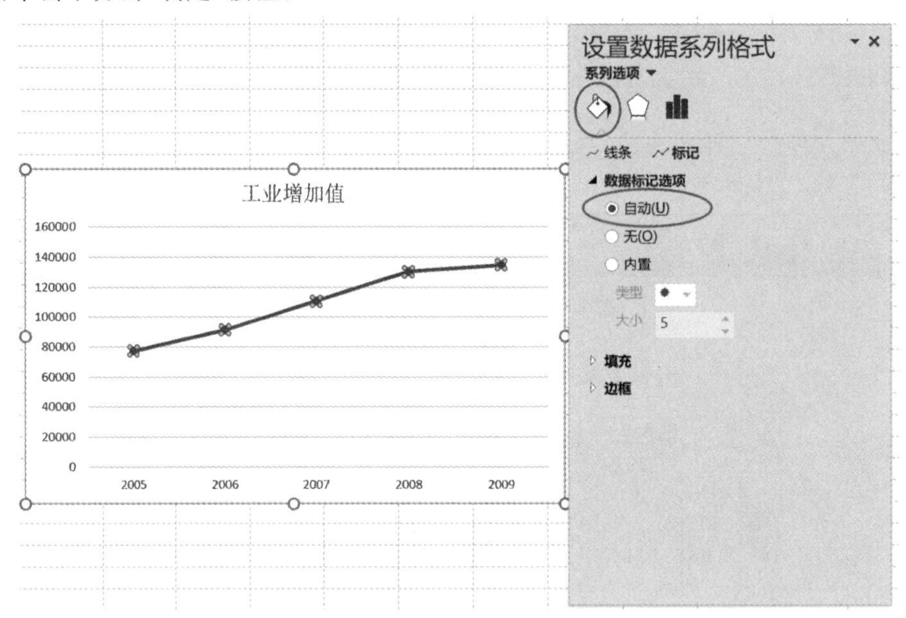

图 5-62 设置数据标记

此时折线图中的数据项上出现各年数据标记，点击上方图表标题对其内容进行编辑，如图 5-63 所示。

最终完成后的 2005 年至 2009 年工业增加值趋势图，如图 5-64 所示。

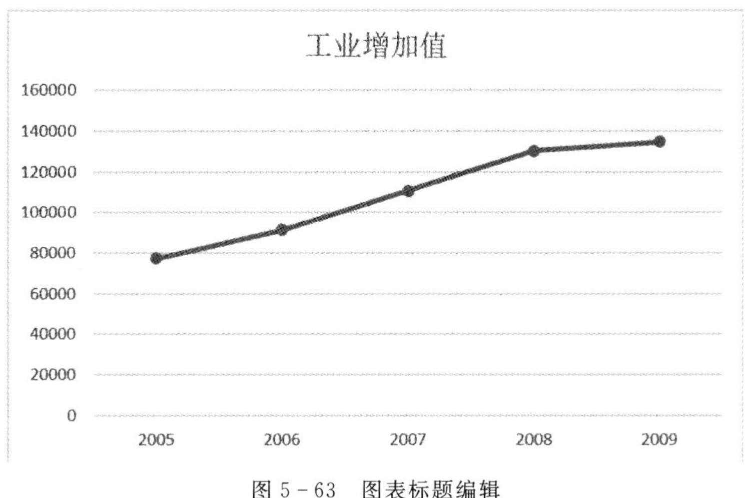

图 5－63 图表标题编辑

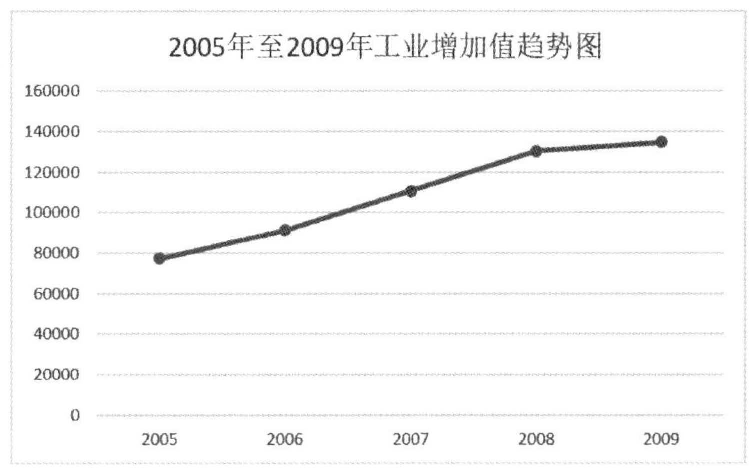

图 5－64 2005 年至 2009 年工业增长值趋势图

实验 4 电子表格中的数据管理和统计

实验目的

通过本次实验操作，主要掌握 Excel 工作表中数据的条件格式、排序、分类汇总、数据筛选及数据透视表等功能，以此来完成电子表格中的数据管理和统计。并且进一步加强对函数的练习与熟悉。

任务 1 电子表格中的条件格式、排序与分类汇总

任务描述

小蒋是一位中学教师，在教务处负责初一年级学生的成绩管理工作。他的电脑中安装了 Microsoft Office，通过 Excel 来管理学生成绩。现在，第一学期期末考试刚刚结束，小蒋需要对如图 5－65 所示的素材文件进行下列设置。利用“条件格式”功能进行下列设置：将

语文、数学、英语三科中不低于 110 分的成绩所在的单元格以浅蓝色颜色填充，其他四科中高于 95 分的成绩以深红色字体颜色标出；利用 SUM 和 AVERAGE 函数计算每一个学生的总分及平均成绩；学生学号的第 3 和第 4 位代表该生所在的班级，例如："120105"代表 12 级 1 班 5 号。请通过函数提取每个学生所在的班级并按下列对应关系填写在"班级"列中："学号"的 3、4 位对应班级如 01 班、02 班、03 班；复制工作表"第一学期期末成绩"，将副本放置到原表之后；改变该副本表标签的颜色，并重新命名，新表名为"分类汇总"；最后通过分类汇总功能求出每个班各科的平均成绩，并将每组结果分页显示。

	A	B	C	D	E	F	G	H	I	J	K	L
1	学号	姓名	班级	语文	数学	英语	生物	地理	历史	政治	总分	平均分
2	120305	包宏伟		91.5	89	94	92	91	86	86		
3	120203	陈万地		93	99	92	86	86	73	92		
4	120104	杜学江		102	116	113	78	88	86	73		
5	120301	符合		99	98	101	95	91	95	78		
6	120306	吉祥		101	94	99	90	87	95	93		
7	120206	李北大		100.5	103	104	88	89	78	90		
8	120302	李娜娜		78	95	94	82	90	93	84		
9	120204	刘康锋		95.5	92	96	84	95	91	92		
10	120201	刘鹏举		93.5	107	96	100	93	92	93		
11	120304	倪冬声		95	97	102	93	95	92	88		
12	120103	齐飞扬		95	85	99	98	92	92	88		
13	120105	苏解放		88	98	101	89	73	95	91		
14	120202	孙玉敏		86	107	89	88	92	88	89		
15	120205	王清华		103.5	105	105	93	93	90	86		
16	120102	谢如康		110	95	98	99	93	93	92		
17	120303	闫朝霞		84	100	97	87	78	89	93		
18	120101	曾令煊		97.5	106	108	98	99	99	96		
19	120106	张桂花		90	111	116	72	95	93	95		

图 5-65 案例素材

操作步骤

步骤 1 选择语文、数学和英语的成绩单元格"D2:F19"，单击上方的"条件格式"→"突出显示单元格规则"→"其他规则"，如图 5-66(a)所示。

学生成绩单.xlsx - Microsoft Excel

文件 开始 插入 页面布局 公式 数据 审阅 视图

粘贴 剪切 复制 格式刷 宋体 11 自动换行 合并后居中 常规 条件格式 套用表格格式 常规 差 好 适中 计算

D2 91.5

条件格式菜单：突出显示单元格规则(H)、项目选取规则(T)、数据条(D)、色阶(S)、图标集(I)、新建规则(N)...、清除规则(C)、管理规则(R)...

子菜单：大于(G)...、小于(L)...、介于(B)...、等于(E)...、文本包含(T)...、发生日期(A)...、重复值(D)...、其他规则(M)...

	A	B	C	D	E	F	G	H	I	J
1	学号	姓名	班级	语文	数学	英语	生物	地理	历史	政
2	120305	包宏伟		91.5	89	94	92	91	86	
3	120203	陈万地		93	99	92	86	86	73	
4	120104	杜学江		102	116	113	78	88	86	
5	120301	符合		99	98	101	95	91	95	
6	120306	吉祥		101	94	99	90	87	95	
7	120206	李北大		100.5	103	104	88	89	78	
8	120302	李娜娜		78	95	94	82	90	93	
9	120204	刘康锋		95.5	92	96	84	95	91	
10	120201	刘鹏举		93.5	107	96	100	93	92	
11	120304	倪冬声		95	97	102	93	95	92	
12	120103	齐飞扬		95	85	99	98	92	92	
13	120105	苏解放		88	98	101	89	73	95	91
14	120202	孙玉敏		86	107	89	88	92	88	89
15	120205	王清华		103.5	105	105	93	93	90	86
16	120102	谢如康		110	95	98	99	93	93	92
17	120303	闫朝霞		84	100	97	87	78	89	93
18	120101	曾令煊		97.5	106	108	98	99	99	96
19	120106	张桂花		90	111	116	72	95	93	95

图 5-66(a) 大于等于条件的生成 1

在打开的“新建格式规则”编辑框中选择条件为“大于或等于”，具体数值为“110”，然后单击“格式”按钮进入“设置单元格格式”对话框，如图 5－66(b)所示。

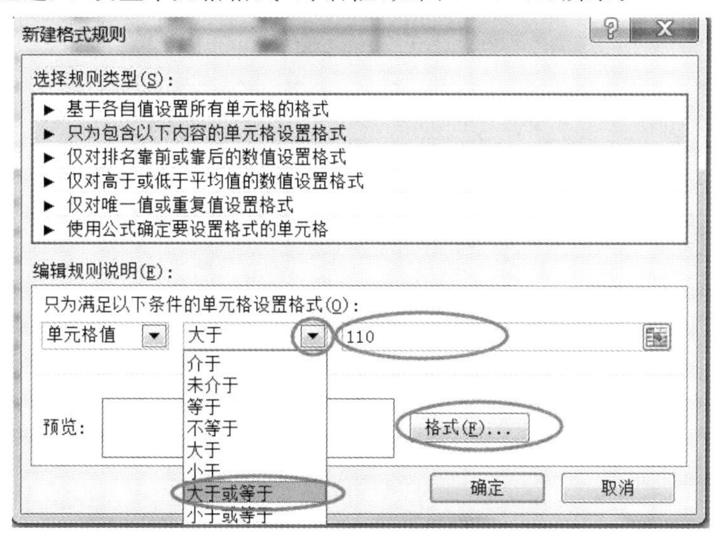

图 5－66(b)　大于等于条件的生成 2

在“设置单元格格式”对话框打开“填充”选项卡，选择浅蓝色后单击“确定”按钮，如图 5－66(c)所示。

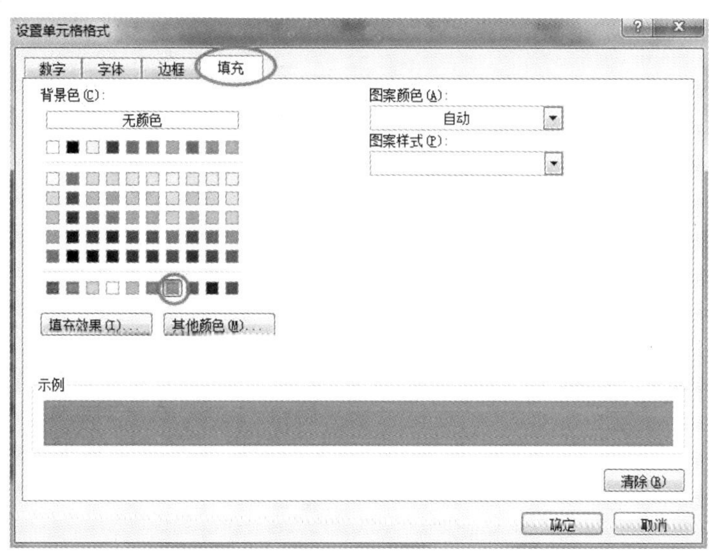

图 5－66(c)　大于等于条件的生成 3

步骤 2　选择生物、地理、历史、政治四科的成绩单元格“G2:J19”，单击上方的“条件格式”→“突出显示单元格规则”→“大于”，如图 5－67(a)所示。

在打开的窗口中设置具体数值为“95”，格式为“自定义格式”，如图 5－67(b)所示。

在“设置单元格格式”对话框打开“字体”选项卡，颜色选择深红色后单击“确定”按钮，如图 5－67(c)所示。

步骤 3　选择第一条记录“包宏伟”对应的总分单元格“K2”，插入 SUM 函数，设置如图

学号	姓名	班级	语文	数学	英语	生物	地理	历史	政治
120305	包宏伟		91.5	89	94	92	91	86	86
120203	陈万地		93	99	92	86	86	73	92
120104	杜学江		102	116	113	78	88	86	73
120301	符合		99	98	101	95	91	95	78
120306	吉祥		101	94	99	90	87	95	93
120206	李北大		100.5	103	104	88	89	78	90
120302	李娜娜		78	95	94	82	90	93	84
120204	刘康锋		95.5	92	96	84	95	91	92
120201	刘鹏举		93.5	107	96	100	93	92	93
120304	倪冬声		95	97	102	93	95	92	88
120103	齐飞扬		95	85	99	98	92	92	88
120105	苏解放		88	98	101	89	73	95	91
120202	孙玉敏		86	107	89	88	92	88	89
120205	王清华		103.5	105	105	93	93	90	86
120102	谢如康		110	95	98	99	93	93	92
120303	闫朝霞		84	100	97	87	78	89	93
120101	曾令煊		97.5	106	108	98	99	99	96
120106	张桂花		90	111	116	72	95	93	95

图 5-67(a)　大于条件的生成 1

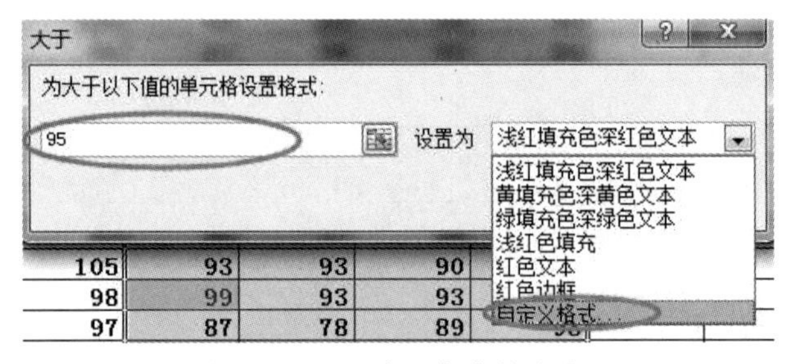

图 5-67(b)　大于条件的生成 2

图 5-67(c)　大于条件的生成 3

5－68所示。然后使用自动填充功能对剩余的学生总分进行填充，计算出所有学生的总分。

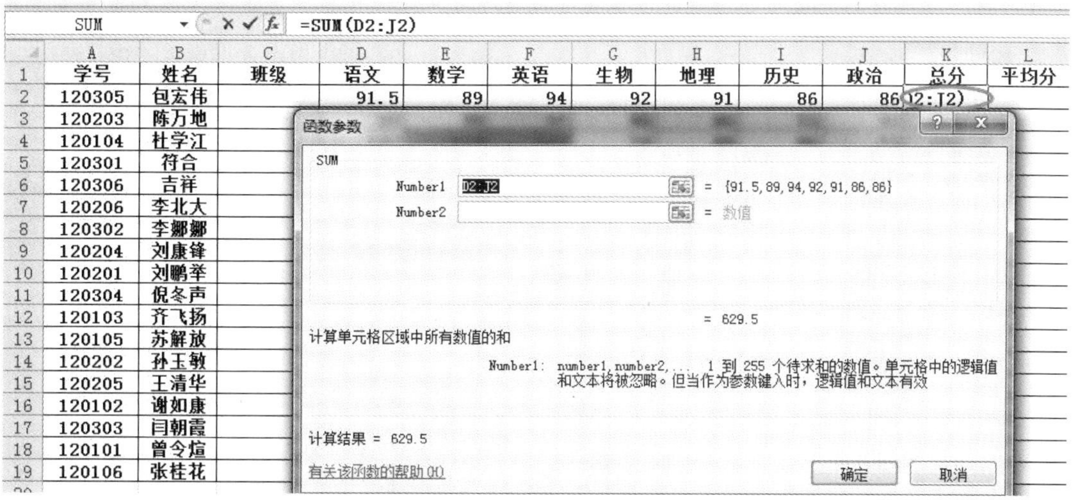

图5－68 SUM函数计算总分

再选择第一条记录“包宏伟”对应的平均分单元格“L2”，插入AVERAGE函数，设置如图5－69所示。然后使用自动填充功能对剩余的学生平均分进行填充，计算出所有学生的平均分。

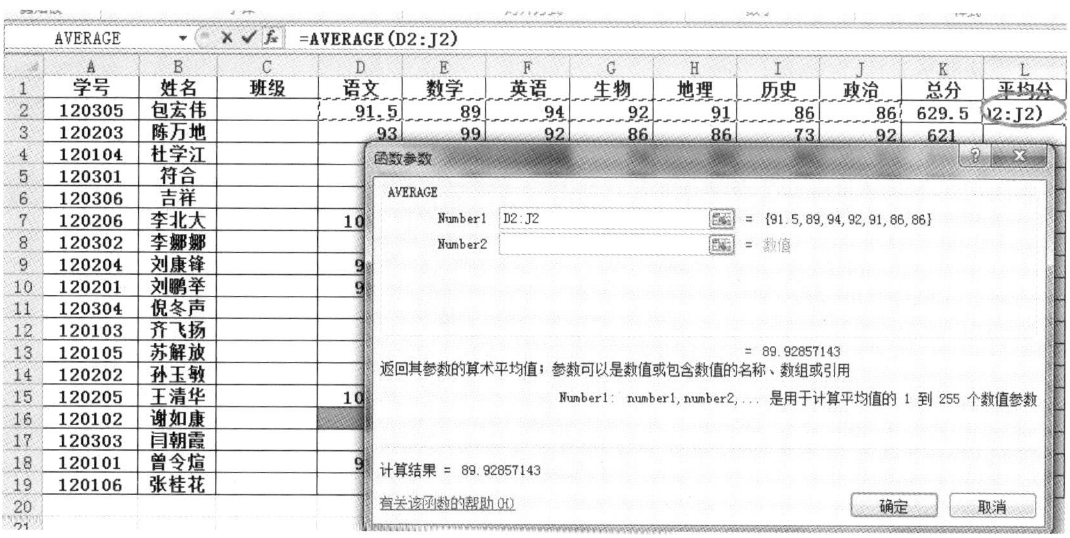

图5－69 AVERAGE函数计算平均分

步骤4 选择第一条记录“包宏伟”对应的班级单元格“C2”，单击 fx 插入函数，在搜索函数处输入“mid”，单击“转到”后选择MID函数打开函数编辑器，如图5－70所示。

MID函数为从文本字符串中的指定位置开始提取指定个数的字符。其编辑对话框中各参数数据设置如下。

“Text”参数设置为“A2”（“Text”参数为要提取字符的字符串，本例为学生学号）；

“Start_num”参数设置为“3”（“Start_num”参数为开始提取字符的起始位置，默认是从字符串最左开始计算，每字符或汉字为1单位。本例为学号的第3和第4位为班级，则从学

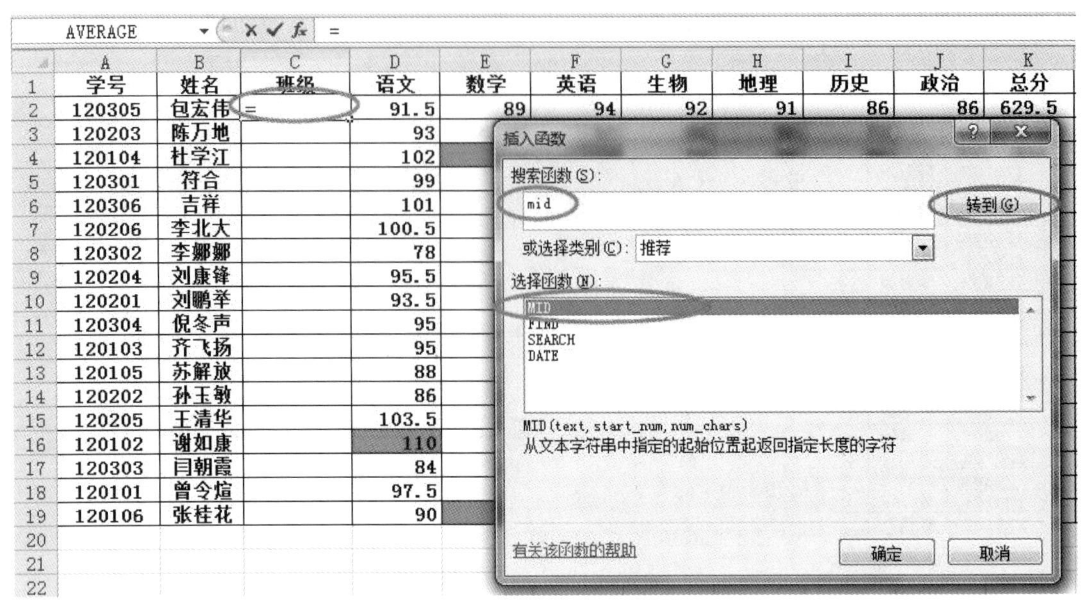

	A	B	C	D	E	F	G	H	I	J	K
1	学号	姓名	班级	语文	数学	英语	生物	地理	历史	政治	总分
2	120305	包宏伟	=	91.5	89	94	92	91	86	86	629.5
3	120203	陈万地		93							
4	120104	杜学江		102							
5	120301	符合		99							
6	120306	吉祥		101							
7	120206	李北大		100.5							
8	120302	李娜娜		78							
9	120204	刘康锋		95.5							
10	120201	刘鹏举		93.5							
11	120304	倪冬声		95							
12	120103	齐飞扬		95							
13	120105	苏解放		88							
14	120202	孙玉敏		86							
15	120205	王清华		103.5							
16	120102	谢如康		110							
17	120303	闫朝霞		84							
18	120101	曾令煊		97.5							
19	120106	张桂花		90							

图 5-70　插入 MID 函数

号第 3 位开始提取)。

"Num_chars"参数设置为"2"("Num_chars"参数为提取的字符长度或个数。本例学号的第 3 和第 4 位为班级,则提取第 3 和第 4 共 2 位长度)。

完成后"C2"单元格显示如图 5-71 所示。

C2　　=MID(A2, 3, 2)

	A	B	C	D	E	F
1	学号	姓名	班级	语文	数学	英语
2	120305	包宏伟	03	91.5	89	94
3	120203	陈万地		93	99	92
4	120104	杜学江		102	116	113
5	120301	符合		99	98	101

图 5-71　MID 函数结果

按照要求,表格中班级处应显示为"01 班""02 班"等。所以在函数提取的数字后还要加上特定汉字字符"班"。在此我们在"C2"单元格 MID 函数的内容后面添加一个文本运算符及所跟的内容字符"&"班"",此处应注意用英文状态下的双引号,如图 5-72 所示。完成后使用填充功能计算出所有学生的班级信息。

MID　　=MID(A2, 3, 2)&"班"

	A	B	C	D	E	F	G
1	学号	姓名	班级	语文	数学	英语	生物
2	120305	包宏伟	3, 2)&"班"	91.5	89	94	
3	120203	陈万地		93	99	92	
4	120104	杜学江		102	116	113	

图 5-72　函数加特定字符

步骤 5　右键单击标签页,在弹出的快捷菜单中选择"移动或复制"选项,在打开的对话框中选择"Sheet2"并选中"建立副本"复选框,如图 5-73 所示。或者使用另一种方法,按住

Ctrl 键，同时鼠标左键拖动“第一学期期末成绩”标签至“Sheet2”标签页前，也可实现复制工作表的工作。

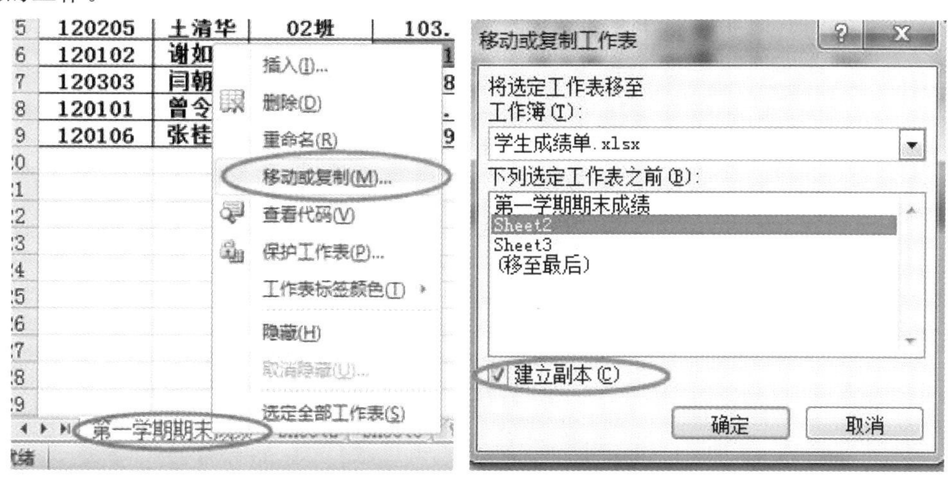

图 5－73 复制工作表

在复制出的工作表标签上鼠标右键单击，在弹出的快捷菜单中选择“重命名”选项，此时可编辑工作表标签名称，将名称更改为“分类汇总”，如图 5－74 所示。

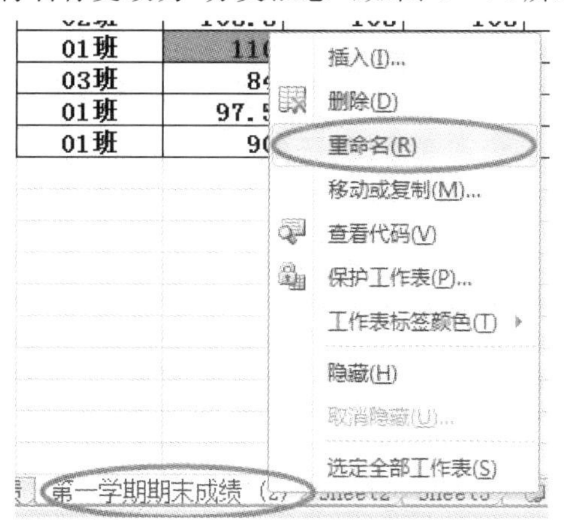

图 5－74 标签页重命名

步骤 6 在新建的“分类汇总”工作表中，选择班级数据列“C1:C19”，鼠标右键单击后在弹出的快捷菜单中选择“排序”→“升序”选项（因为要用分类汇总功能求出每个班各科的平均成绩，所以应先按照班级分类，即按照班级为顺序排列数据，我们用排序功能实现关键数据的顺序排列，故此处排序用升序或降序排列都可以），如图 5－75 所示。

排序时选择升序或降序后会出现“排序提醒”窗口，我们一般选择“扩展选定区域”为排序依据，如图 5－76 所示。（若只有选定区域数据排序无其余对应数据或不需其余对应的数据随排序数据一同改变顺序则此处选择“以当前选定区域排序”；若选定的排序数据还有其他非选定的对应数据需随其一同变化顺序，则选择“扩展区域排序”。本例中我们对班级数据列排序，但每个班级数据还有其对应的其余数据，如学号、姓名、各科成绩等需随班级数据排序时一同改变顺序，故此处我们选择“扩展区域排序”）

学号	姓名	班级
120305	包宏伟	03班
120203	陈万地	02班
120104	杜学江	01班
120301	符合	03班
120306	吉祥	03班
120206	李北大	02班
120302	李娜娜	03班
120204	刘康锋	02班
120201	刘鹏举	02班
120304	倪冬声	03班
120103	齐飞扬	01班
120105	苏解放	01班
120202	孙玉敏	02班
120205	王清华	02班
120102	谢如康	01班
120303	闫朝霞	03班
120101	曾令煊	01班
120106	张桂花	01班

剪切(T)
复制(C)
粘贴选项:
选择性粘贴(S)...
插入(I)...
删除(D)...
清除内容(N)
筛选(E)
排序(O)
插入批注(M)
设置单元格格式(F)...
从下拉列表中选择(K)...
显示拼音字段(S)
定义名称(A)...
超链接(I)...

升序(S)
降序(O)
将所选单元格颜色放在最前面(C)
将所选字体颜色放在最前面(F)
将所选单元格图标放在最前面(I)
自定义排序(U)...

图 5－75　数据排序

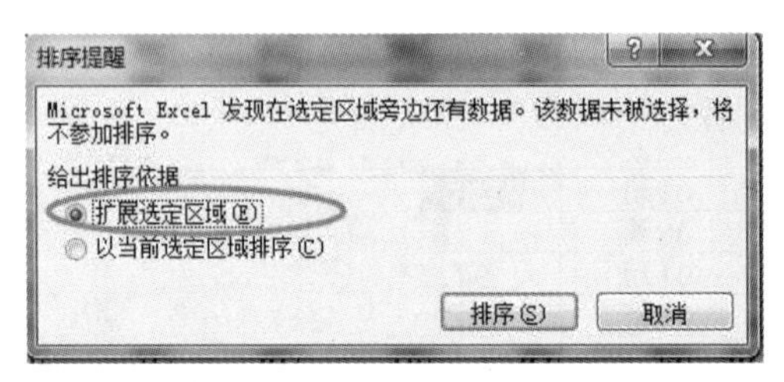

图 5－76　数据排序提醒设置

在对“班级”数据列进行排序以分类后，我们选中整个数据表区域“A1:L19”，然后在上方的功能区选择“数据”→“分级显示”→“分类汇总”，如图 5－77 所示。

学号	姓名	班级	语文	数学	英语	生物	地理	历史	政治	总分	平均分
120104	杜学江	01班	102	116	113	78	88	86	73	656	93.71
120103	齐飞扬	01班	95	85	99	98	92	92	88	649	92.71
120105	苏解放	01班	88	98	101	89	73	95	91	635	90.71
120102	谢如康	01班	110	95	98	99	93	93	92	680	97.14
120101	曾令煊	01班	97.5	106	108	98	99	99	96	703.5	100.50
120106	张桂花	01班	90	111	116	72	95	93	95	672	96.00
120203	陈万地	02班	93	99	92	86	86	73	92	621	88.71
120206	李北大	02班	100.5	103	104	88	89	78	90	652.5	93.21
120204	刘康锋	02班	95.5	92	96	84	95	91	92	645.5	92.21
120201	刘鹏举	02班	93.5	107	96	100	93	92	93	674.5	96.36
120202	孙玉敏	02班	86	107	89	88	92	88	89	639	91.29
120205	王清华	02班	103.5	105	105	93	93	90	86	675.5	96.50
120305	包宏伟	03班	91.5	89	94	92	91	86	86	629.5	89.93
120301	符合	03班	99	98	101	95	91	95	78	657	93.86
120306	吉祥	03班	101	94	99	90	87	95	93	659	94.14
120302	李娜娜	03班	78	95	94	82	90	93	84	616	88.00
120304	倪冬声	03班	95	97	102	93	95	92	88	662	94.57
120303	闫朝霞	03班	84	100	97	87	78	89	93	628	89.71

图 5－77　数据分类汇总

此时打开分类汇总设置窗口，各参数设置如图 5－78 所示。

- “分类字段”参数：班级；
- “汇总方式”参数：平均值；
- “选定汇总项”参数：语文、数学、英语、生物、地理、历史、政治；
- “替换当前分类汇总”“每组数据分页”及“汇总结果显示在数据下方”三个参数前的方框全部勾选上进行激活。

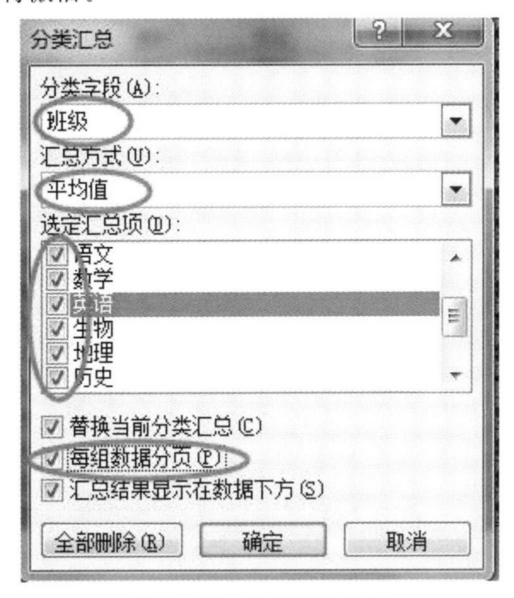

图 5－78　分类汇总设置

分类汇总完成后的最终效果如图 5－79 所示。

	A	B	C	D	E	F	G	H	I	J	K	L
1	学号	姓名	班级	语文	数学	英语	生物	地理	历史	政治	总分	平均分
2	120104	杜学江	01班	102.00	116.00	113.00	78.00	88.00	86.00	73.00	656.00	93.71
3	120103	齐飞扬	01班	95.00	85.00	99.00	98.00	92.00	92.00	88.00	649.00	92.71
4	120105	苏解放	01班	88.00	98.00	101.00	89.00	73.00	95.00	91.00	635.00	90.71
5	120102	谢如康	01班	110.00	95.00	98.00	99.00	93.00	93.00	92.00	680.00	97.14
6	120101	曾令煊	01班	97.50	106.00	108.00	98.00	99.00	99.00	96.00	703.50	100.50
7	120106	张桂花	01班	90.00	111.00	116.00	72.00	95.00	93.00	95.00	672.00	96.00
8			01班 平均值	97.08	101.83	105.83	89.00	90.00	93.00	89.17		
9	120203	陈万地	02班	93.00	99.00	92.00	86.00	86.00	73.00	92.00	621.00	88.71
10	120206	李北大	02班	100.50	103.00	104.00	88.00	89.00	78.00	90.00	652.50	93.21
11	120204	刘康锋	02班	95.50	92.00	96.00	84.00	95.00	91.00	92.00	645.50	92.21
12	120201	刘鹏举	02班	93.50	107.00	96.00	100.00	93.00	92.00	93.00	674.50	96.36
13	120202	孙玉敏	02班	86.00	107.00	89.00	88.00	92.00	88.00	89.00	639.00	91.29
14	120205	王清华	02班	103.50	105.00	105.00	93.00	93.00	90.00	86.00	675.50	96.50
15			02班 平均值	95.33	102.17	97.00	89.83	91.33	85.33	90.33		
16	120305	包宏伟	03班	91.50	89.00	94.00	92.00	91.00	86.00	86.00	629.50	89.93
17	120301	符合	03班	99.00	98.00	101.00	95.00	91.00	95.00	78.00	657.00	93.86
18	120306	吉祥	03班	101.00	94.00	99.00	90.00	87.00	95.00	93.00	659.00	94.14
19	120302	李娜娜	03班	78.00	95.00	94.00	82.00	90.00	93.00	84.00	616.00	88.00
20	120304	倪冬声	03班	95.00	97.00	102.00	93.00	95.00	92.00	88.00	662.00	94.57
21	120303	闫朝霞	03班	84.00	100.00	97.00	87.00	78.00	89.00	93.00	628.00	89.71
22			03班 平均值	91.42	95.50	97.83	89.83	88.67	91.67	87.00		
23			总计平均值	94.61	99.83	100.22	89.56	90.00	90.00	88.83		
24												

图 5－79　分类汇总最终样例

任务 2　电子表格中的数据筛选

任务描述

“XX 部门职工工资表”如图 5－80 所示，在 Sheet1 中使用自动筛选功能筛选出男性职工中基本工资大于等于 1500 的人中实发工资最低的职工数据；在 Sheet2 中筛选出基本工资大于 1500 的女性职工或工龄工资大于等于 400 的职工数据，将筛选出的数据在 Sheet2 表中的 A26:M35 单元格区域显示。

XX部门职工工资表

序号	姓名	性别	基本工资	工龄工资	奖金	应得工资	养老保险	医疗保险	失业保险	住房公积金	实发工资	备注
01	王林	男	1,500.00	400.00	300.00	2,200.00	150.00	100.00	50.00	100.00	1,800.00	
02	李娜	女	1,200.00	200.00	400.00	1,800.00	150.00	100.00	50.00	100.00	1,400.00	
03	杨雄	男	1,800.00	600.00	150.00	2,550.00	200.00	100.00	50.00	100.00	2,100.00	
04	李司思	男	1,000.00	100.00	200.00	1,300.00	100.00	100.00	50.00	100.00	950.00	
05	谢正	男	1,400.00	300.00	150.00	1,850.00	150.00	100.00	50.00	100.00	1,450.00	
06	陈丹	女	1,500.00	350.00	260.00	2,110.00	150.00	100.00	50.00	100.00	1,710.00	
07	李怡柯	女	1,800.00	200.00	600.00	2,600.00	300.00	100.00	50.00	100.00	2,050.00	备注
08	苗娟	女	1,500.00	300.00	400.00	2,200.00	300.00	100.00	50.00	100.00	1,650.00	
09	安冬冬	女	1,300.00	400.00	300.00	2,000.00	300.00	100.00	50.00	100.00	1,450.00	
10	李珊珊	女	1,800.00	300.00	600.00	2,700.00	300.00	100.00	50.00	100.00	2,150.00	
11	谭琦	女	1,600.00	300.00	400.00	2,300.00	200.00	100.00	50.00	100.00	1,850.00	
12	路坦	男	1,400.00	200.00	300.00	1,900.00	100.00	100.00	50.00	100.00	1,550.00	
13	温暖	女	1,400.00	100.00	200.00	1,700.00	150.00	100.00	50.00	100.00	1,300.00	
14	李雷	男	1,350.00	200.00	300.00	1,850.00	100.00	100.00	50.00	100.00	1,500.00	
15	韩梅梅	女	1,500.00	350.00	200.00	2,050.00	100.00	100.00	50.00	100.00	1,700.00	
16	李帆	男	1,600.00	250.00	100.00	1,950.00	100.00	100.00	50.00	100.00	1,600.00	

图 5－80　素材图例

操作步骤

步骤 1　根据题目要求自动筛选出男性职工中基本工资大于或等于 1500 的人中实发工资最低的职工数据，选中职工工资表中的属性名声项 A3:L3，在“开始”选项卡中的“编辑”区域选择“筛选”，如图 5－81 所示。

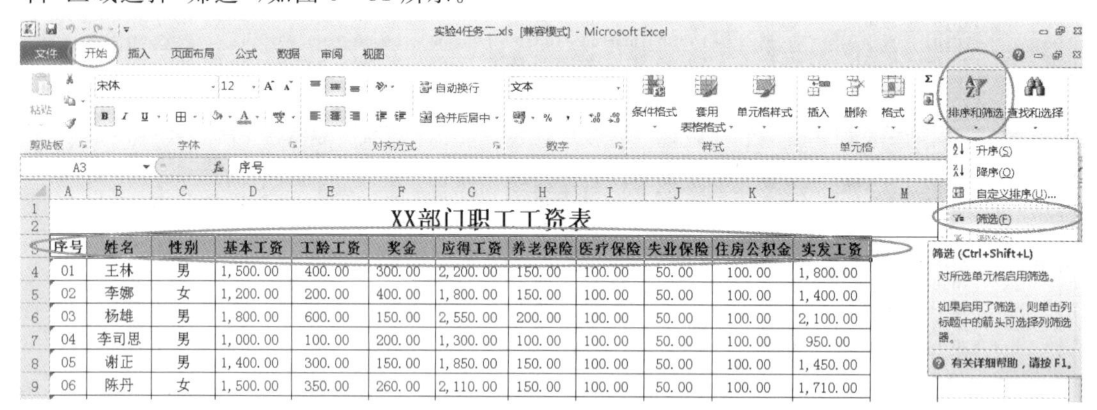

图 5－81　自动筛选方法 1

或者选中 A3:L3 后在“数据”选项卡中的“排序和筛选”区域单击“筛选”项，也可达到同样效果，如图 5－82 所示。

实验4任务二.xls [兼容模式] - Microsoft Excel

文件　开始　插入　页面布局　公式　数据　审阅　视图

自Access　自网站　自文本　自其他来源　现有连接　全部刷新　连接　属性　编辑链接　排序　筛选　清除　重新应用　高级　分列　删除重复项　数据有效性　合并计算　模拟分析　创建组　取消组合　分类汇总

获取外部数据　连接　排序和筛选　数据工具　分级显示

A3　序号

XX部门职工工资表

序号	姓名	性别	基本工资	工龄工资	奖金	应得工资	养老保险	医疗保险	失业保险	住房公积金	实发工资
01	王林	男	1,500.00	400.00	300.00	2,200.00	150.00	100.00	50.00	100.00	1,800.00
02	李娜	女	1,200.00	200.00	400.00	1,800.00	150.00	100.00	50.00	100.00	1,400.00
03	杨雄	男	1,800.00	600.00	150.00	2,550.00	200.00	100.00	50.00	100.00	2,100.00
04	李司思	男	1,000.00	100.00	200.00	1,300.00	100.00	100.00	50.00	100.00	950.00

图5-82　自动筛选方法2

此时，表中各项出现下拉箭头可供点开，我们点开C3单元格的下拉箭头，点击“文本筛选”→“等于”，在弹出的自定义条件窗口选择条件为“等于”和“男”，如图5-83、图5-84所示。

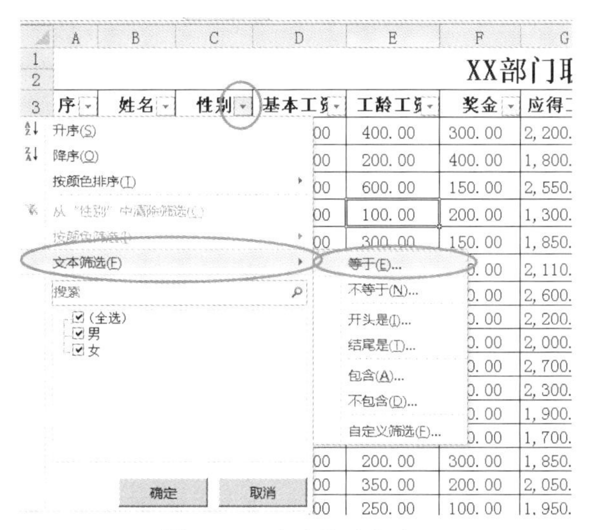

图5-83　文本筛选方法1

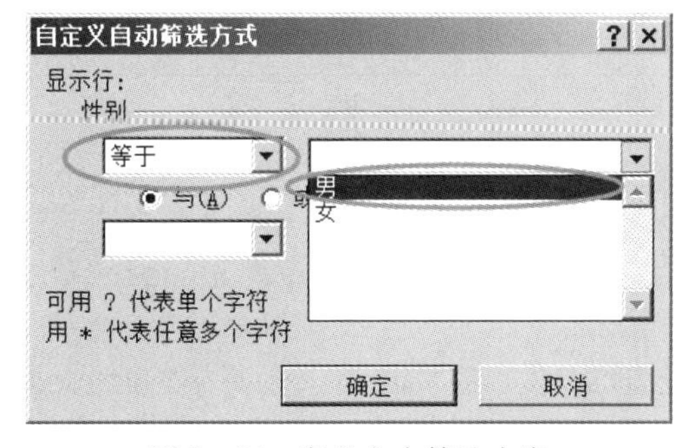

图5-84　定义文本筛选内容

或如图5-85所示，在C3下拉菜单中保留“男”前面的对勾，将“女”前面的对勾取消，也可达到同样的效果,自动筛选出数据表中性别为“男”的数据。

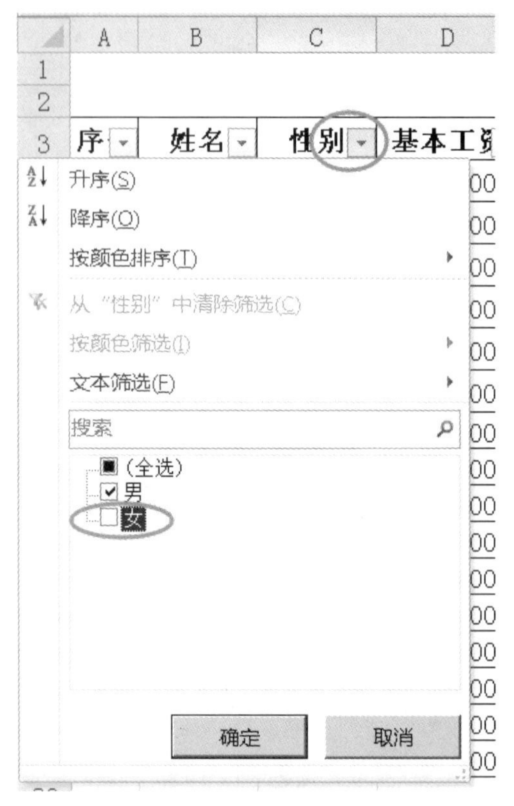

图 5-85　文本筛选方法 2

职工工资表自动筛选出的男性数据结果如图 5-86 所示。

	A	B	C	D	E	F	G	H	I	J	K	L	M
1–2	XX部门职工工资表												
3	序	姓名	性别	基本工资	工龄工资	奖金	应得工资	养老保险	医疗保险	失业保险	住房公积	实发工资	备注
4	01	王林	男	1,500.00	400.00	300.00	2,200.00	150.00	100.00	50.00	100.00	1,800.00	
6	03	杨雄	男	1,800.00	600.00	150.00	2,550.00	200.00	100.00	50.00	100.00	2,100.00	
7	04	李司思	男	1,000.00	100.00	200.00	1,300.00	100.00	100.00	50.00	100.00	950.00	
8	05	谢正	男	1,400.00	300.00	150.00	1,850.00	150.00	100.00	50.00	100.00	1,450.00	
15	12	路坦	男	1,400.00	200.00	300.00	1,900.00	100.00	100.00	50.00	100.00	1,550.00	
17	14	李雷	男	1,350.00	200.00	300.00	1,850.00	100.00	100.00	50.00	100.00	1,500.00	
19	16	李帆	男	1,600.00	250.00	100.00	1,950.00	100.00	100.00	50.00	100.00	1,600.00	

图 5-86　男性职工数据

在“性别”属性筛选完成后,继续按照题目要求进行基本工资的筛选,具体方法类似“性别”属性列的筛选。点开“基本工资”属性列的下拉菜单,选择“数字筛选”→“小于或等于”,如图 5-87 所示。

在弹出的对话框中设置“基本工资”为“小于或等于”和“1500”,如图 5-88 所示,单击“确定”按钮完成“基本工资”属性的筛选。

最后在“实发工资”属性列下拉菜单中,按照题目要求完成其自动筛选,如图 5-89 所示,在点开的下拉菜单中选择“数字筛选”项,但是其中没有最小(低)值,在此我们点选“10 个最大的值”,如图 5-89 所示。

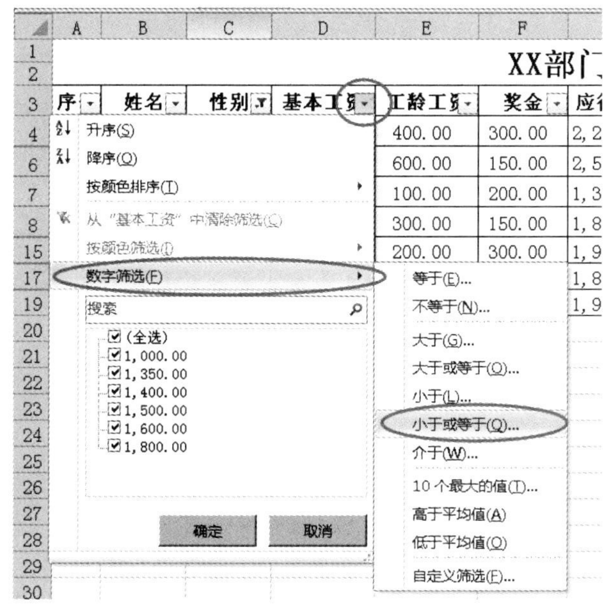

图 5-87　数值筛选

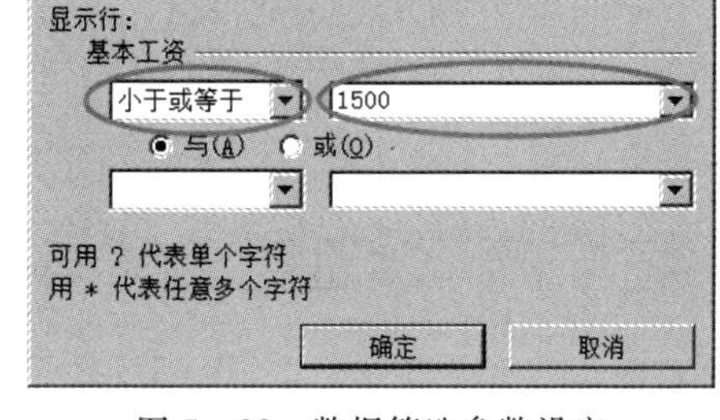

图 5-88　数据筛选参数设定

在弹出的窗口中我们设置条件为"最小"1"项",如图 5-90 所示,单击"确定"按钮,完成自动筛选。

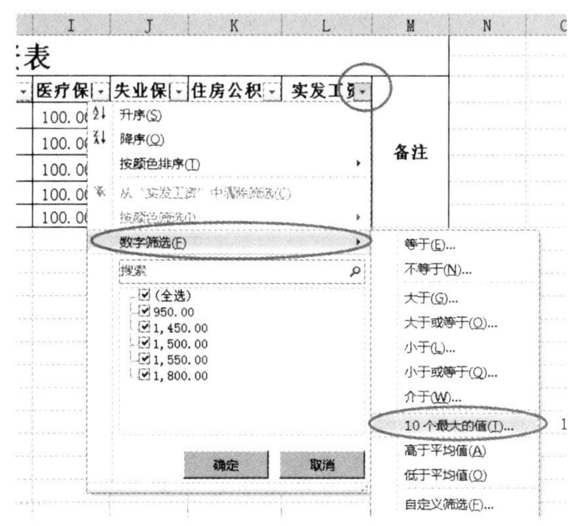

图 5-89　筛选最小值数据

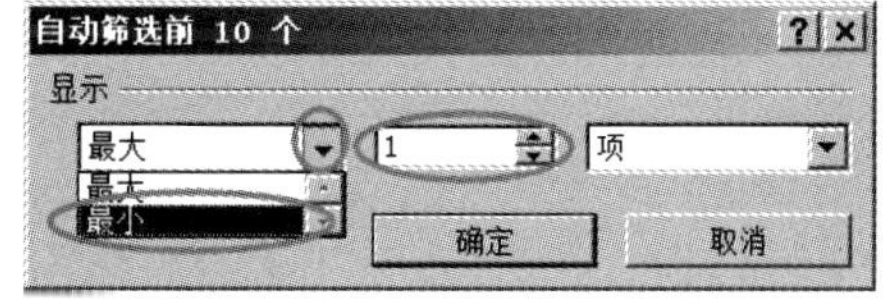

图 5-90　最小值筛选参数设置

最终结果如图 5-91 所示。

XX部门职工工资表

序	姓名	性别	基本工资	工龄工资	奖金	应得工资	养老保	医疗保	失业保	住房公积	实发工资	备注
04	李司思	男	1,000.00	100.00	200.00	1,300.00	100.00	100.00	50.00	100.00	950.00	

图 5-91　自动筛选最终结果

步骤 2 自动筛选一般只适用于多个“且”条件的筛选，按照题目第 2 个要求，筛选出基本工资大于 1500 的女性职工或工龄工资大于等于 400 的职工数据，此处两个条件为“或”关系，自动筛选在此不适用，我们使用 Excel 中的高级筛选功能。如图 5－92 所示，在数据表下方处(位置任选)建立题目要求的筛选条件，“或”关系的两个条件我们将其放在上下不同的两行。

	A	B	C	D	E	F	G	H	I	J	K	L	M
10	07	李怡柯	女	1,800.00	200.00	600.00	2,600.00	300.00	100.00	50.00	100.00	2,050.00	备注
11	08	苗娟	女	1,500.00	300.00	400.00	2,200.00	300.00	100.00	50.00	100.00	1,650.00	
12	09	安冬冬	女	1,300.00	400.00	300.00	2,000.00	300.00	100.00	50.00	100.00	1,450.00	
13	10	李珊珊	女	1,800.00	300.00	600.00	2,700.00	300.00	100.00	50.00	100.00	2,150.00	
14	11	谭琦	女	1,600.00	300.00	400.00	2,300.00	200.00	100.00	50.00	100.00	1,850.00	
15	12	路坦	男	1,400.00	200.00	300.00	1,900.00	100.00	100.00	50.00	100.00	1,550.00	
16	13	温暖	女	1,400.00	100.00	200.00	1,700.00	150.00	100.00	50.00	100.00	1,300.00	
17	14	李雷	男	1,350.00	200.00	300.00	1,850.00	100.00	100.00	50.00	100.00	1,500.00	
18	15	韩梅梅	女	1,500.00	350.00	200.00	2,050.00	100.00	100.00	50.00	100.00	1,700.00	
19	16	李帆	男	1,600.00	250.00	100.00	1,950.00	100.00	100.00	50.00	100.00	1,600.00	
20													
21													
22				性别	基本工资	工龄工资							
23				女	>1500								
24						>=400							

图 5－92 高级筛选条件建立

筛选条件建立完成后，在“数据”选项卡中“排序和筛选”区域选择“高级”项，如图 5－93 所示。

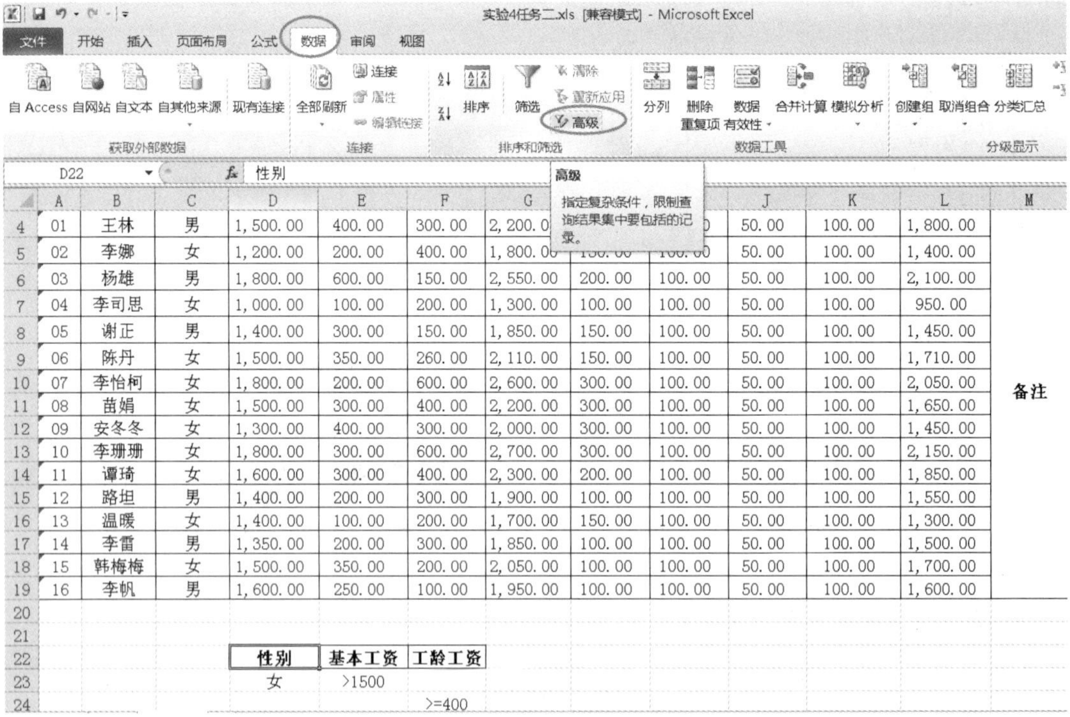

实验4任务二.xls [兼容模式] - Microsoft Excel

文件 开始 插入 页面布局 公式 数据 审阅 视图

自 Access 自网站 自文本 自其他来源 现有连接 全部刷新 连接 属性 编辑链接 排序 筛选 清除 重新应用 高级 分列 删除重复项 数据有效性 合并计算 模拟分析 创建组 取消组合 分类汇总

获取外部数据 连接 排序和筛选 数据工具 分级显示

D22 性别

高级

指定复杂条件，限制查询结果集中要包括的记录。

	A	B	C	D	E	F	G	H	I	J	K	L	M
4	01	王林	男	1,500.00	400.00	300.00	2,200.0			50.00	100.00	1,800.00	
5	02	李娜	女	1,200.00	200.00	400.00	1,800.00			50.00	100.00	1,400.00	
6	03	杨雄	男	1,800.00	600.00	150.00	2,550.00	200.00	100.00	50.00	100.00	2,100.00	
7	04	李司思	女	1,000.00	100.00	200.00	1,300.00	100.00	100.00	50.00	100.00	950.00	
8	05	谢正	男	1,400.00	300.00	150.00	1,850.00	150.00	100.00	50.00	100.00	1,450.00	
9	06	陈丹	女	1,500.00	350.00	260.00	2,110.00	150.00	100.00	50.00	100.00	1,710.00	
10	07	李怡柯	女	1,800.00	200.00	600.00	2,600.00	300.00	100.00	50.00	100.00	2,050.00	备注
11	08	苗娟	女	1,500.00	300.00	400.00	2,200.00	300.00	100.00	50.00	100.00	1,650.00	
12	09	安冬冬	女	1,300.00	400.00	300.00	2,000.00	300.00	100.00	50.00	100.00	1,450.00	
13	10	李珊珊	女	1,800.00	300.00	600.00	2,700.00	300.00	100.00	50.00	100.00	2,150.00	
14	11	谭琦	女	1,600.00	300.00	400.00	2,300.00	200.00	100.00	50.00	100.00	1,850.00	
15	12	路坦	男	1,400.00	200.00	300.00	1,900.00	100.00	100.00	50.00	100.00	1,550.00	
16	13	温暖	女	1,400.00	100.00	200.00	1,700.00	150.00	100.00	50.00	100.00	1,300.00	
17	14	李雷	男	1,350.00	200.00	300.00	1,850.00	100.00	100.00	50.00	100.00	1,500.00	
18	15	韩梅梅	女	1,500.00	350.00	200.00	2,050.00	100.00	100.00	50.00	100.00	1,700.00	
19	16	李帆	男	1,600.00	250.00	100.00	1,950.00	100.00	100.00	50.00	100.00	1,600.00	
20													
21													
22				性别	基本工资	工龄工资							
23				女	>1500								
24						>=400							

图 5－93 高级筛选方法

在弹出的“高级筛选”对话框中进行各参数设置，按照题目要求将筛选结果复制到 A26：M35 的区域，则“方式”处选择“将筛选结果复制到其他位置”；“列表区域”为原数据表区域

A3:M19;“条件区域”为我们自己建立的筛选条件所在位置 D22:F24;“复制到”为希望筛选出的结果所显示的位置区域,此处为题目要求的 A26:M35,如图 5-94 所示。

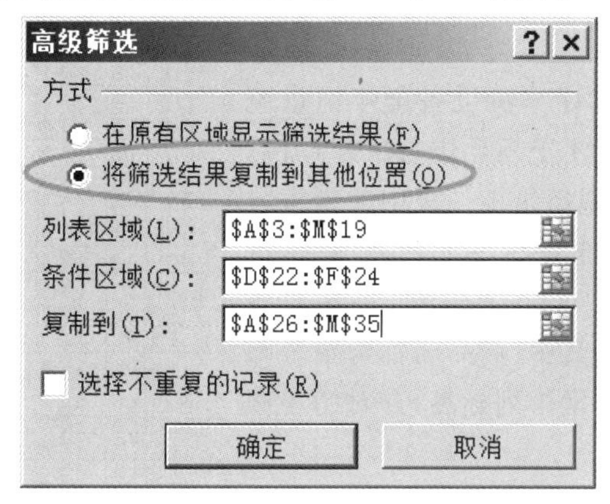

图 5-94 高级筛选参数设置

单击“确定”按钮,完成高级筛选,最终结果如图 5-95 所示。

	A	B	C	D	E	F	G	H	I	J	K	L	M
1–2	XX部门职工工资表												
3	序号	姓名	性别	基本工资	工龄工资	奖金	应得工资	养老保险	医疗保险	失业保险	住房公积金	实发工资	备注
4	01	王林	男	1,500.00	400.00	300.00	2,200.00	150.00	100.00	50.00	100.00	1,800.00	
5	02	李娜	女	1,200.00	200.00	400.00	1,800.00	150.00	100.00	50.00	100.00	1,400.00	
6	03	杨雄	男	1,800.00	600.00	150.00	2,550.00	200.00	100.00	50.00	100.00	2,100.00	
7	04	李司思	女	1,000.00	100.00	200.00	1,300.00	100.00	100.00	50.00	100.00	950.00	
8	05	谢正	男	1,400.00	300.00	150.00	1,850.00	150.00	100.00	50.00	100.00	1,450.00	
9	06	陈丹	女	1,500.00	350.00	260.00	2,110.00	150.00	100.00	50.00	100.00	1,710.00	
10	07	李怡柯	女	1,800.00	200.00	600.00	2,600.00	300.00	100.00	50.00	100.00	2,050.00	
11	08	苗娟	女	1,500.00	300.00	400.00	2,200.00	300.00	100.00	50.00	100.00	1,650.00	
12	09	安冬冬	女	1,300.00	400.00	300.00	2,000.00	300.00	100.00	50.00	100.00	1,450.00	
13	10	李姗姗	女	1,800.00	300.00	600.00	2,700.00	300.00	100.00	50.00	100.00	2,150.00	
14	11	谭琦	女	1,600.00	300.00	400.00	2,300.00	200.00	100.00	50.00	100.00	1,850.00	
15	12	路坦	男	1,400.00	200.00	300.00	1,900.00	100.00	100.00	50.00	100.00	1,550.00	
16	13	温暖	女	1,400.00	100.00	200.00	1,700.00	150.00	100.00	50.00	100.00	1,300.00	
17	14	李雷	男	1,350.00	200.00	300.00	1,850.00	100.00	100.00	50.00	100.00	1,500.00	
18	15	韩梅梅	女	1,500.00	350.00	200.00	2,050.00	100.00	100.00	50.00	100.00	1,700.00	
19	16	李帆	男	1,600.00	250.00	100.00	1,950.00	100.00	100.00	50.00	100.00	1,600.00	
20													
21													
22				性别	基本工资	工龄工资							
23				女	>1500								
24						>=400							
25													
26	序号	姓名	性别	基本工资	工龄工资	奖金	应得工资	养老保险	医疗保险	失业保险	住房公积金	实发工资	备注
27	01	王林	男	1,500.00	400.00	300.00	2,200.00	150.00	100.00	50.00	100.00	1,800.00	
28	03	杨雄	男	1,800.00	600.00	150.00	2,550.00	200.00	100.00	50.00	100.00	2,100.00	
29	07	李怡柯	女	1,800.00	200.00	600.00	2,600.00	300.00	100.00	50.00	100.00	2,050.00	
30	09	安冬冬	女	1,300.00	400.00	300.00	2,000.00	300.00	100.00	50.00	100.00	1,450.00	
31	10	李姗姗	女	1,800.00	300.00	600.00	2,700.00	300.00	100.00	50.00	100.00	2,150.00	
32	11	谭琦	女	1,600.00	300.00	400.00	2,300.00	200.00	100.00	50.00	100.00	1,850.00	

图 5-95 高级筛选最终结果

任务3 电子表格中数据透视表的建立

任务描述

现有大地公司某品牌计算机设备全年销量统计表，如图 5－96 所示，为便于领导进行决策，需对其中数据进行统计分析，现需给工作表中的销售数据创建一个数据透视表，放置在一个名为“数据透视分析”的新工作表中，要求针对各类商品比较各门店每个季度的销售额。其中：商品名称为报表筛选字段，店铺为行标签，季度为列标签，并对销售额求和。

操作步骤

步骤 1 打开“插入”选项卡，在“表格”区域选择“数据透视表”，插入一个空白的数据透视表，如图 5－97 所示。

在打开的“创建数据透视表”对话框，选择生成数据透视表的数据，这里我们选择 A2：E82，按照题目要求生成的数据透视表应在新的工作表中，所以我们选择放置数据透视表的位置为新工作表，如图 5－98 所示。

A	B	C	D	E
大地公司某品牌计算机设备全年销量统计表				
店铺	季度	商品名称	销售量	销售额
西直门店	1季度	笔记本	200	910462.24
西直门店	2季度	笔记本	150	682846.68
西直门店	3季度	笔记本	250	1138077.8
西直门店	4季度	笔记本	300	1365693.4
中关村店	1季度	笔记本	230	1047031.6
中关村店	2季度	笔记本	180	819416.02
中关村店	3季度	笔记本	290	1320170.2
中关村店	4季度	笔记本	350	1593308.9
上地店	1季度	笔记本	180	819416.02
上地店	2季度	笔记本	140	637323.57
上地店	3季度	笔记本	220	1001508.5
上地店	4季度	笔记本	280	1274647.1
亚运村店	1季度	笔记本	210	955985.35
亚运村店	2季度	笔记本	170	773892.9
亚运村店	3季度	笔记本	260	1183600.9
亚运村店	4季度	笔记本	320	1456739.6
西直门店	1季度	台式机	260	1003918.6
西直门店	2季度	台式机	243	938277.75
西直门店	3季度	台式机	362	1397763.6
西直门店	4季度	台式机	377	1455681.9
中关村店	1季度	台式机	261	1007779.8
中关村店	2季度	台式机	349	1347567.6
中关村店	3季度	台式机	400	1544490.1
中关村店	4季度	台式机	416	1606269.7
上地店	1季度	台式机	247	953722.65
上地店	2季度	台式机	230	888081.82
上地店	3季度	台式机	285	1100449.2
上地店	4季度	台式机	293	1131339
亚运村店	1季度	台式机	336	1297371.7

sheet1

图 5－96 素材示例

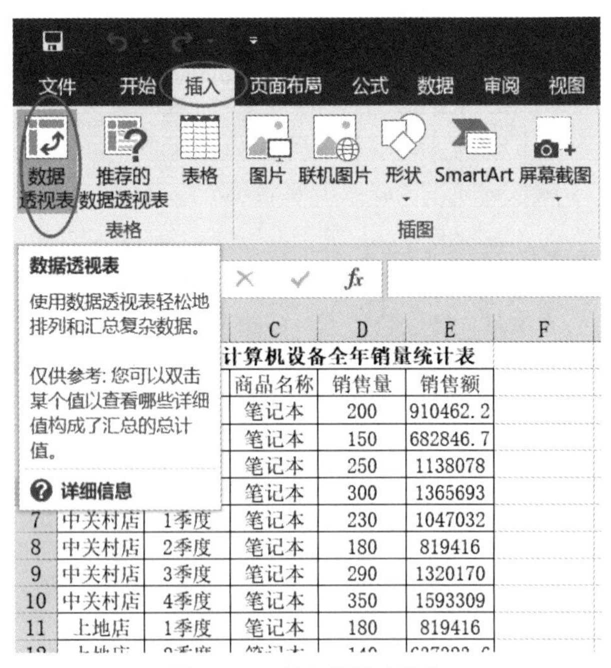

图 5－97 插入数据透视表

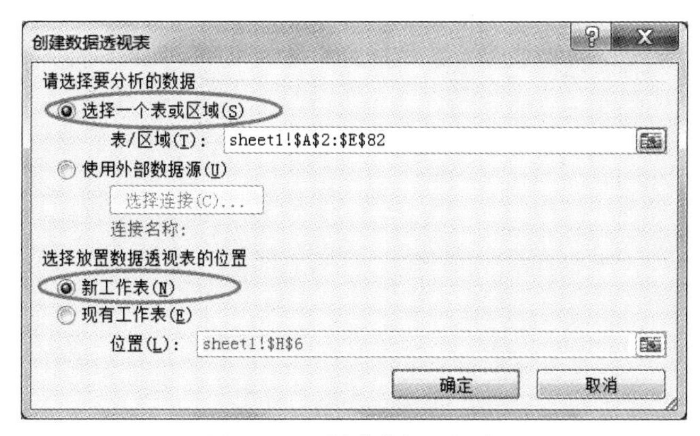

图 5 - 98　创建数据透视表

单击“确定”按钮后在一个新的页面生成空白数据透视表，右侧为数据透视表的属性字段设置面板，如图 5 - 99 所示。

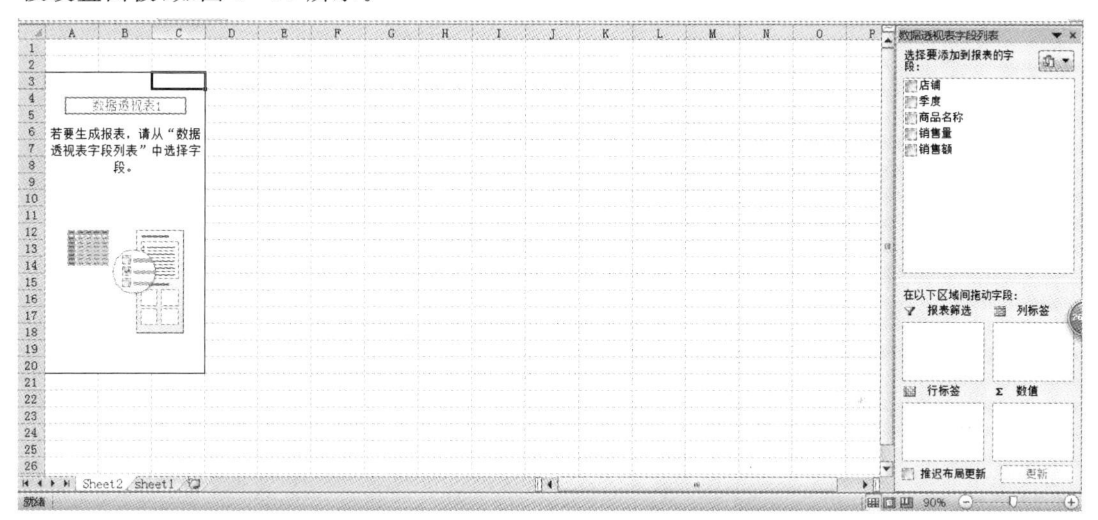

图 5 - 99　空白数据透视表

在此，我们根据题目要求，将商品名称设置为报表筛选字段，店铺设置为行标签，季度设置为列标签，设置销售额求和，具体方法为将上方属性字段用鼠标左键拖动至下方对应的区域，如图 5 - 100 所示。

设置完成后，工作表中的数据透视表内容显示完成，在工作表名上右击鼠标，在弹出的快捷菜单中选择“重命名”项，如图 5 - 101 所示。

按照题目要求将 Sheet2 工作表标签改名为“数据透视分析”，整个题目完成，最终如图 5 - 102 所示。

图 5-100　数据透视表参数设定

	A	B	C	D	E	F
1	商品名称	(全部)				
2						
3	**求和项:销售额**	**列标签**				
4	**行标签**	**1季度**	**2季度**	**3季度**	**4季度**	**总计**
5	上地店	2525220.611	2192881.728	2905962.453	3294204.679	10918269.47
6	西直门店	2656713.69	2280724.25	3212166.444	3701440.948	11851045.33
7	亚运村店	2909650.561	2642780.678	3263341.433	3766025.731	12581798.4
8	中关村店	2938083.798	2916594.206	3736144.6	4098618.626	13689441.23
9	**总计**	**11029668.66**	**10032980.86**	**13117614.93**	**14860289.98**	**49040554.43**

插入(I)...
删除(D)
重命名(R)
移动或复制(M)...
查看代码(V)
保护工作表(P)...
工作表标签颜色(T)
隐藏(H)
取消隐藏(U)...
选定全部工作表(S)

Sheet2　Sheet1

图 5-101　Sheet2 改名

	A	B	C	D	E	F
1	商品名称	(全部)				
2						
3	**求和项:销售额**	**列标签**				
4	**行标签**	**1季度**	**2季度**	**3季度**	**4季度**	**总计**
5	上地店	2525220.611	2192881.728	2905962.453	3294204.679	10918269.47
6	西直门店	2656713.69	2280724.25	3212166.444	3701440.948	11851045.33
7	亚运村店	2909650.561	2642780.678	3263341.433	3766025.731	12581798.4
8	中关村店	2938083.798	2916594.206	3736144.6	4098618.626	13689441.23
9	**总计**	**11029668.66**	**10032980.86**	**13117614.93**	**14860289.98**	**49040554.43**

数据透视分析 sheet1

图5-102 数据透视表最终样例

实验5 Excel综合练习

实验目的

通过本次实验操作，进一步加强学生对Excel各内容的练习与熟悉。

任务1 综合练习1

任务描述

现有一学生成绩单，如图5-103所示，请按下列要求完成对学生成绩单的数据处理。

(1)表格要有可视的边框，标题居中显示，并将文字设置为宋体、黑色、12磅、居中。

(2)用公式计算每名学生的总评。总评的计算方法为学生各科目成绩按表中给定的比例做加权平均，将计算结果填入对应单元格中。

	A	B	C	D	E	F	G	H	I
1	成绩单								
2	学号	各科在总评中所占比例	30%	30%	20%	20%	总评	等级评分	最高分科目
3	12001001	姓名	语文	数学	英语	综合			
4	12001002	李伟	92	97	87	94			
5	12001003	李辉	89	89	82	92			
6	12001004	范俊	93	71	78	91			
7	12001005	郝艳芬	88	92	95	80			
8	12001006	彭样	97	90	91	97			
9	平均分								

图5-103 学生成绩单

(3)根据总评，用 IF 函数计算等级评定，等级评定的方法为大于等于 90 为 A、小于 90 大于等于 85 为 B、其他为 C，将计算结果填入对应单元格中。

(4)用 INDEX、MATCH、MAX 函数计算每名学生最高分科目，将最高分对应的科目名称填入对应单元格中。

(5)用 AVERAGE 函数计算每个科目的平均分，将计算结果填入对应单元格中，计算结果保留 1 位小数。

操作步骤

步骤 1 根据题目要求为表格加上可视边框，选中 A1:I9 单元格区域，在“开始”选项卡中单击“字体”区域选择“边框”处的下拉按钮，在弹出的菜单中选择“所有框线”项，为数据表加上可视边框，如图 5－104 所示。

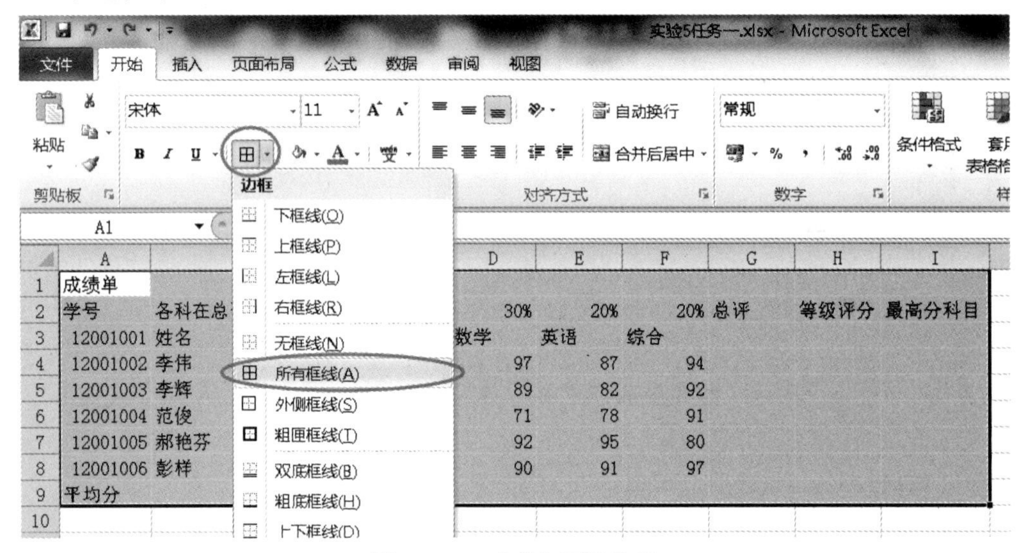

图 5－104 表格加可视边框

表格加上可视边框后将标题“成绩单”居于数据表正上方，选中 A1:I1 单元格区域，在“开始”选项卡中的“对齐方式”区域单击“合并后居中”，将 A1:I1 单元格合并并将“成绩单”居中显示，如图 5－105 所示。

图 5－105 标题合并居中

最后根据题目要求对“字体字号”“字体颜色”“对齐方式”等进行设置。选中 A1:I1 单元格区域，在“开始”选项卡的“字体”区域选择“宋体”、“12”号字、“黑色，文字 1”，然后在“对齐方式”区域选择“居中”对齐，如图 5-106 所示。

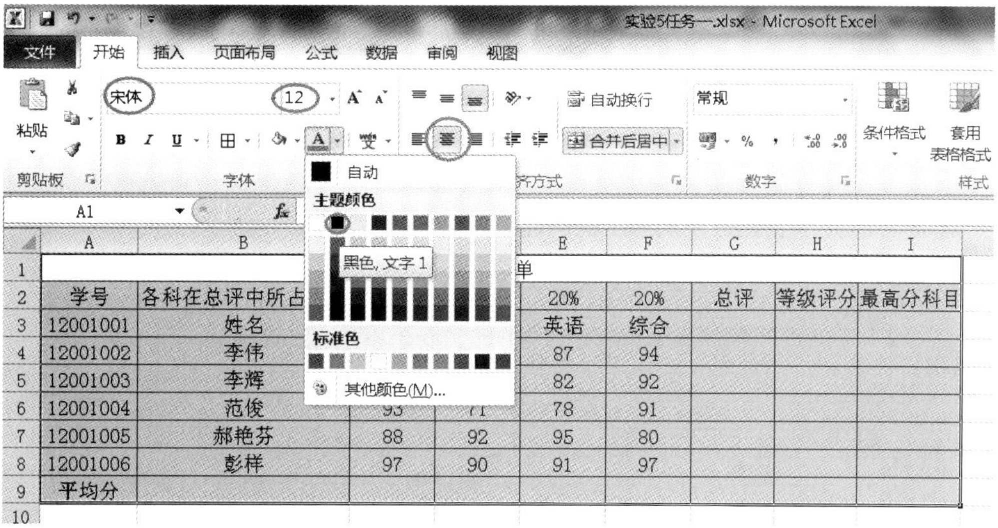

图 5-106　字体等设置

再选择 G2:G3 单元格，单击“开始”选项卡中的“对齐方式”区域的“合并后居中”，将 G2:G3 单元格合并，并点击“对齐方式”区域的“垂直居中”和“居中”使其在水平和垂直方向都居中，如图 5-107 所示。最后，H2:H3 单元格区域和 I2:I3 单元格区域的设置方法同 G2:G3 单元格区域。

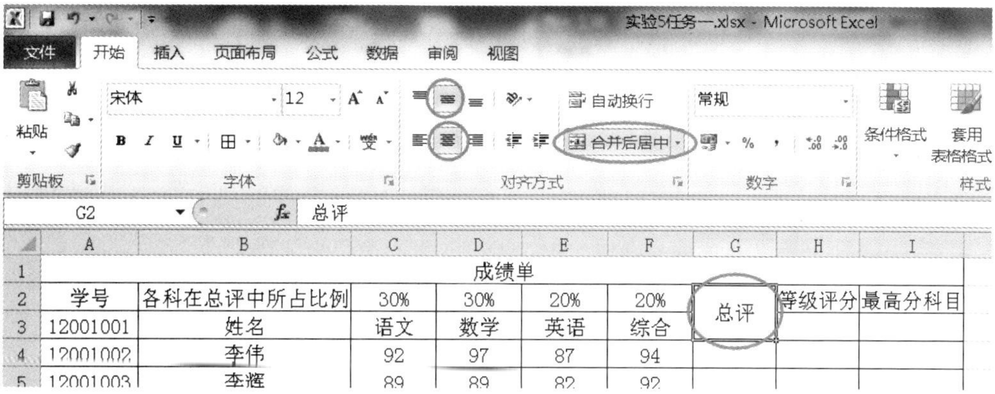

图 5-107　合并单元格并垂直居中

步骤 2　按照题目要求按每门课的加权比例计算总评成绩操作如下，选中李伟对应的总评成绩单元格 G4，在编辑区域输入“=C4 * $C$2+D4 * $D$2+E4 * $E$2+F4 * $F$2”(其中加 $ 符的单元格地址为绝对引用单元格地址)，方法为用每门课的成绩乘以其所占比例相加求和，如图 5-108 所示。李伟总评分数计算完成后，鼠标左键点击 G4 单元格右下角填充柄不放，下拉进行填充，直接算出李辉、范俊、郝艳芬、彭样等人的总评成绩，如图 5-109 所示。

G4 =C4*$C$2+D4*$D$2+E4*$E$2+F4*$F$2

	A	B	C	D	E	F	G	H	I
1	成绩单								
2	学号	各科在总评中所占比例	30%	30%	20%	20%	总评	等级评分	最高分科目
3	12001001	姓名	语文	数学	英语	综合			
4	12001002	李伟	92	97	87	94	92.9		
5	12001003	李辉	89	89	82	92			
6	12001004	范俊	93	71	78	91			
7	12001005	郝艳芬	88	92	95	80			

图 5－108　总评成绩计算

	A	B	C	D	E	F	G	H	I
1	成绩单								
2	学号	各科在总评中所占比例	30%	30%	20%	20%	总评	等级评分	最高分科目
3	12001001	姓名	语文	数学	英语	综合			
4	12001002	李伟	92	97	87	94	92.9		
5	12001003	李辉	89	89	82	92			
6	12001004	范俊	93	71	78	91			
7	12001005	郝艳芬	88	92	95	80			
8	12001006	彭样	97	90	91	97			
9	平均分								

图 5－109　填充柄下拉填充

步骤 3　根据题目要求判断每人的评分等级，评分的等级判断为三个结果（A、B、C），需要进行两次逻辑判断（≥90、≤85），具体操作如下，选中 H4 单元格，单击 f_x 插入函数按钮，选择 IF 函数后确定，如图 5－110 所示。

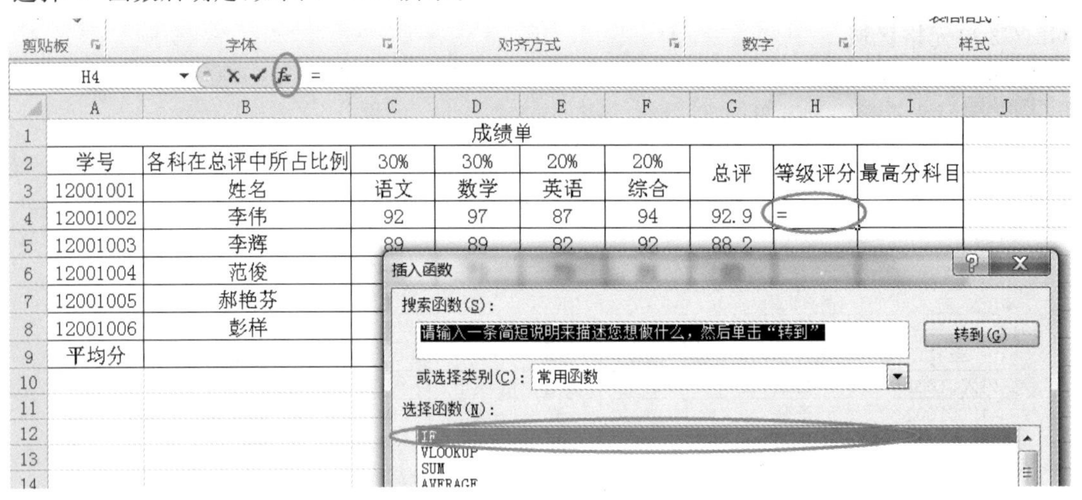

图 5－110　插入 IF 函数

在打开的 IF 函数编辑对话框中进行参数设置。

- “Logical_test”参数输入第一次需要进行判断的逻辑表达式：G4＞＝90；
- “Value_if_true”参数输入如果判断成立后显示的结果：A；
- “Value_if_false”参数输入如果判断不成立则显示的结果或判断不成立后需进行的后续工判断，在此我们插入另外一个 IF 函数。单击“Value_if_false”参数后的文本框区域，然后单击名称框右侧的下拉箭头，在弹出的菜单中选择 IF 函数，如图 5－111 所示。

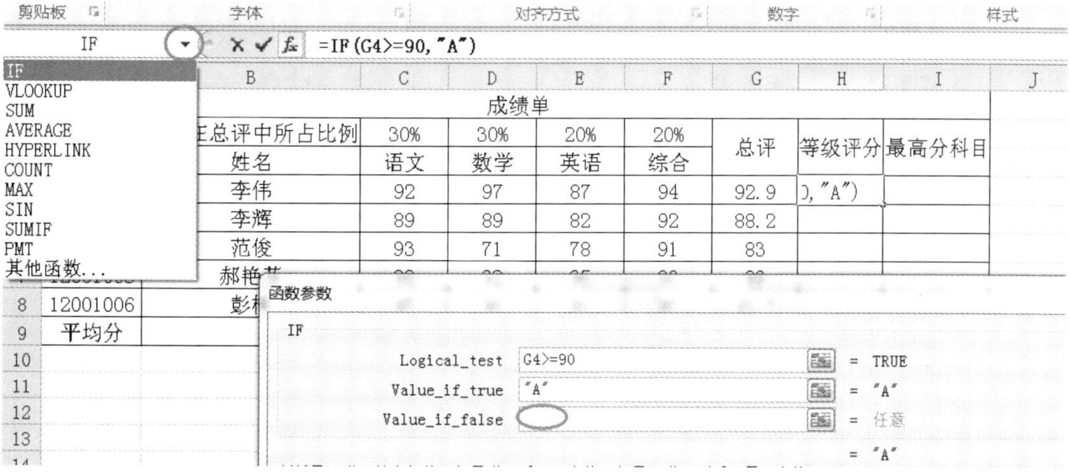

图 5－111 IF 函数中嵌套 IF 函数

在第 2 个 IF 函数编辑对话框进行各参数设置，如图 5－112 所示。

- “Logical_test”参数输入第二次需要进行判断的逻辑表达式：G4＞＝85；
- “Value_if_true”参数输入如果判断成立后显示的结果：B；
- “Value_if_false”参数输入如果判断不成立则显示的结果：C。

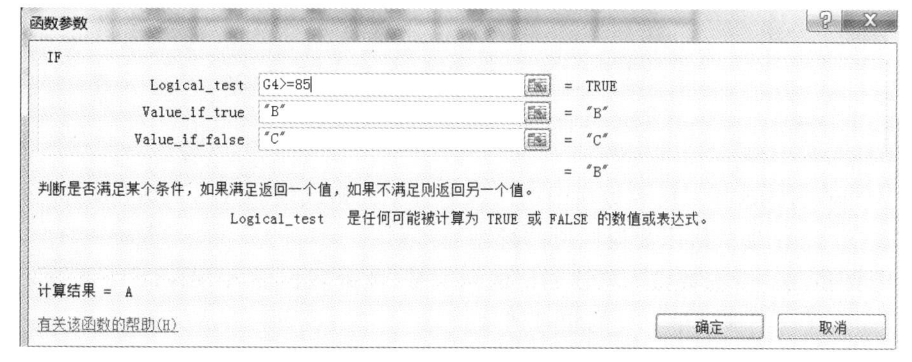

图 5－112 第 2 层 IF 函数参数设置

步骤 4 根据题目要求使用 INDEX、MATCH 和 MAX 函数进行三个函数的复合使用，自动计算出每人最高分科目名称，首先熟悉三个函数的函数功能。

- INDEX：在给定的单元格区域中，返回特定行列交叉处单元格的值或引用。
- MATCH：返回符合特定值特定顺序的项在数组中的相对位置。
- MAX：返回一组数值中的最大值，忽略逻辑值及文本。

使用 MAX 函数确定出每人四项成绩中的最大值；使用 MATCH 函数提取出最高分的单元格在四门课程成绩区域中的相对位置；使用 INDEX 函数根据 MATCH 函数返回的相对行列坐标提取出最高分成绩对应的课程名称。

具体操作：单击 I4 单元格，插入 INDEX 函数，如图 5－113(a)和图 5－113(b)所示。

对 INDEX 函数进行参数设置，如图 5－114 所示。

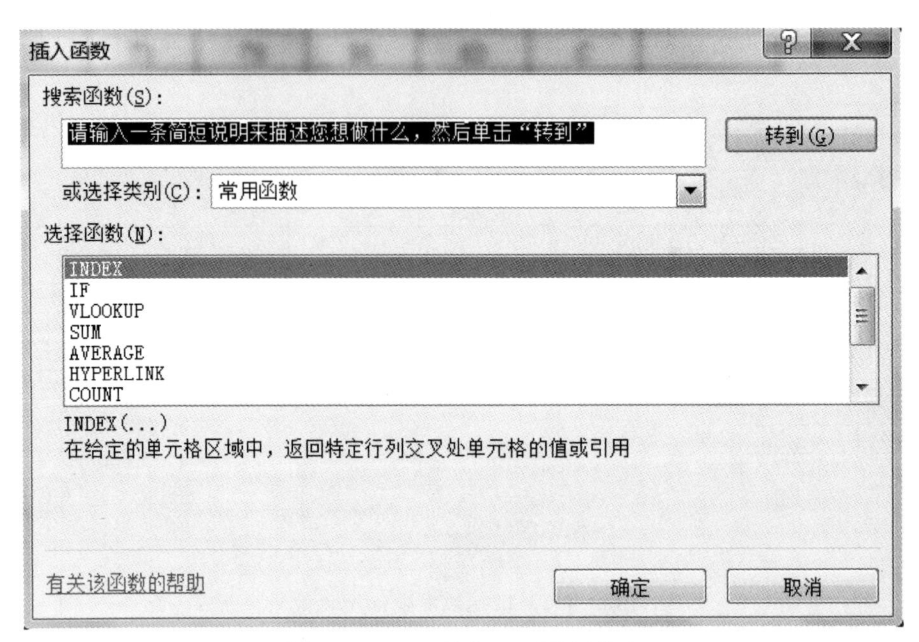

图 5-113(a)　插入 INDEX 函数 1

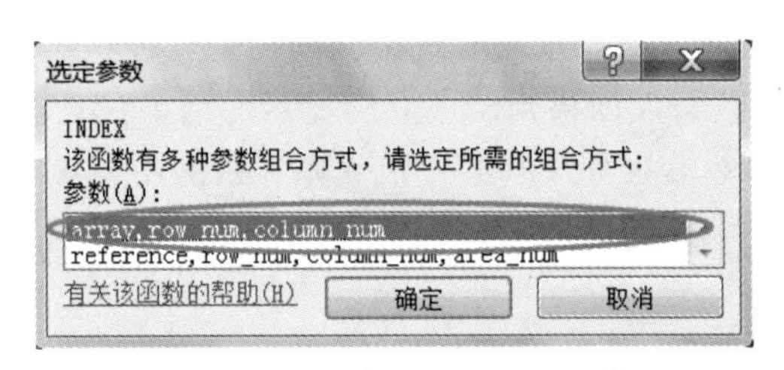

图 5-113(b)　插入 INDEX 函数 2

- “Array”参数选择最终要提取的四门课名称单元格区域：$C$3:$F$3；
- “Row_num”参数输入要返回值的行序号：1；
- “Column_num”参数输入要返回值的列序号，此处我们插入 MATCH 函数来提取最高成绩在四门成绩中所处的相对列号。

单击“Column_num”后的文本框，单击名称框右侧的下拉打开菜单，选择“其他函数”。

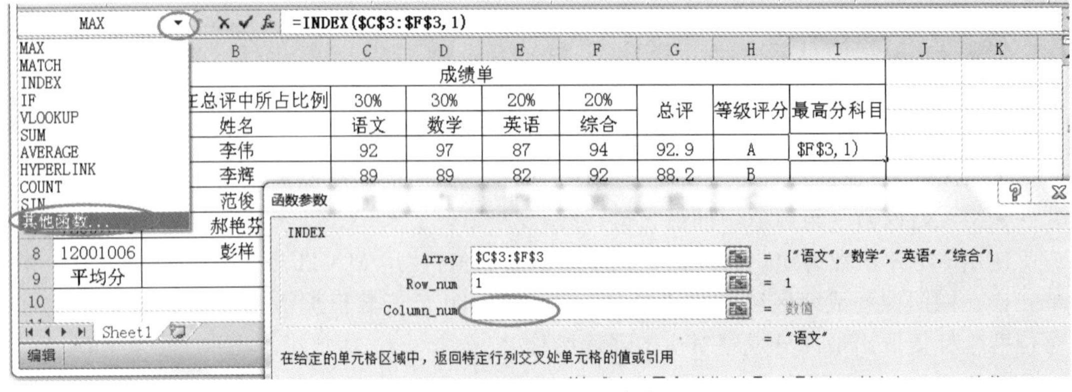

图 5-114　INDEX 函数参数设置

如图 5－115 所示，在搜索函数处输入“match”，单击右侧的“转到”按钮，然后在“选择函数”处选择 MATCH 函数后确定，打开 MATCH 函数编辑对话框。

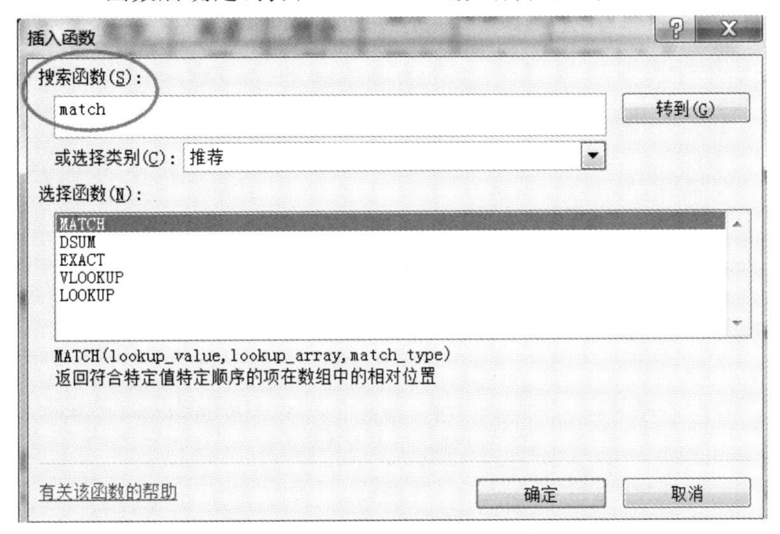

图 5－115　插入 MATCH 函数

在 MATCH 函数编辑对话框中对各参数进行设置，如图 5－116 所示。

- “Lookup_value”参数处插入 MAX 函数，如图 5－117 所示；
- “Lookup_array”参数设置：C4：F4；
- “Match_type”参数输入：0。

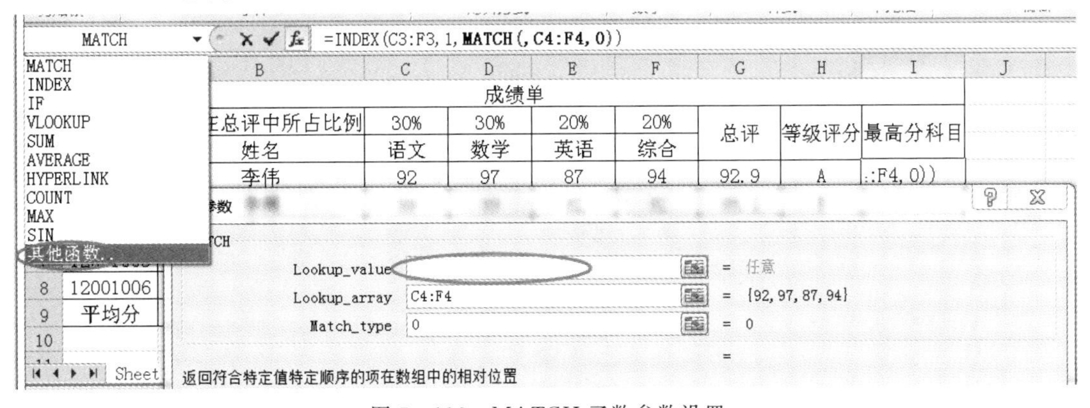

图 5－116　MATCH 函数参数设置

MAX 函数参数设置如图 5－118 所示。

“Number1”参数设置为：C4：F4，设置后单击“确定”按钮完成三函数的复合设置，最后使用填充柄下拉填充剩余人的最高分数课程名称。

步骤 5　按照题目要求使用“AVERAGE”函数计算各科成绩的平均分，点击 C9 单元格，插入 AVERAGE 函数，按图 5－119 所示对函数进行参数设置。

最后选择 C9：F9 单元格区域，然后右键单击，在弹出的快捷菜单中选择“设置单元格格式”项，如图 5－120 所示。

在打开的“设置单元格格式”对话框的左侧“分类”中选择“数值”选项，在数值项中设置

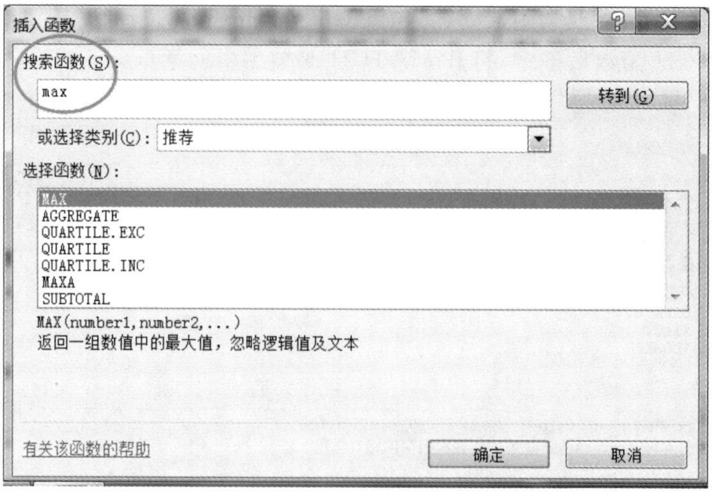

插入函数

搜索函数(S):

max

转到(G)

或选择类别(C): 推荐

选择函数(N):

MAX
AGGREGATE
QUARTILE.EXC
QUARTILE
QUARTILE.INC
MAXA
SUBTOTAL

MAX(number1,number2,...)
返回一组数值中的最大值，忽略逻辑值及文本

有关该函数的帮助 确定 取消

图 5-117 插入 MAX 函数

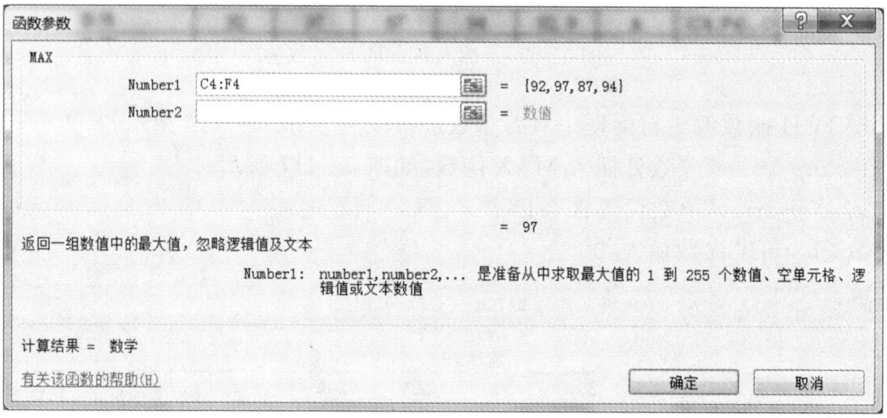

函数参数

MAX

Number1 C4:F4 = {92,97,87,94}
Number2 = 数值

= 97

返回一组数值中的最大值，忽略逻辑值及文本

Number1: number1,number2,... 是准备从中求取最大值的 1 到 255 个数值、空单元格、逻辑值或文本数值

计算结果 = 数学

有关该函数的帮助(H) 确定 取消

图 5-118 MAX 函数参数设置

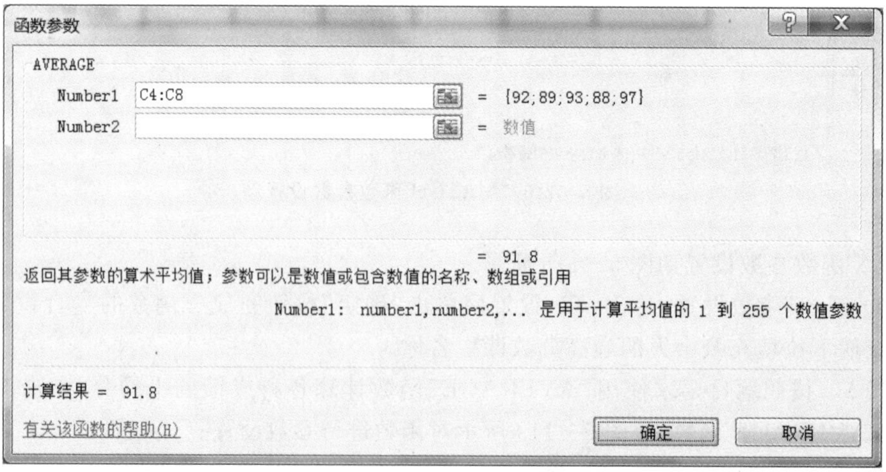

函数参数

AVERAGE

Number1 C4:C8 = {92;89;93;88;97}
Number2 = 数值

= 91.8

返回其参数的算术平均值；参数可以是数值或包含数值的名称、数组或引用

Number1: number1,number2,... 是用于计算平均值的 1 到 255 个数值参数

计算结果 = 91.8

有关该函数的帮助(H) 确定 取消

图 5-119 AVERAGE 参数设置

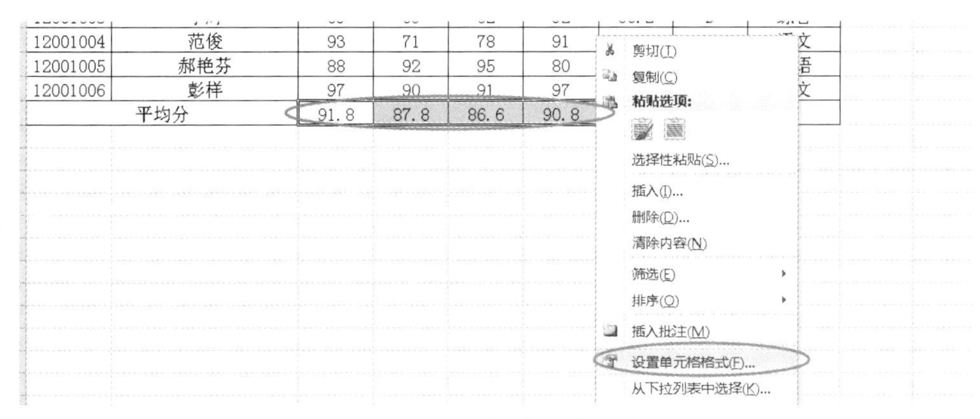

图 5 - 120　设置单元格格式

"小数位数"为 1,单击"确定"按钮完成设置,如图 5 - 121 所示。

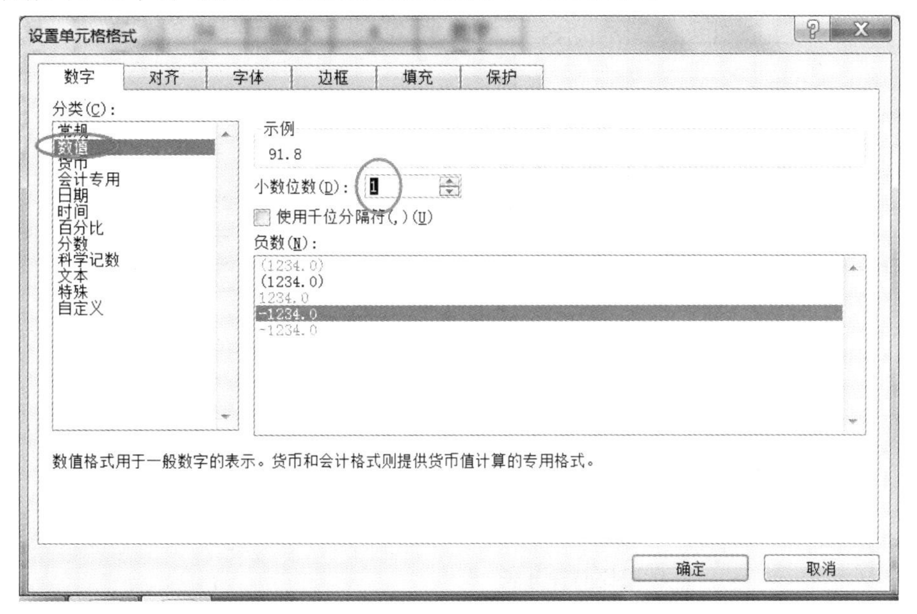

图 5 - 121　保留一位小数设置

题目最终参考样例如图 5 - 122 所示。

	A	B	C	D	E	F	G	H	I	J
1	成绩单									
2	学号	各科在总评中所占比例	30%	30%	20%	20%	总评	等级评分	最高分科目	
3	12001001	姓名	语文	数学	英语	综合				
4	12001002	李伟	92	97	87	94	92.9	A	数学	
5	12001003	李辉	89	89	82	92	88.2	B	综合	
6	12001004	范俊	93	71	78	91	83	C	语文	
7	12001005	郝艳芬	88	92	95	80	89	B	英语	
8	12001006	彭祥	97	90	91	97	93.7	A	语文	
9	平均分		91.8	87.8	86.6	90.8				
10										

图 5 - 122　最终样例

任务 2 综合练习 2

任务描述

现有一个如图 5 - 123 所示的歌唱比赛评分表，请按下列要求对表格进行设置，使之能迅速且客观地得出最终结果。

(1)在相应单元格内用 MAX 函数计算每名选手最高分，计算结果保留一位小数。

(2)在相应单元格内用 MIN 函数计算每名选手最低分，计算结果保留一位小数。

(3)在相应单元格内用 SUM 函数计算每名选手最终分数(最终分数=(6 位评委的分数之和－最高分－最低分)/4)，计算结果保留一位小数。

(4)根据最终分数，在相应单元格内用 RANK 函数计算每名选手的名次。

歌唱比赛评分表										
编号	评委						最高分	最低分	最终分数	名次
	1	2	3	4	5	6				
10001	9.0	8.8	8.9	8.4	8.2	8.9				
10002	5.8	6.8	5.9	6.0	6.9	6.4				
10003	8.0	7.5	7.3	7.4	7.9	8.0				
10004	8.6	8.2	8.9	9.0	7.9	8.5				
10005	8.2	8.1	8.8	8.9	8.4	8.5				
10006	9.6	9.5	9.4	8.9	8.9	9.5				
10007	9.2	9.0	8.7	8.3	9.0	9.1				
10008	8.8	8.6	8.9	8.8	9.0	8.4				
10009	5.8	6.2	5.7	6.0	5.7	5.8				

图 5 - 123 歌唱比赛评分表

操作步骤

步骤 1 选择 H4 单元格，插入 MAX 函数，计算出 6 个评委的最高分数，如图 5 - 124 所示，然后下拉填充算出其余选手的最高分数。

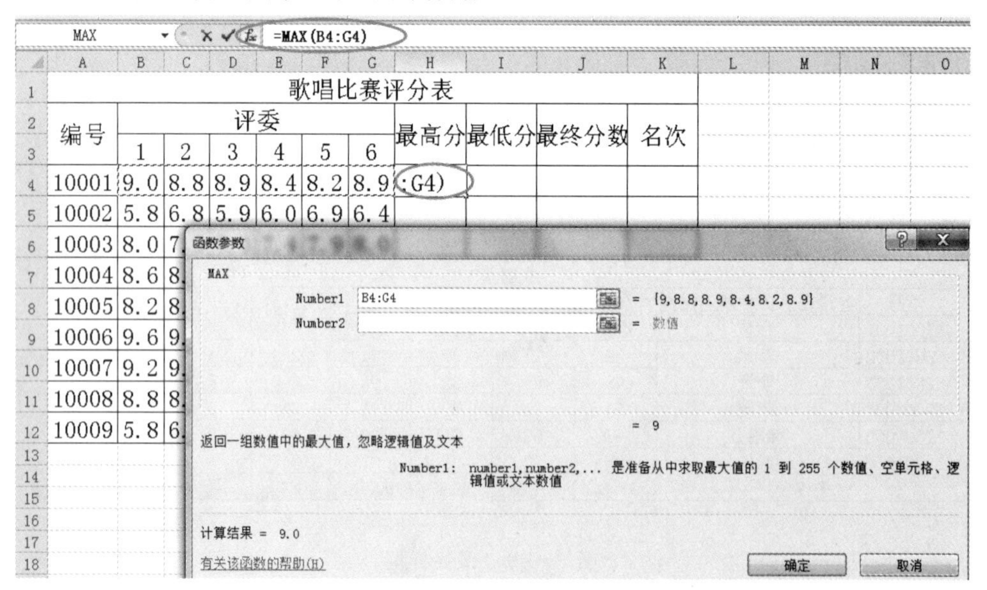

图 5 - 124 MAX 函数计算最高分

步骤2 选择I4单元格，插入MIN函数计算出6个评委的最低分数，如图5-125所示，然后下拉填充算出其余选手的最低分数。

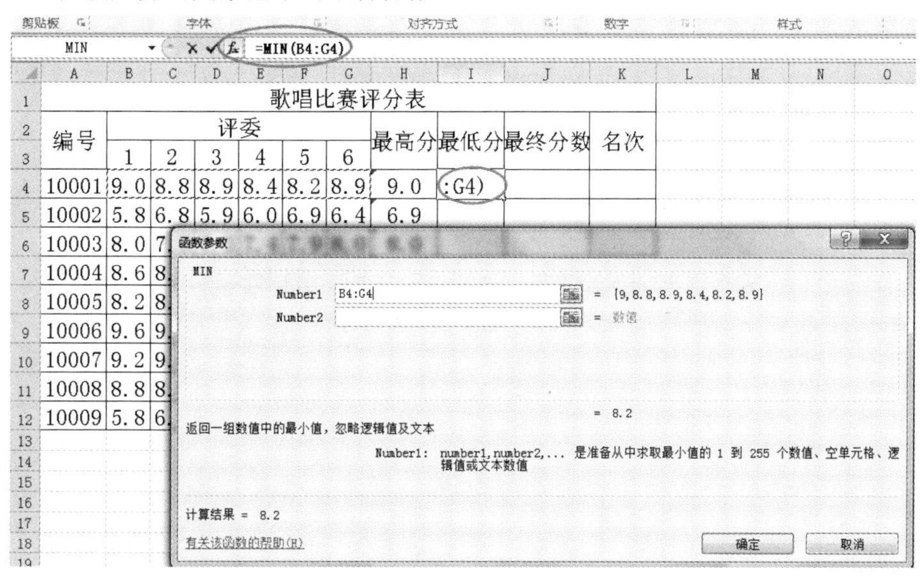

图5-125 MIN函数计算最低分

步骤3 选择J4单元格，在编辑区输入“=(SUM(B4:G4)-H4-I4)/4”计算出最终分数，如图5-126所示，然后下拉填充算出其余选手的最终分数。

MIN =(sum(B4:G4)-H4-I4)/4

	A	B	C	D	E	F	G	H	I	J	K
1	歌唱比赛评分表										
2	编号	评委						最高分	最低分	最终分数	名次
3		1	2	3	4	5	6				
4	10001	9.0	8.8	8.9	8.4	8.2	8.9	9.0	8.2	-I4)/4	
5	10002	5.8	6.8	5.9	6.0	6.9	6.4	6.9	5.8		

图5-126 计算最终分数

步骤4 选择K4单元格，使用RANK函数计算出名次，RANK函数参数设置如图5-127所示，然后下拉填充算出其余选手的名次。

函数参数

RANK

Number J4 = 8.75

Ref $J$4:$J$12 = {8.75;6.275;7.7;8.55;8.475;9.325;8.95

Order 0 = FALSE

= 4

此函数与 Excel 2007 和早期版本兼容。
返回某数字在一列数字中相对于其他数值的大小排名

Order 是在列表中排名的数字。如果为 0 或忽略，降序；非零值，升序

计算结果 = 4

有关该函数的帮助(H)

确定 取消

图5-127 RANK函数参数设置

歌唱比赛评分表最终完成结果参考样例如图 5－128 所示。

歌唱比赛评分表										
编号	评委						最高分	最低分	最终分数	名次
	1	2	3	4	5	6				
10001	9.0	8.8	8.9	8.4	8.2	8.9	9.0	8.2	8.8	4
10002	5.8	6.8	5.9	6.0	6.9	6.4	6.9	5.8	6.3	8
10003	8.0	7.5	7.3	7.4	7.9	8.0	8.0	7.3	7.7	7
10004	8.6	8.2	8.9	9.0	7.9	8.5	9.0	7.9	8.6	5
10005	8.2	8.1	8.8	8.9	8.4	8.5	8.9	8.1	8.5	6
10006	9.6	9.5	9.4	8.9	8.9	9.5	9.6	8.9	9.3	1
10007	9.2	9.0	8.7	8.3	9.0	9.1	9.2	8.3	9.0	2
10008	8.8	8.6	8.9	8.8	9.0	8.4	9.0	8.4	8.8	3
10009	5.8	6.2	5.7	6.0	5.7	5.8	6.2	5.7	5.8	9

图 5－128　最终结果参考样例

第 6 章 PowerPoint 演示文稿基础实验

实验概要

PowerPoint 是微软公司推出的图形展示软件包，是一款能够制作集文字、图形、图表、声音和视频于一体的多媒体演示软件。它广泛应用于新产品演示、公司介绍、现场报告及学校的多媒体课堂等场合，可以很方便地制作出一幅色彩艳丽、造型优美的画面来形象化地表达演讲者的观点，演讲的内容。这些画面即为组成"演示文稿"的"幻灯片"，它不仅可以在电脑上播放，还可以在 Internet 上发布和展示。

本章通过对 PowerPoint 的实际操作，使学生能系统完成演示文稿制作的完整步骤。4 项实验如下所列：

(1)素材及动画设置 1。掌握演示文稿的建立、编辑与格式化的基本操作，掌握更改幻灯片母版、版式、主题和背景的方法等。

(2)素材及动画设置 2。掌握在幻灯片中插入图片、表格、图表、音频和视频的方法。

(3)综合练习 1。掌握认识母版、配色方案和模板，使用幻灯片母版，更改配色方案，选择与编辑模板。

(4)综合练习 2。掌握幻灯片切换及动画效果制作，播放效果的设置，演示文稿的放映。掌握将演示文稿保存成视频文件。

实验 1　素材及动画设置 1

按照题目要求用 PowerPoint 创意制作演示文稿，直接用 PowerPoint 的保存功能存盘。

资料一：嫦娥工程；

资料二：绕月探测工程五大系统。

2007 年，中国将以一种前所未有的激情派使者出访月亮，使者是与一位与月宫仙女同名的新星——嫦娥一号，出发点是有"月亮女儿"美誉的西昌发射场。托举她的是中国航天人精心挑选的大力士长征三号甲运载火箭，护驾的还有为中国载人航天工程立下赫赫战功的航天测控网和国家天文台的观天"巨眼"。在北京一座布满计算机的宫殿里，人们将会查到嫦娥一号送回的探测数据。所有这些共同组成了嫦娥一号出访月亮的团队——绕月探测工程五大系统。

任务描述

- 第一页演示文稿:用资料一内容。
- 第二页演示文稿:用资料二内容。
- 演示文稿的模板、动画等自行选择。
- 自行设置每页演示文稿的动画效果。
- 制作完成的演示文稿整体美观,符合所给环境。

操作步骤

步骤1 为演示文稿选定模板。分别根据第一页和第二页内容来确定其模板,确定模板时,使用"格式"菜单下的"幻灯片版式"命令,在弹出的对话框中选择合适的版式。然后还可以通过"格式"菜单下的"幻灯片设计"命令,在弹出的对话框中选择合适的设置模板。

步骤2 对演示文稿的文字内容进行设置。应用"格式"菜单下的"字体"命令,对第一页演示文稿和第二页演示文稿中文字的字体、颜色及大小等属性进行相应设置。

步骤3 对每页演示文稿的动画效果进行设置。"动画"项→打开"高级动画"组中的"动画窗格",在右侧的"动画窗格"中打开对应对象的"效果选项",在弹出的对话框中对第一页演示文稿和第二页演示文稿中的图片或文字进行动画设置。

步骤4 根据题目给出的要求,我们可以看出完成的演示文稿不仅要美观,而且还要符合所给的环境,因此在制作演示文稿时可以根据所给的环境来确定各个元素的大小、颜色、背景及动画效果等。

实验2 素材及动画设置2

按照题目要求用 PowerPoint 创意制作演示文稿,用 PowerPoint 的保存功能直接存盘。

资料一:中国语言文字;

资料二:汉语。

汉语是我国使用人数最多的语言,也是世界上使用人数最多的语言,是联合国六种正式工作语言之一。我国除占总人口 91.59%的汉族使用汉语外,有些少数民族也转用或兼用汉语。现代汉语有标准语(普通话)和方言之分。普通话以北京语音为标准音、以北方话为基础方言、以典范的现代白话文作为语法规范。2000 年 10 月 31 日颁布的《中华人民共和国国家通用语言文字法》确定普通话为国家通用语言。

任务描述

- 演示文稿第一页:用资料一内容,字体、字号和颜色自行选择。
- 演示文稿第二页:用资料二内容,字体、字号和颜色自行选择。
- 自行选择幻灯片设计模板,并在幻灯片放映时有自定义动画的效果。
- 在幻灯片放映时幻灯片切换有美观的效果。
- 制作完成的演示文稿整体美观。

操作步骤

步骤1 选择合适的幻灯片设计模板。使用"格式"菜单下的"幻灯片设计"命令,在弹出的任务对话框中选择演示文稿一和演示文稿二的设计模板。

步骤2 对演示文稿的文字内容进行设置。使用"格式"菜单下的"字体"命令,对第一页演示文稿和第二页演示文稿中文字的字体、字号及颜色等属性进行相应的设置。

步骤3 设置幻灯片放映时的动画效果。"动画"项→打开高级动画组中的"动画窗格",在右侧的"动画窗格"中打开对应对象的"效果选项",在弹出的对话框中对第一页演示文稿和第二页演示文稿中的图片或文字进行动画设置。

步骤4 设置幻灯片切换时的美观效果。使用"切换"命令,在弹出的下拉列表中选择幻灯片切换时需要的美观效果。

步骤5 合理调节演示文稿中各元素的大小、颜色、背景、动画效果及幻灯片切换效果等,使整个演示文稿看起来美观、得体。

实验3 综合练习1

任务描述

制作如图6-1所示的演示文稿。

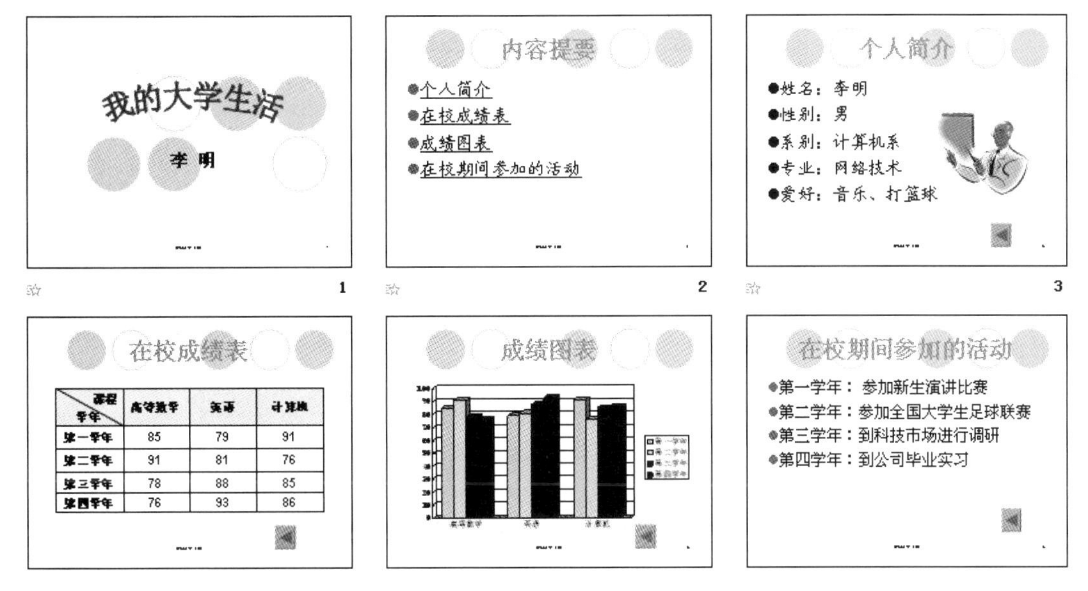

图6-1 "我的大学生活"演示文稿

操作步骤

步骤1 启动PowerPoint程序。

选择"开始"→"程序"→"Microsoft Office"→"Microsoft Office PowerPoint 2010"命令,即可打开PowerPoint编辑窗口。

步骤2 新建演示文稿。

选择"文件"→"新建"命令,在窗口右侧的任务窗格中选择"主题"选项,在列表中随机选择主题。

在窗口左侧的"大纲"窗格选中第一张幻灯片后,按Enter键可以依次产生5张新的幻灯片。

步骤 3 编辑第 1 张幻灯片(包含有艺术字、页脚、幻灯片编号)。

选择“插入”→“文本”→“艺术字”命令,选择一种艺术字样式,并编辑内容“我的大学生活”。

在副标题占位符中输入姓名“李明”。

单击“插入”→“文本”→“幻灯片编号”命令,在弹出的对话框(见图 6-2)中设置幻灯片编号和页脚信息。

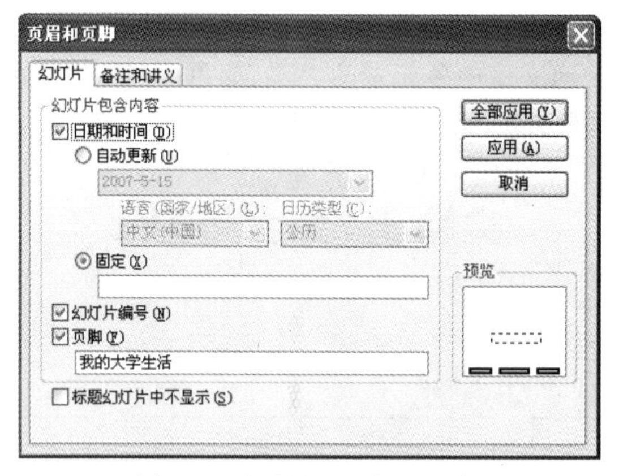

图 6-2 “页眉和页脚”对话框

步骤 4 编辑第 2 张幻灯片(包含项目符号、超级链接)。

输入标题,字体设置为宋体、54 号字、加粗、红色。在下方占位符中选定项目符号,在快捷菜单中选择“项目符号和编号”命令,在对话框中可以设置项目符号的颜色等。

输入项目内容,字体设置为楷体、40 号。

选定第一个项目内容,单击“插入”→“链接”→“超链接”命令,弹出“插入超链接”对话框(见图 6-3)。

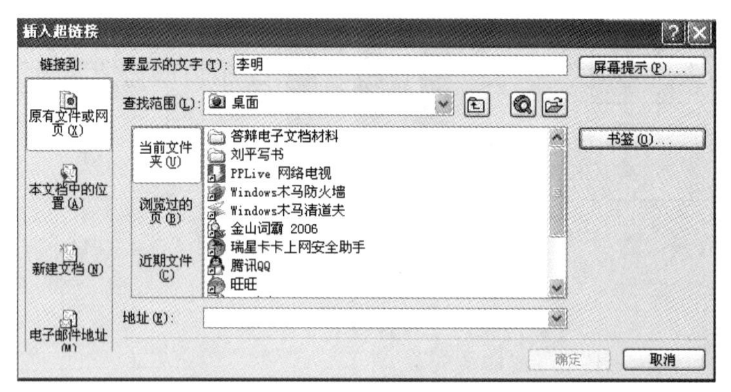

图 6-3 “插入超链接”对话框

单击“书签”按钮,弹出如图 6-4 所示的对话框,选择“幻灯片 3”,即创建了一个由“个人简介”到第 3 张幻灯片的超级链接。

参照上述步骤,依次创建第 2 张幻灯片中其余几个项目到第 4、第 5、第 6 张幻灯片的超级链接。

步骤 5 编辑第 3 张幻灯片(包括标题、项目符号、剪贴画、动作按钮)。

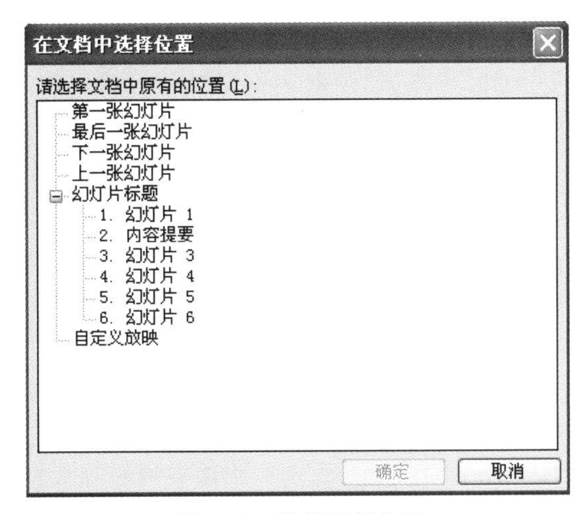

图 6－4　选择链接位置

输入标题和项目内容，并设置字体格式(同第 2 张幻灯片)。

选择“插入”→“图像”→“剪贴画”命令，在“剪贴画”任务窗格中搜索“学校”，在搜索结果中随机选择一张剪贴画。

选择“插入”→“形状”→“动作按钮”命令，在按钮列表中选择“后退”类型，然后在幻灯片的合适位置拖动鼠标即出现了一个动作按钮，同时弹出“动作设置”对话框(见图 6－5)，设置动作为超级链接到第 2 张“内容提要”幻灯片。

动作设置
单击鼠标　鼠标移过
单击鼠标时的动作
无动作(N)
超链接到(H):
内容提要
运行程序(R):
浏览(B)...
运行宏(M):
对象动作(A):
播放声音(P):
[无声音]
单击时突出显示(C)
确定　取消

图 6－5　按钮动作设置

双击动作按钮，打开“设置自选图形格式”对话框，可以设置按钮的颜色等。

步骤 6　编辑第 4 张幻灯片(包括表格、动画)。

选择“开始”→“幻灯片”→“版式”命令，在任务窗格中选择“标题和内容”版式。

输入标题“在校成绩表”，并设置字体格式。

在内容占位符位置选择“插入表格”按钮，在弹出的对话框中设置为 5 行、4 列，创建表格。

在“表格工具”工具栏“设计”中单击“绘制表格”按钮，然后在表格左上角的单元格内画斜线，输入表头和其他单元格的内容。

单击“布局”中“排列”组中的“对齐”命令，选择“左右居中”，使单元格居中对齐。

选择表格占位符，为表格的出现设置了一个进入时的动画形式。

参照第3张幻灯片中动作按钮的操作方法，为此张幻灯片添加一个同样的按钮。也可以直接将第3张幻灯片中的动作按钮复制过来。

步骤7 编辑第5张幻灯片（包括标题、图表、动作按钮）。

选择“开始”→“幻灯片”→“版式”命令，在任务窗格中选择“标题和内容”版式。

输入标题“成绩图表”，并设置字体格式。

在内容占位符选择“插入图表”按钮，出现一个图表模板和数据表，更改数据表中的数据，使其与第4张幻灯片表格中的数据一致，然后关闭数据表。

参照以前的方法为此张幻灯片添加动作按钮。

步骤8 编辑第6张幻灯片（包括标题、项目清单、动画、动作按钮）。

输入标题和项目内容，并设置字体的格式。

选定第一项内容，设置进入动画效果。

用同样的方法为以下几项内容设置进入动画效果。

在幻灯片右下角添加动作按钮，使其能链接返回到第2张幻灯片。

步骤9 为演示文稿中的幻灯片设置切换方式。

选择“切换”选项卡→在下拉列表中随机选择切换效果，设置声音为“无声音”效果，单击“应用于所有幻灯片”按钮。

步骤10 保存演示文稿。

选择“文件”→“保存”命令，将演示文稿命名为“my.pptx”并保存。

实验4 综合练习2

任务描述

- PPT总页数不少于8页，能清晰地表达你创作它所要传递的含义。
- 能够运用模板或主题创建。
- 在第2页中运用超链接与后面的对应页相链接。
- 整个演示文稿中的各页要包含至少3种不同版式。
- 整个演示文稿中至少要插入1幅图片（并进行美化）、1个音频文件（能跨页播放）、1个SmartArt图形（样式任选）、3个形状（任选）。
- 整个演示文稿中要有3种以上不同的动画。
- 整个演示文稿中的各页要有不同的切换效果。
- 录制并保留“排练计时”（总长不超过1分钟），然后在“幻灯片放映”选项卡“设置幻灯片放映”项中，切换三种不同的放映方式，观察其特点与区别。
- 将该演示文稿保存成视频文件，（文件→保存并发送→创建视频，注意选择为“便携式设备”+“使用录制的计时和旁白”），然后将文件重命名为自己的学号。

操作步骤

步骤1 解压缩RAR文件压缩包“ppt实验1.rar”，具体步骤略。

步骤2 找到文件夹下的“计算机系统分类.potx”文件，观察该文件是什么类型的文件；打开文件，将首页版式修改为“图片与标题”，修改方法“开始”→“幻灯片”→“版式”或者在幻灯片上右击，在弹出的快捷菜单中选择“版式”项，弹出“版式”面板，如图6-6所示。

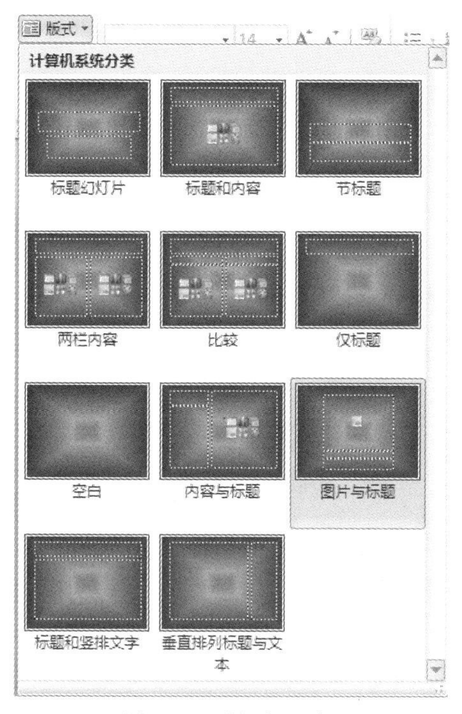

图6-6 “版式”面板

步骤3 在标题处输入“计算机系统分类”，字体设置为“华文中宋”，大小“44”，“加粗”；图片处插入图片“世界上第一台计算机.jpg”，选中该图片，在上下文选项卡“图片工具”→“格式”→“图片样式组”中选择一种样式，例如“柔滑边缘矩形”，如图6-7所示。

图6-7 图片样式

步骤4 选中该图片，“动画”选项卡→“动画组”→选择“淡出”，在“高级动画”组打开“动画窗格”，如图6-8所示。

在动画窗格单击向下箭头，选择“效果选项”→“计时”，选择“单击时”和“非常快(0.5秒)”，如图6-9所示。

图 6-8　动画窗格

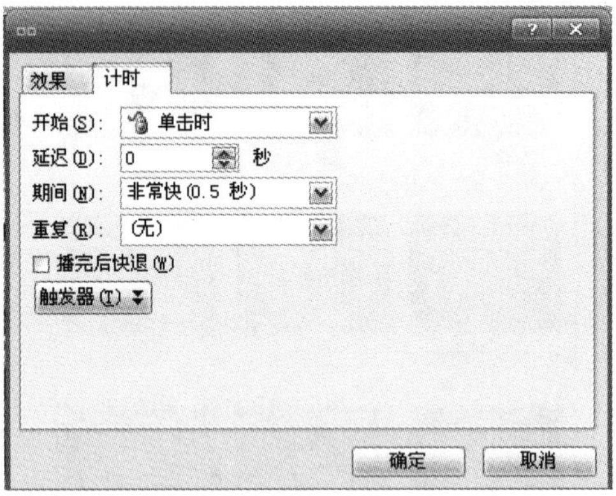

图 6-9　效果选项

步骤 5　插入音频文件“christine_fan - dearest_you. mp3”,“音频工具”→“播放”→在音频选项中选中“跨幻灯片播放”“循环播放,直到停止”中“放映时隐藏”复选框,如图 6-10 所示。

图 6-10　音频选项

单击“文件”→“另存为”,存为 pptx 文件,文件名使用“学号姓名 PPT 实验. pptx”。

插入新幻灯片,方法“开始”→“新建幻灯片”,或者使用快捷键“Ctrl+M”,将版式修改为“空白”,如图 6-11 所示。

步骤 6　插入 SmartArt 对象,“插入”→“SmartArt”,弹出“SmartArt”对话框,选择“层次结构”里面的“水平多层层次结构”,如图 6-12 所示。

弹出“在此键入文字”面板,按照图 6-13 图输入内容,输入好以后点左侧小三角收起。

修改 SmartArt 样式。拉动 SmartArt 对象边框,调整增大显示面积;在“SmartArt 工具”→“设计”→“SmartArt 样式组”单击向下箭头,选择“砖块场景”项,如图 6-14 所示。

选择“更改颜色”→“彩色→彩色范围→着色 5 至 6”项,如图 6-15 所示。

步骤 7　选择“计算机系统分类”,“开始”→“段落”→“文字方向”→“所有文字旋转 90 度”,如图 6-16 所示。

设置字体为“华文琥珀”,调整大小合适为准,其他字体同样调整;将对象整体加入动画

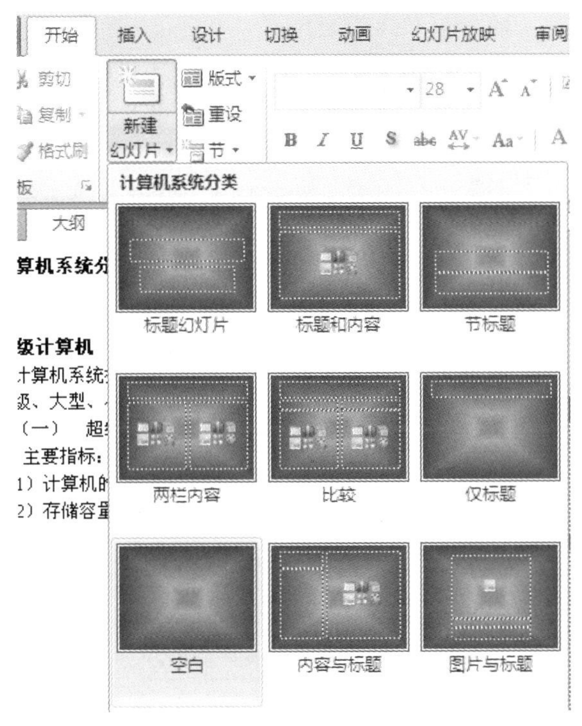

图 6 - 11　插入新幻灯片

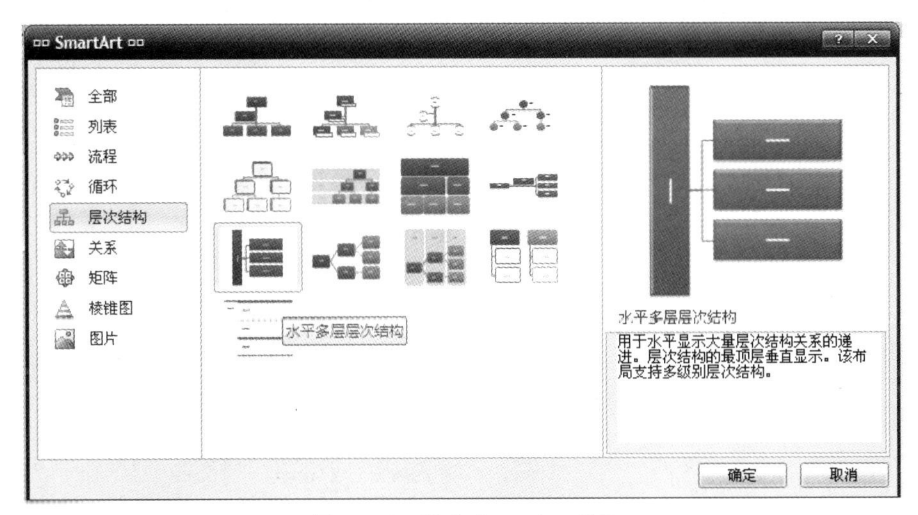

图 6 - 12　插入 SmartArt 对象

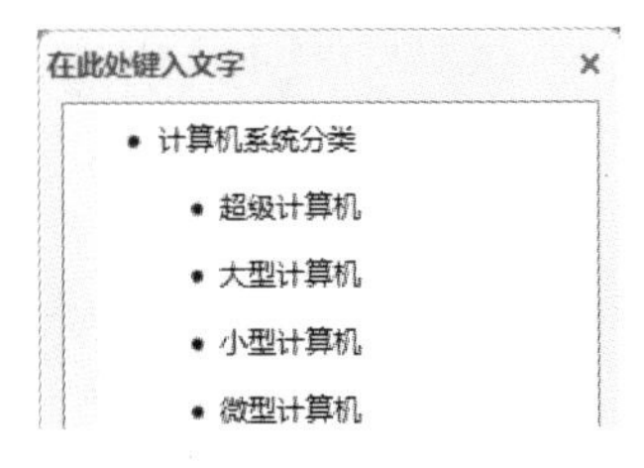

图 6 - 13　输入内容

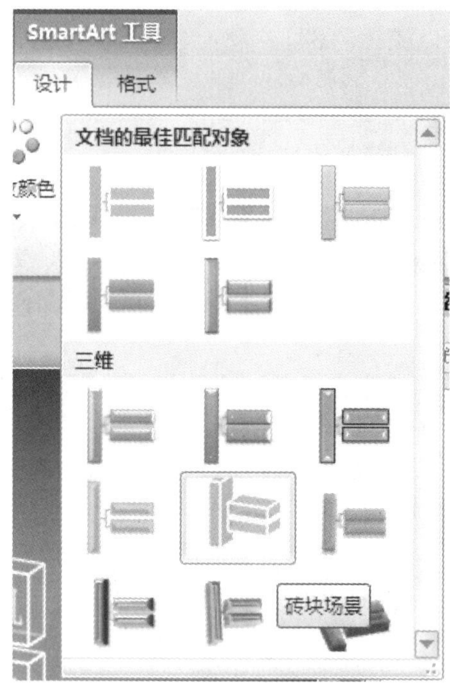

图 6-14 修改 SmartArt 样式

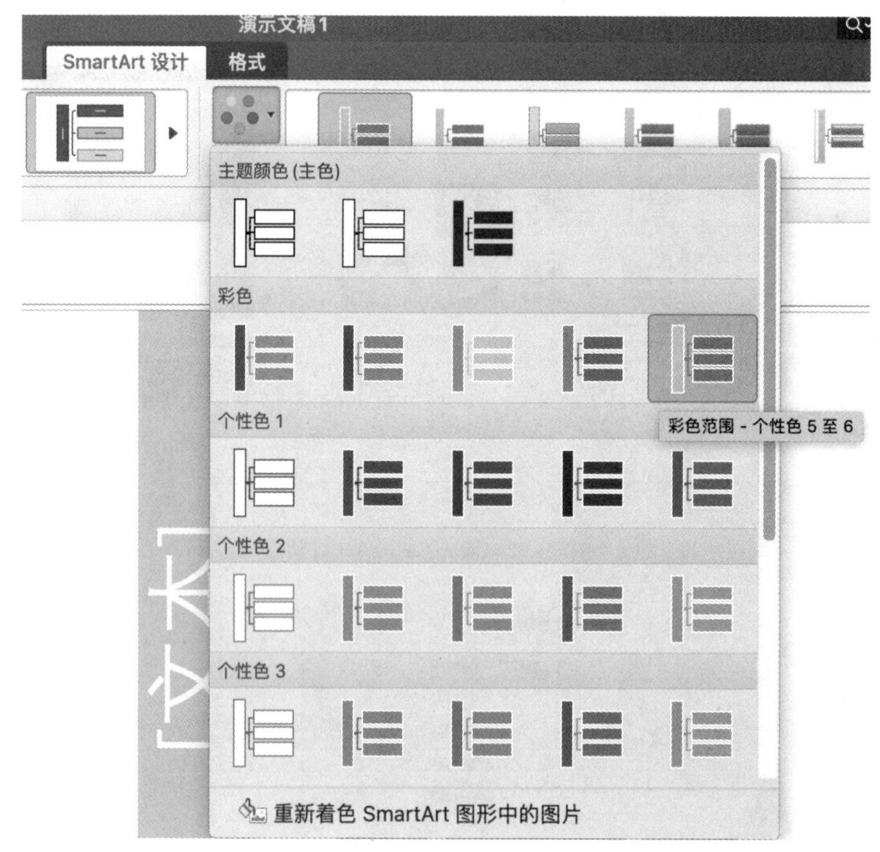

图 6-15 更改颜色

图 6－16 文字旋转

"随机线条",如图 6－17 所示。

图 6－17 插入动画

步骤 8 新建幻灯片,版式设置为"两栏内容",如图 6－18 所示。

标题输入"超级计算机""华文彩云,54";左侧栏输入文档"计算机系统分类.doc"里面(一)的内容,字号大小 26,段落调整如图 6－19 所示;去掉(1)(2)的项目符号;注意行距设置为 0.8。

右侧栏插入图片"超级计算机.jpg",调整大小,加入"动画"→"强调"→"跷跷板";

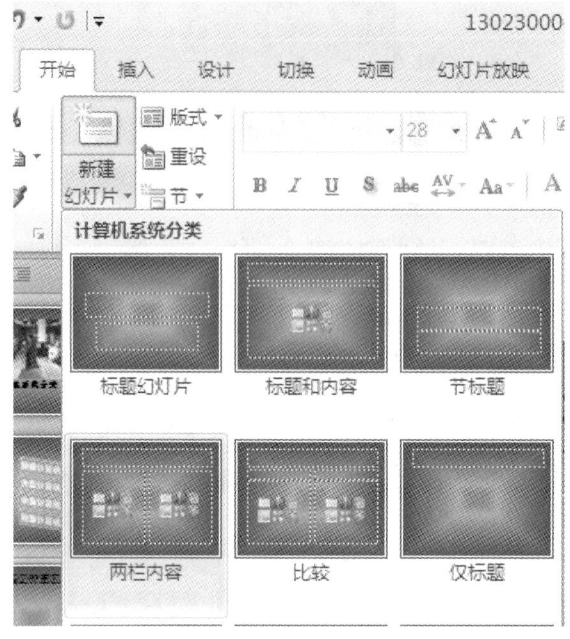

图 6－18　新建幻灯片版式

图 6－19　段落

步骤 9　插入幻灯片，版式“两栏内容”，标题输入“大型计算机”“华文彩云，60”；左侧栏输入文档“计算机系统分类.doc”里面（二）的内容，字号大小 26，段落调整见图 6－19；去掉（1）（2）的项目符号；右侧栏插入图片“大型计算机.jpg”，调整大小，加入“动画”→“进入”→“旋转”。

步骤 10　插入幻灯片，版式“两栏内容”，标题输入“小型计算机”“华文彩云，54”；左侧栏输入文档“计算机系统分类.doc”里面（三）的内容，字号大小 24，段落调整见图 6－19；去掉（1）（2）（3）的项目符号；右侧栏插入图片“小型计算机.jpg”，调整大小，加入“动画”→“进入”→“缩放”。

步骤 11　插入幻灯片，版式“两栏内容”，标题输入“微型计算机”“华文彩云，54”；左侧栏输入文档“计算机系统分类.doc”里面(四)的内容，字号大小28，段落调整见图6-19；去掉(1)(2)的项目符号；右侧栏插入图片“微型计算机.jpg”，调整大小，加入“动画”→“进入”→“飞入”。

步骤12 回到第2张幻灯片，为每一个分类添加超链接，链接到对应的幻灯片；最后，插入幻灯片，版式“空白”，插入艺术字“谢谢”，在“绘图工具”→“格式”里面自行设计艺术字格式，例如“形状样式”→“艺术字样式”等。

步骤13 插入幻灯片，版式选择“仅标题”，标题输入“发展趋势”，字体“华文彩云”，大小60；左边插入竖排文本框，输入“超级计算机大型化”，字体“宋体”，字号大小40；选择“开始”→“绘图”→“直线”，按住鼠标左键在任意位置画三条线(2010版本用“插入”→“形状”→“线条”画直线)；再插入竖排文本框，输入“微型计算机多核化”，“动画”→“动作路径”→“循环”，设置动画效果。

步骤14 保存此演示文稿，将视图切换到幻灯片浏览视图，在“切换”选项卡中为每一个幻灯片设置切换效果；录制并保留“排练计时”(总长不超过1分钟)，然后在“幻灯片放映”选项卡“设置幻灯片放映”中，切换三种不同的放映方式，观察其特点与区别。

步骤15 将该演示文稿保存成视频文件，(选择“文件”→“保存并发送”→“创建视频”，注意选择为“便携式设备”+“使用录制的计时和旁白”)，如图6-20所示，然后将文件重命名为自己的学号。

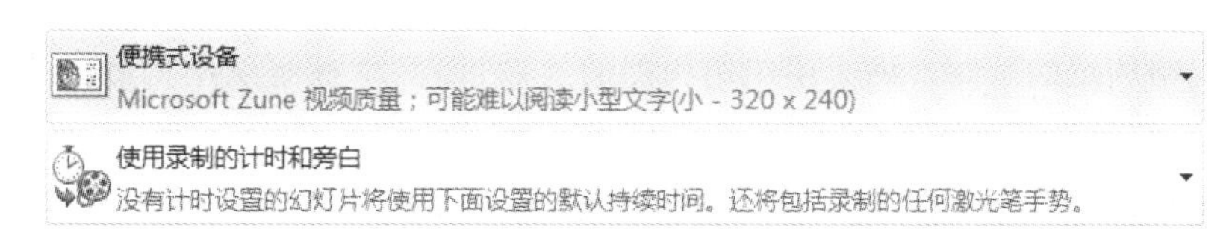

图6-20 创建视频

第 7 章 Visio 图形设计与制作基础实验

实验概要

Microsoft Office Visio 是 Office 软件系列中负责绘制流程图以及其他图像的软件，使用其可以对系统和流程进行可视化处理、分析和交流。通过 Visio 2016 中的模板，用户可以快速创建具有专业外观的图表，以便理解、记录和分析信息、数据、系统和过程。

本章结合不同绘图类型的制作过程，以加深学生对 Visio 软件的理解和使用。3 项实验如下：

(1)组织结构图的绘制。熟悉组织结构图的绘制过程，掌握组织结构图的创建、形状的添加、关系的建立、标题的添加等操作。

(2)网络拓扑图的绘制。熟悉网络拓扑图的绘制过程，掌握网络拓扑图的创建，形状的添加，连接线的设置，背景、边框、标题的设置等操作。

(3)办公室布局图的绘制。熟悉布局图的绘制过程，掌握布局图的创建、页面的设置、文字说明的添加等操作。

实验 1　组织结构图的绘制

实验目的

通过本次实验操作，主要掌握组织结构图的绘制过程。例如，组织结构图的创建、形状的添加、关系的建立、标题的添加等操作。

任务描述

新建一个组织结构图，添加不同形状，建立公司各职级之间的隶属关系，最后要求附上公司的名称及日期，完成后的结果如图 7 - 1 所示。

操作步骤

步骤 1　启动 Visio。在“选择绘图类型”窗口的“类别”下，单击“组织结构图”，如图 7 - 2 所示。

步骤 2　从“组织结构图形状”中，将“高管”形状拖到绘图页上，并且在“形状”中选择“绑定”样式。进入“设计”菜单，将主题设置为“云”，将变体设置为“变量 2”，双击形状，可以

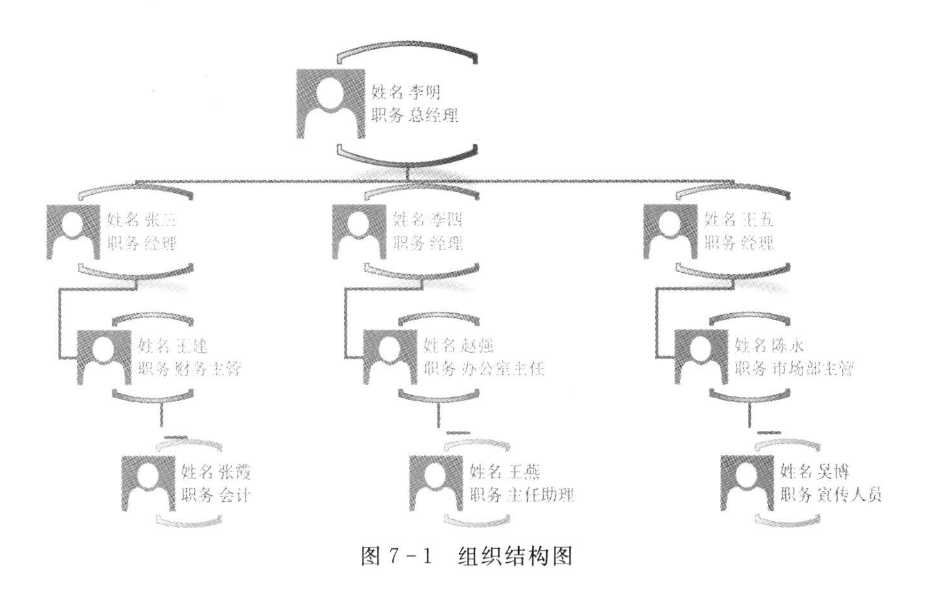

图 7－1 组织结构图

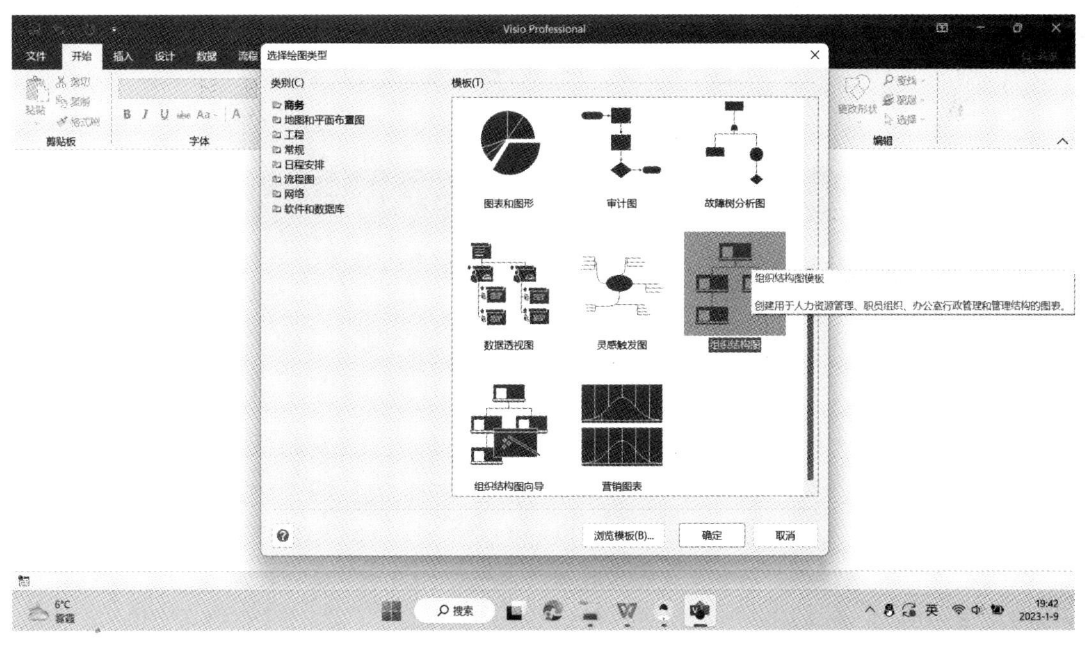

图 7－2 选择绘图类型

修改框内内容，并可以对字体大小、颜色、格式进行调整。完成结果如图 7－3 所示。

步骤 3 将“经理”形状直接拖到“行政人员”形状上。Visio 会将“经理”形状放在“行政人员”形状下方，并在它们之间添加一条连接线建立隶属关系，重复这个过程添加更多经理形状。双击“经理”形状，修改框内内容，完成结果如图 7－4 所示。

步骤 4 要在经理及其下属间建立关系，请将“职位”形状拖到“经理”形状上。重复这个过程添加更多职员。双击“职位”形状，修改框内内容，完成的结果如图 7－5 所示。

步骤 5 要在两个职位间建立第二个隶属关系，将“助理”形状拖到“职位”形状下方，并将“虚线报告”形状拖到绘图页上。将连接线的一个端点拖到“职位”形状上，然后将另一个

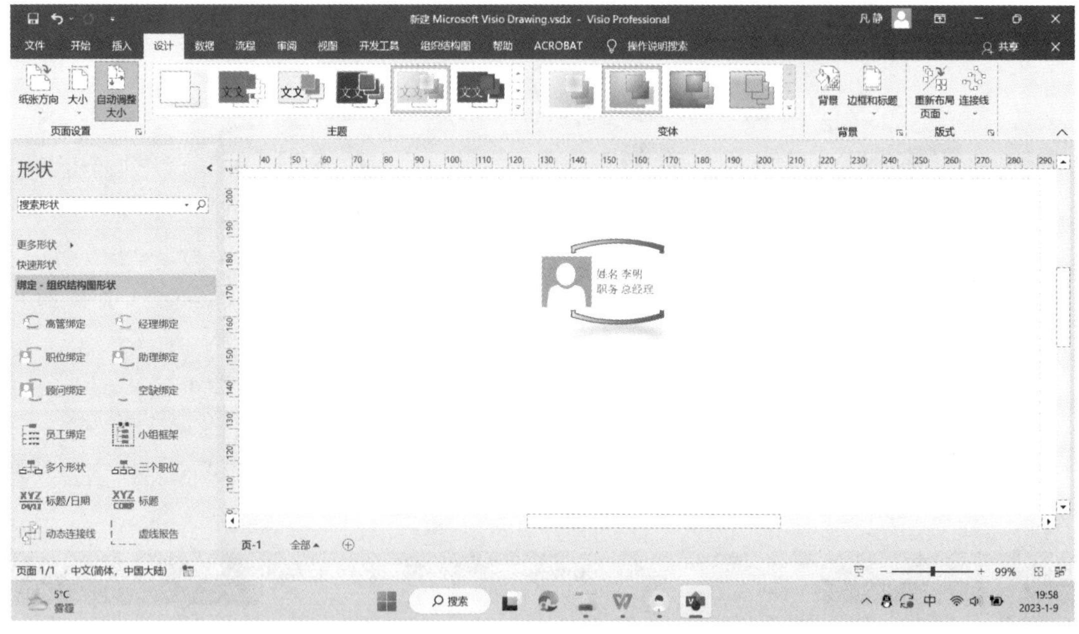

图 7-3　创建形状

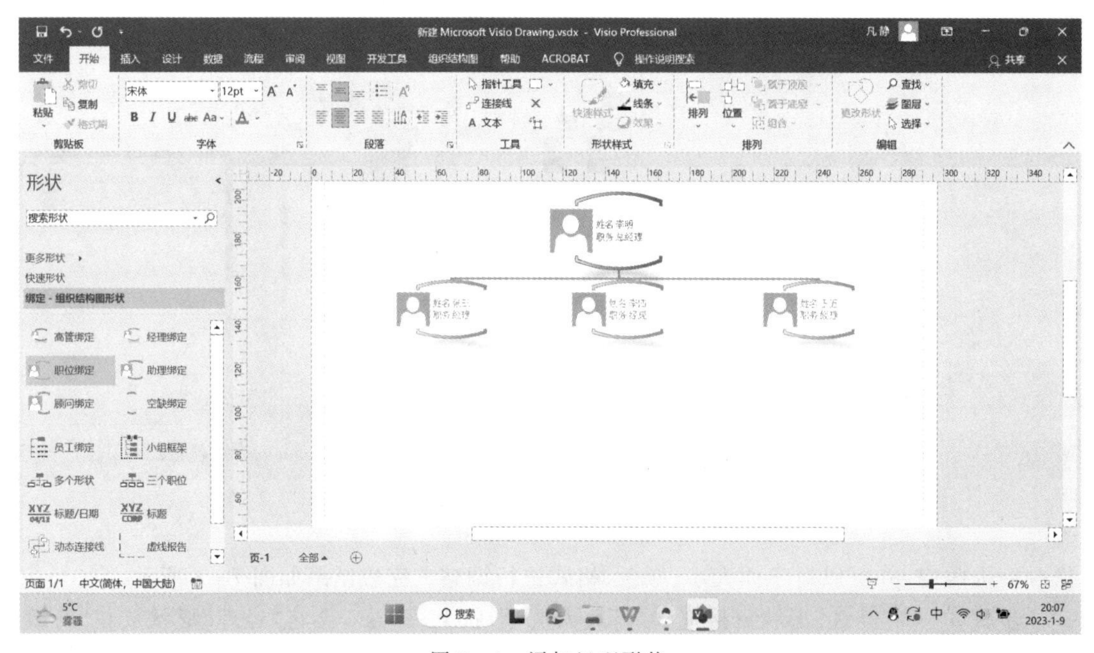

图 7-4　添加经理形状

端点拖动到“助理”形状上，如图 7-6 所示。

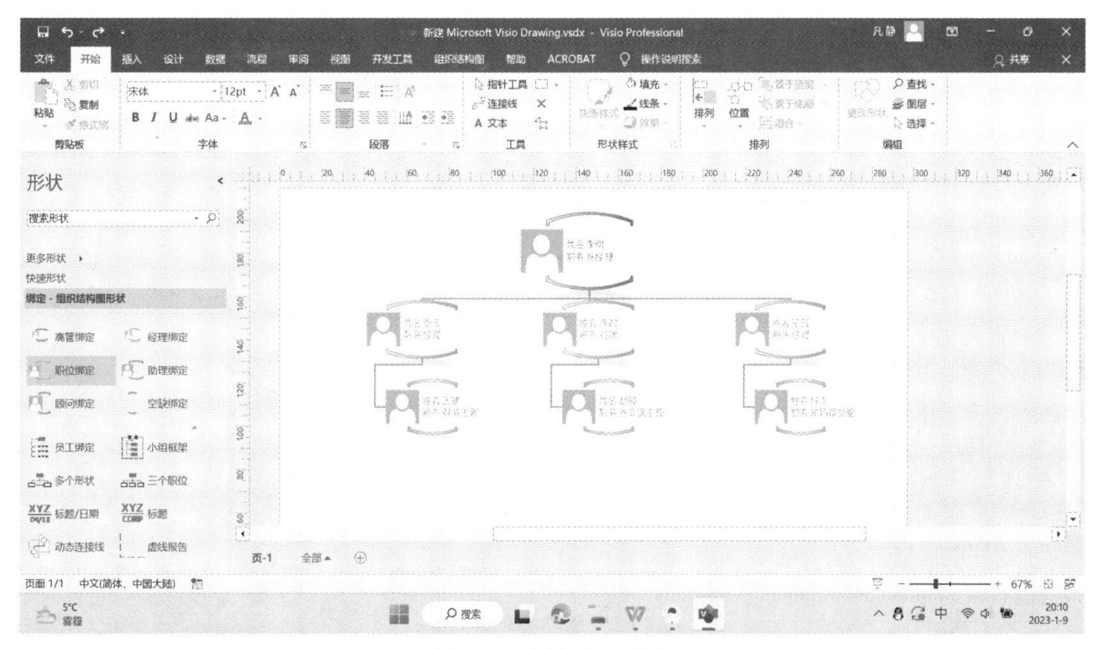

图 7-5　添加员工形状

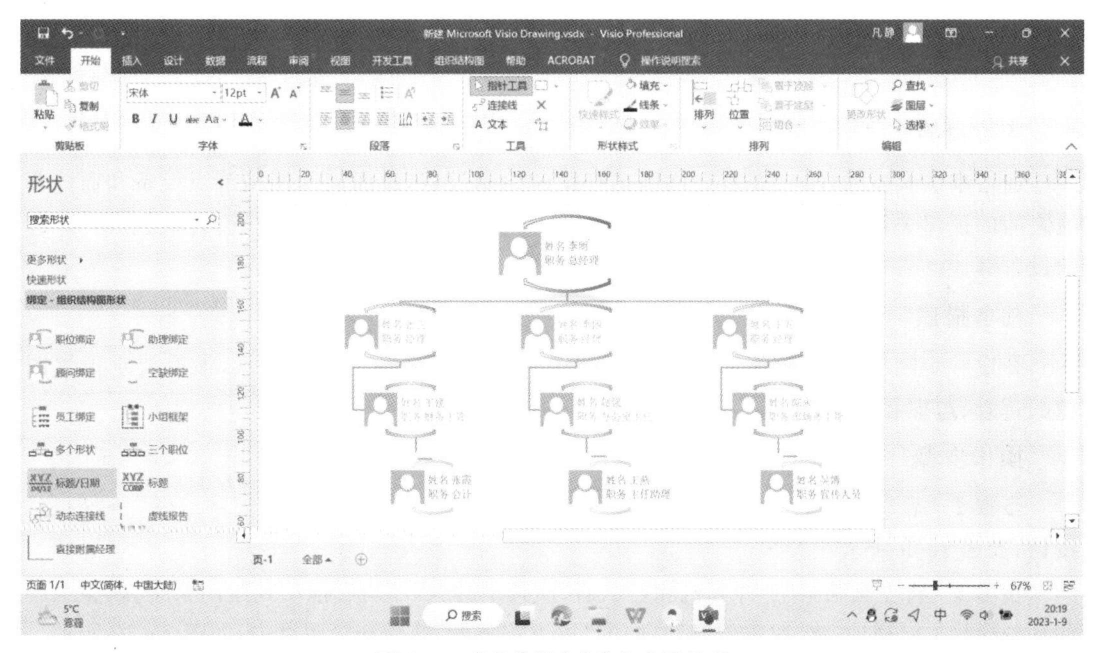

图 7-6　“虚线报告”建立隶属关系

步骤 6　添加“标题/日期”形状至页面，如图 7-7 所示。

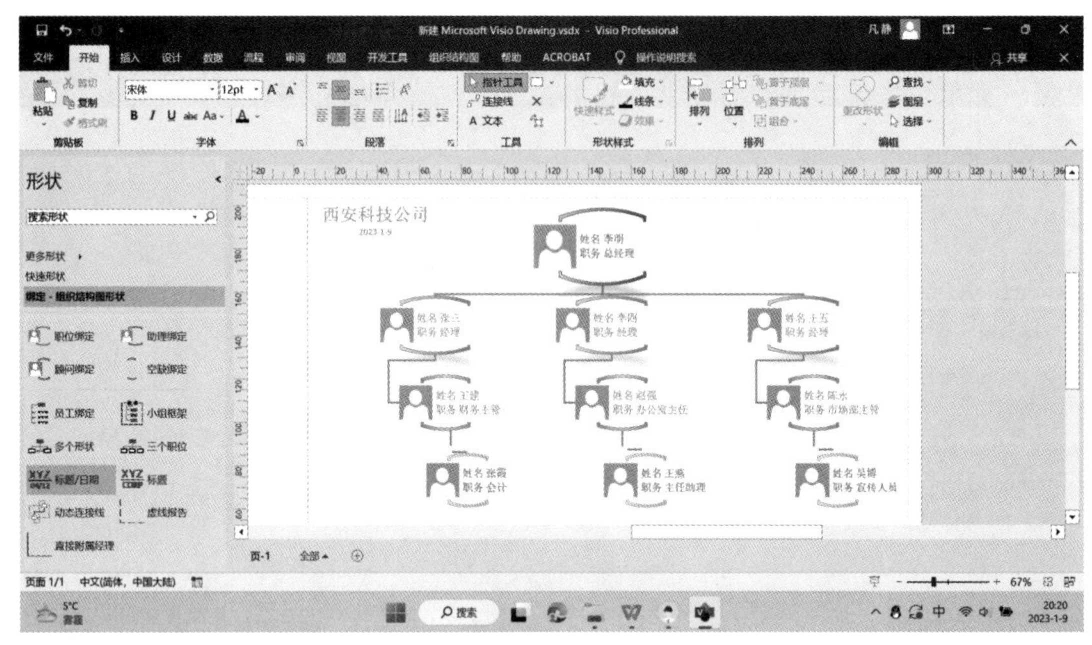

图 7-7　添加标题及日期

实验 2　网络拓扑图的绘制

实验目的

通过本次实验操作，主要掌握网络拓扑图的绘制过程，进而展示网络节点设备和通信介质之间的逻辑关系。例如，网络拓扑图的创建，形状的添加，连接线的设置，背景、边框、标题的设置等。

任务描述

新建一个网络拓扑图，添加不同形状，建立网络设备之间的连接关系，最后要求设置图像的背景、边框和标题，完成后的结果如图 7-8 所示。

操作步骤

步骤 1　启动 Visio。在“选择绘图类型”窗口的“类别”下，单击“详细网络图”→“确定”按钮，如图 7-9 所示。

步骤 2　将左侧菜单中“计算机和显示器”模具中的“PC 形状”拖动到绘图页中，调整大小并复制形状。同样地，将“服务器”模具中的“Web 服务器”拖动到绘图页中，如图 7-10 所示。

步骤 3　选择“连接线”，绘制直线连接各个形状。在“快速样式”中选择“线条”，在弹出的面板中设置“粗细”为 1pt，“箭头”选择无箭头方式，如图 7-11 所示。

步骤 4　利用上述方法，添加其他形状。将“计算机和显示器”模具中的“终端”形状和“笔记本电脑”形状、“服务器”模具中的“Web 服务器”形状、“网络位置”模具中的“云”形状、“网络和外设”模具中的“防火墙”形状、“网络位置”模具中的“建筑物”拖动到绘图页，并绘制直线连接各个形状，绘制后的拓扑图基本雏形如图 7-12 所示。

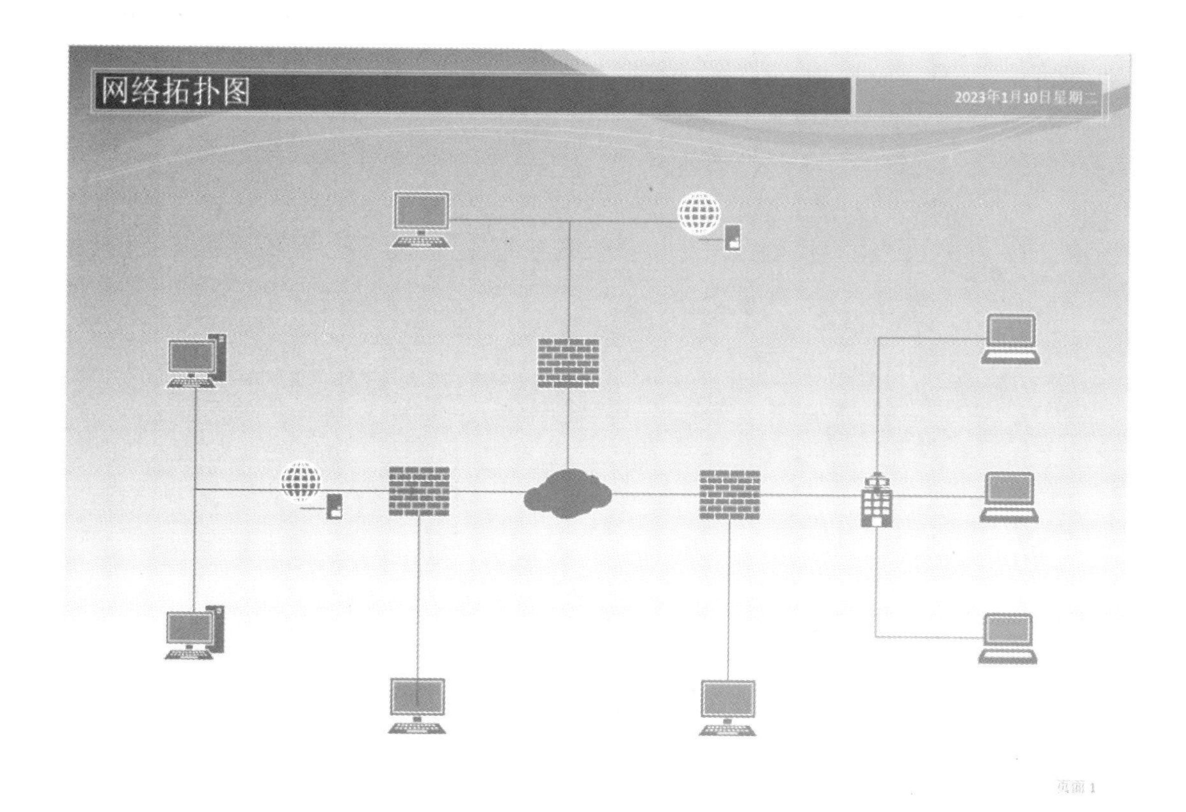

图 7-8 网络拓扑图

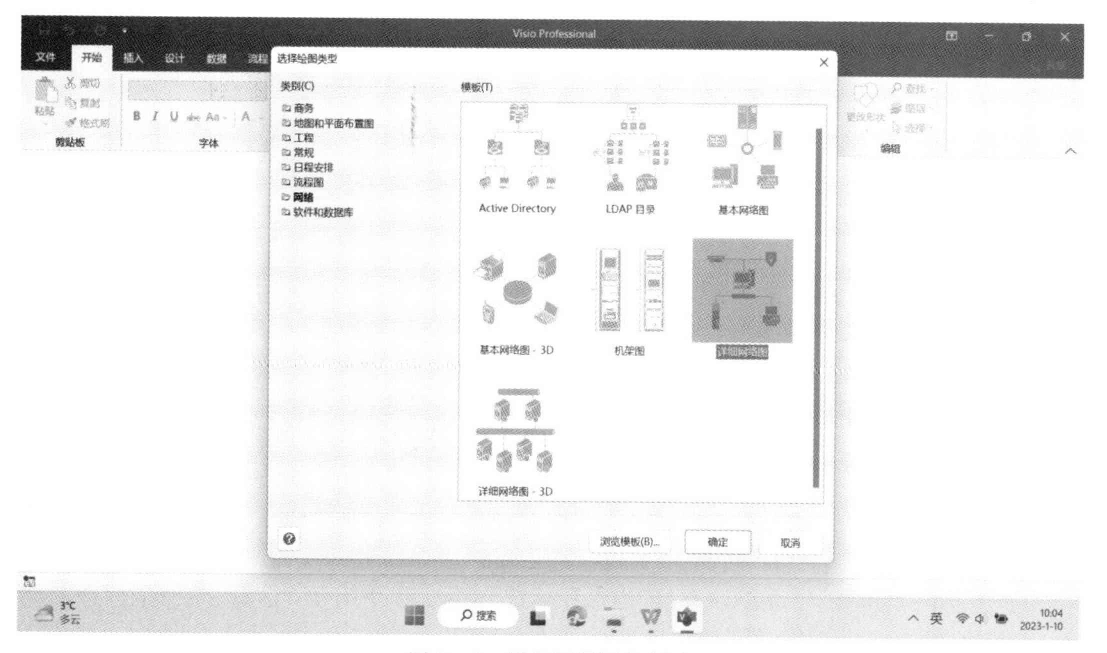

图 7-9 详细网络图的创建

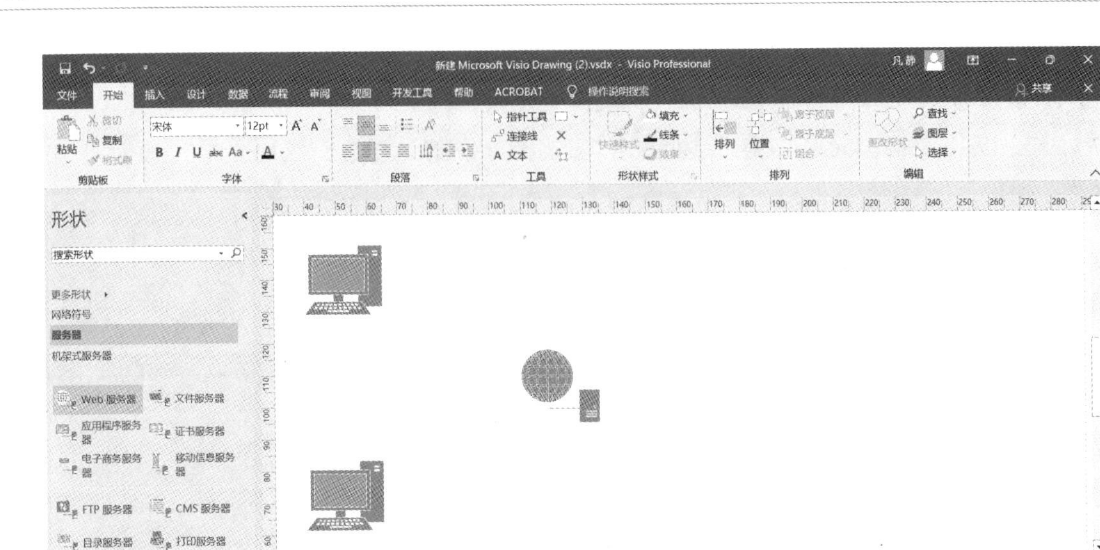

图 7-10　添加 PC 形状以及服务器形状

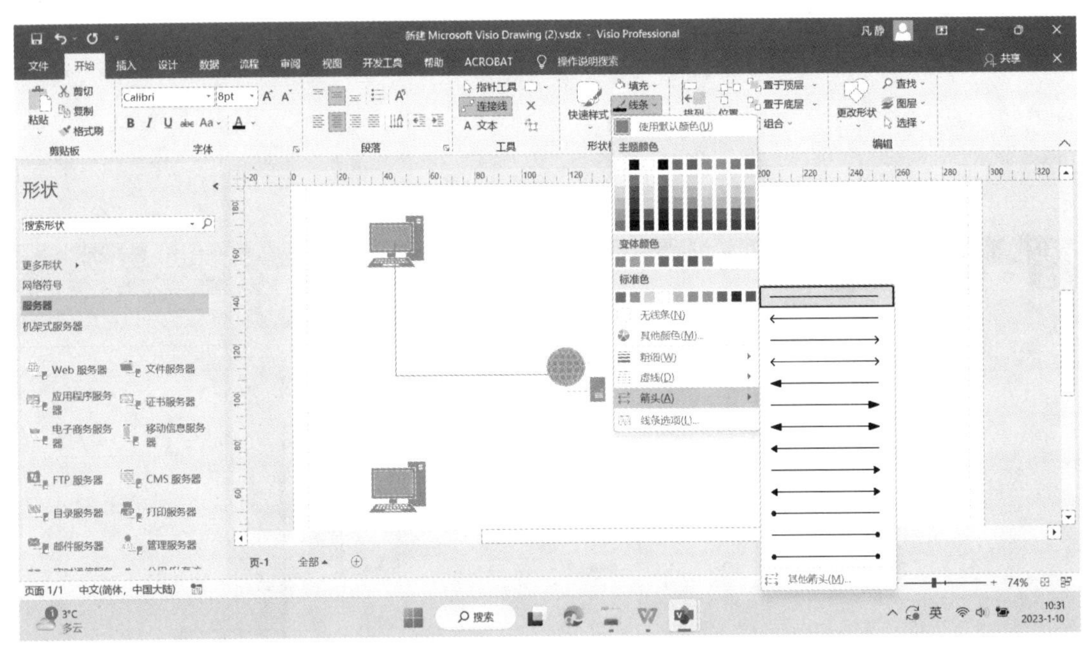

图 7-11　设置连接线属性

步骤 5　选择“设计”菜单栏下的“背景”命令，选择“溪流”命令，为网络拓扑图添加背景效果，如图 7-13 所示。

步骤 6　选择“设计”菜单栏下的“边框和标题”命令，选择“平铺”命令，为网络拓扑图添加边框。

步骤 7　在“背景-1”绘图页中输入标题名称“网络拓扑图”。绘制后的拓扑图如图 7-14 所示。

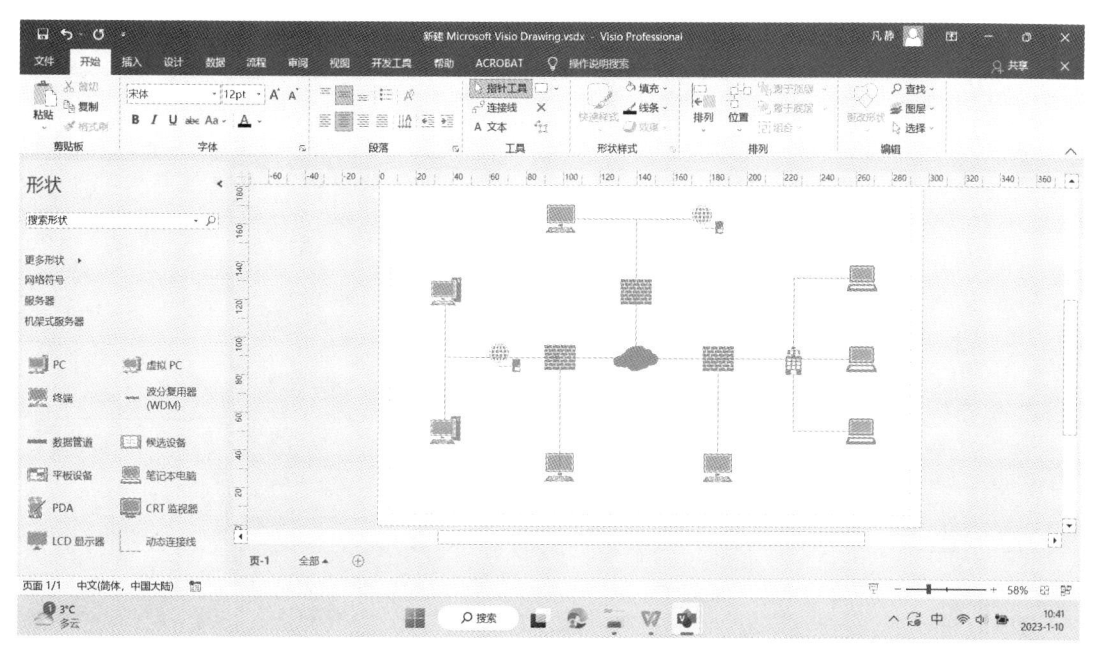

图 7－12　网络拓扑图基本雏形

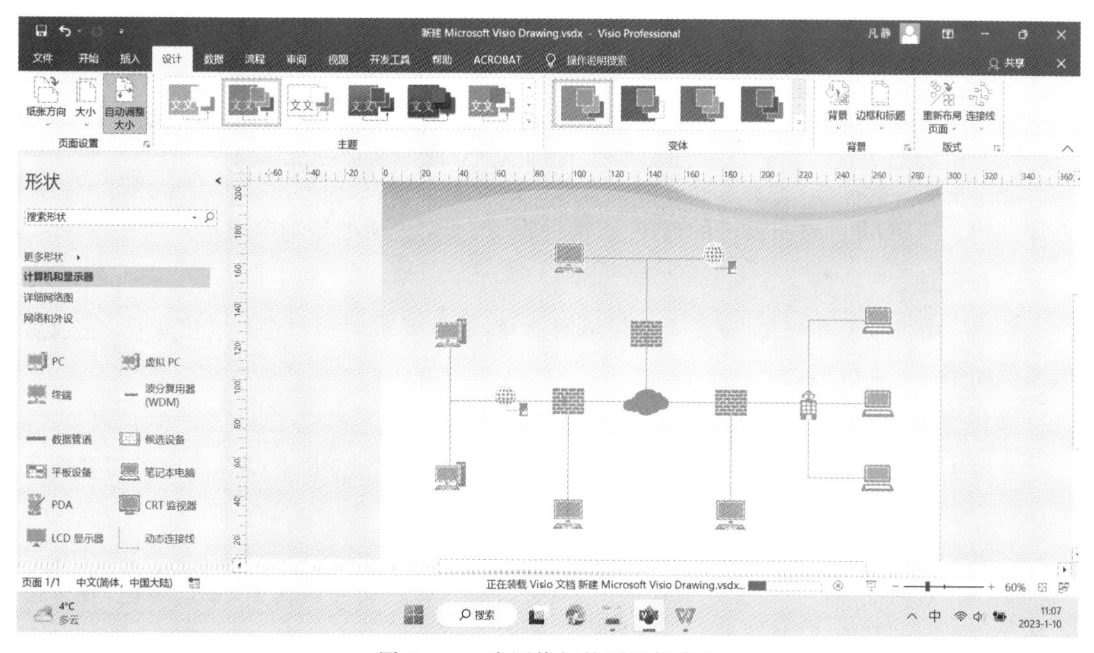

图 7－13　为网络拓扑图添加背景

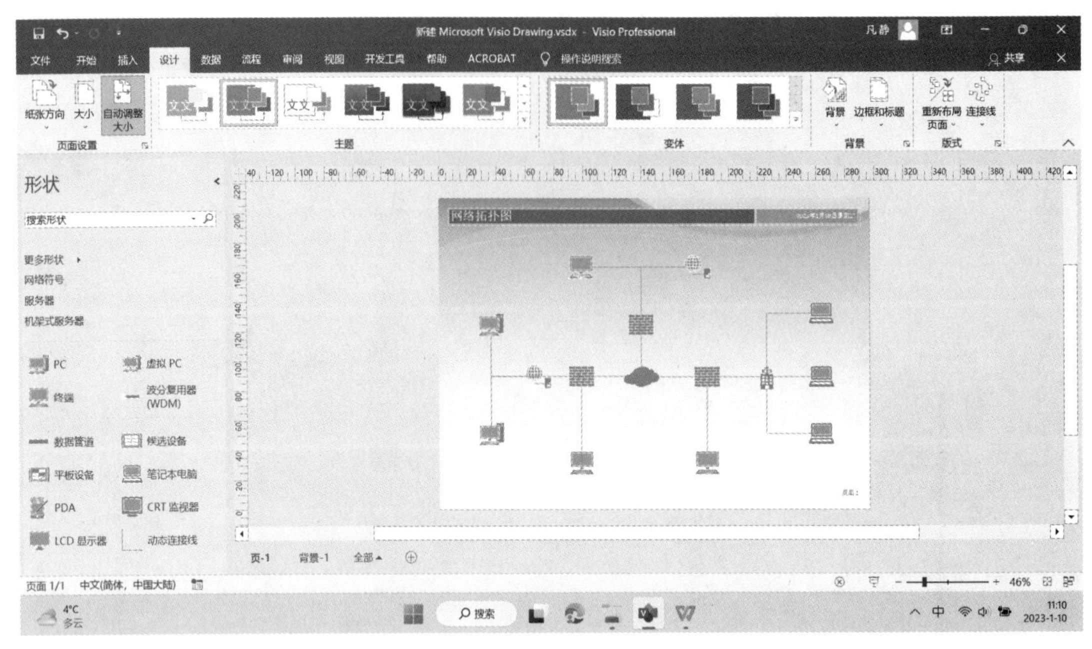

图 7－14　绘制后的网络拓扑图

实验 3　办公室布局图的绘制

实验目的

通过本次实验操作，主要掌握办公室布局图的绘制过程，从而展示了办公室内部的整体设计结构。例如，办公室布局图的创建、页面的设置、文字说明的添加等操作。

任务描述

新建一个办公室布局图，按要求添加不同形状，最后要求对图像进行文字说明，完成后的结果如图 7－15 所示。

操作步骤

步骤 1　启动 Visio 2016。在“选择绘图类型”对话框的“类别”下，单击“地图和平面布置图”，并选择“办公室布局”，如图 7－16 所示。

步骤 2　选择“设计”中的“页面设置”，选择“纸张方向”为“横向”，大小为 A4。并打开“页面设置”对话框，激活“绘图缩放比例”选项卡，选中“预定义缩放比例”单选按钮，在下拉列表中选择“公制”选项，并选择“1∶50”选项，如图 7－17 所示。

步骤 3　将左侧菜单中“墙壁和门窗”模具中的“房间”形状拖动到绘图页中，拖动鼠标调整大小。同样地，将“窗户”“双门”形状拖动到绘图页中，可以复制窗户形状并且调整大小和位置，结果如图 7－18 所示。

步骤 4　将左侧菜单中“办公室家具”模具中的“桌子”“书桌椅”“沙发”“椭圆桌”形状拖动到绘图页中，拖动鼠标调整大小和位置。

步骤 5　将“办公室设备”模具中的“电话”“笔记本电脑”形状拖动到绘图页的桌子上，拖动鼠标调整大小和位置。

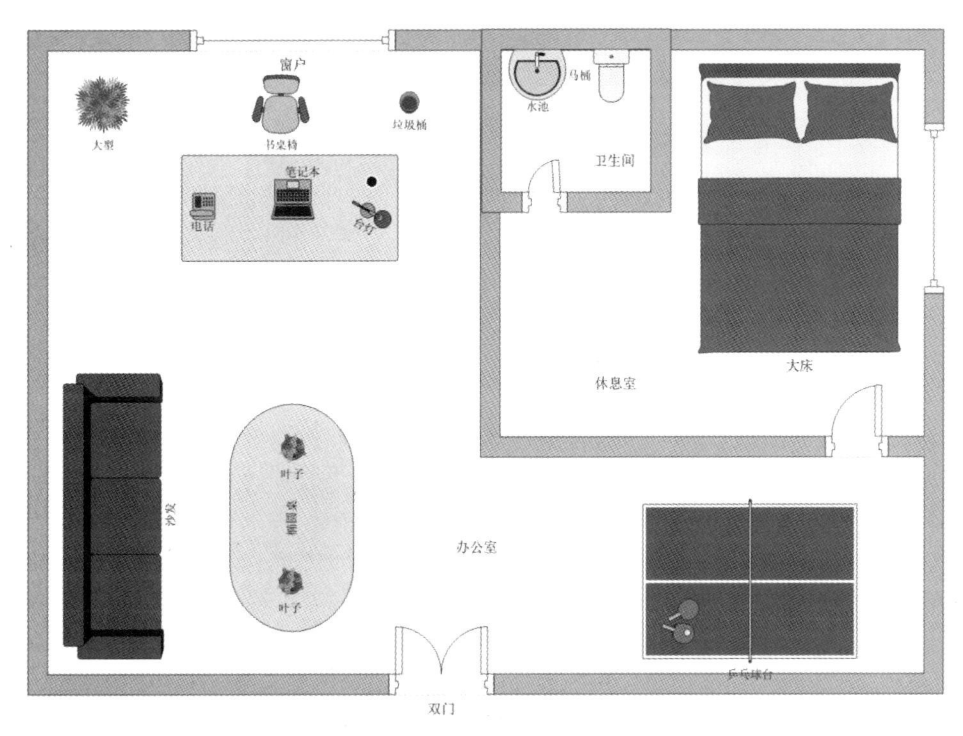

图 7－15　办公室布局图

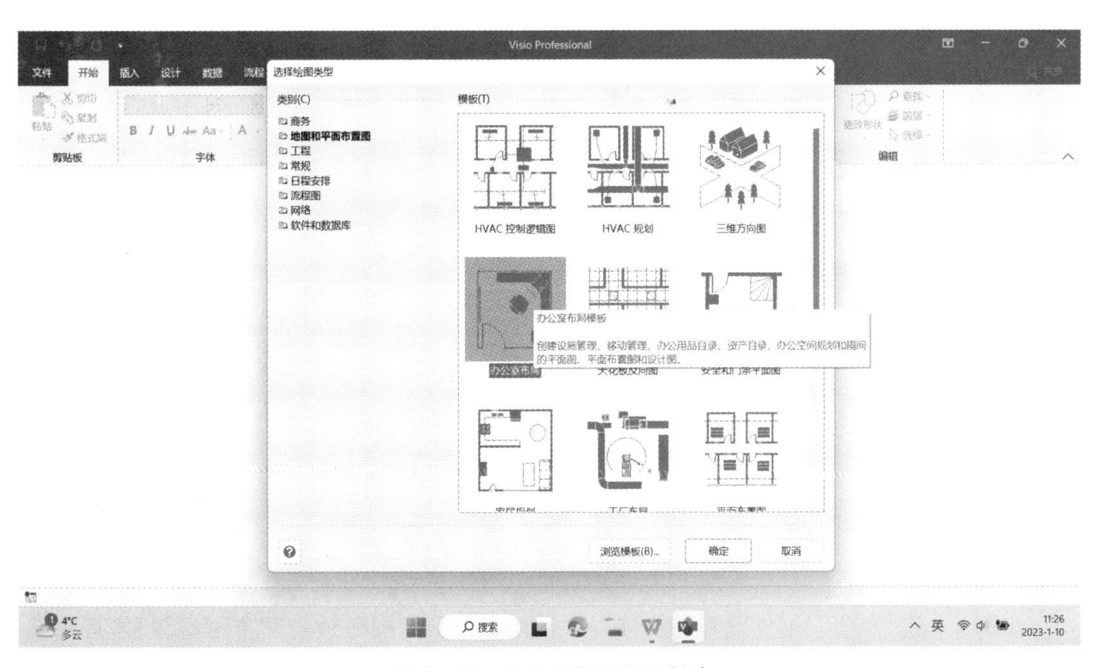

图 7－16　办公室布局图的创建

图 7－17　办公室布局图的页面设置

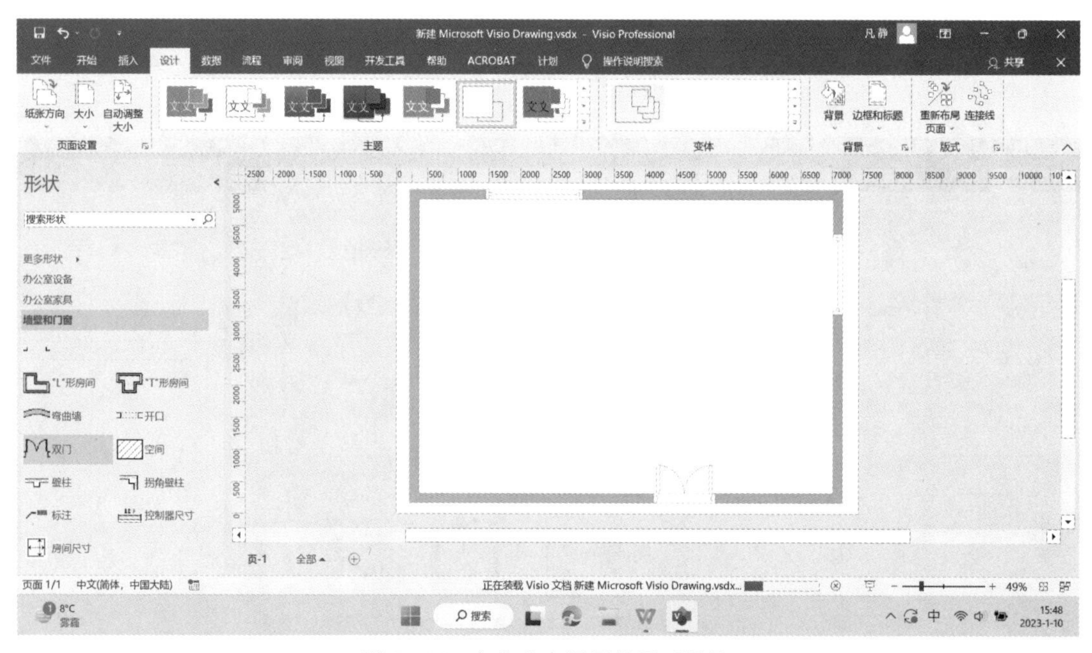

图 7－18　办公室布局图的页面设置

步骤 6　将"办公室附属设施"模具中的"台灯""大型棕榈科植物""方形垃圾桶"等形状拖动到绘图页的桌子上，并将"叶子"形状拖动到椭圆桌子上。拖动鼠标调整大小和位置，操作结果如图 7－19 所示。

步骤 7　将左侧菜单中"墙壁和门窗"模具中的"墙壁"形状、"门"形状拖动到绘图页中，拖动鼠标调整大小和位置，构建休息室平面空间。

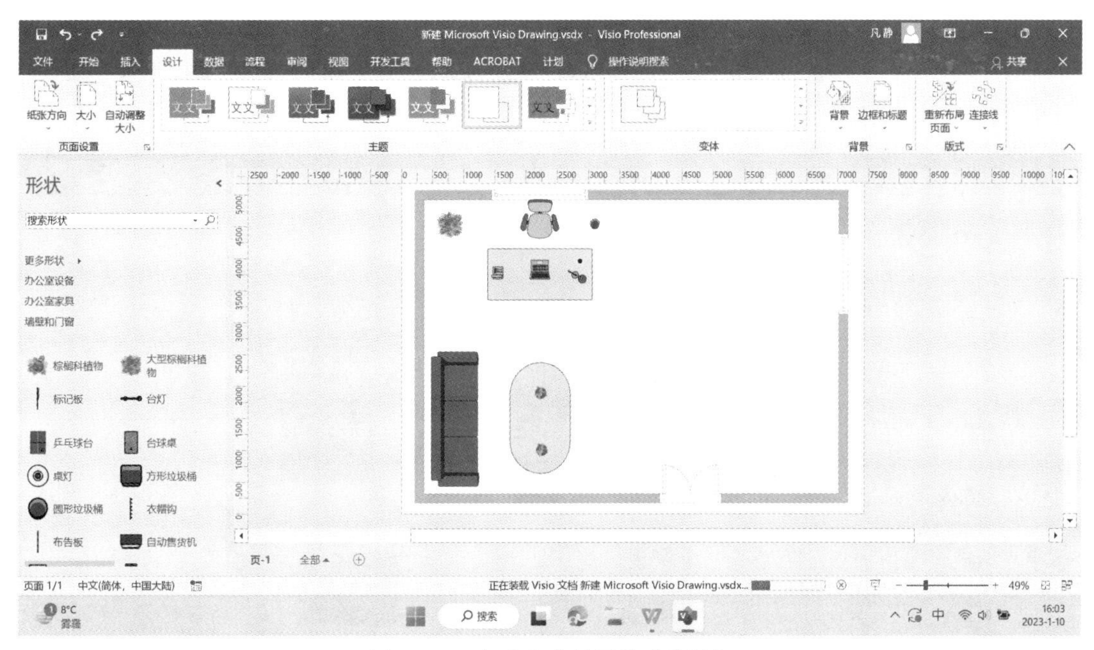

图 7－19　办公室布局图的形状添加

步骤 8　选择“更多形状”中的“地面和平面布置图”，选择“建筑设计图”中的“家具”命令，将“大床”形状拖动到休息室内，将“乒乓球台”形状拖动到页面上，拖动鼠标调整形状大小和位置，结果如图 7－20 所示。

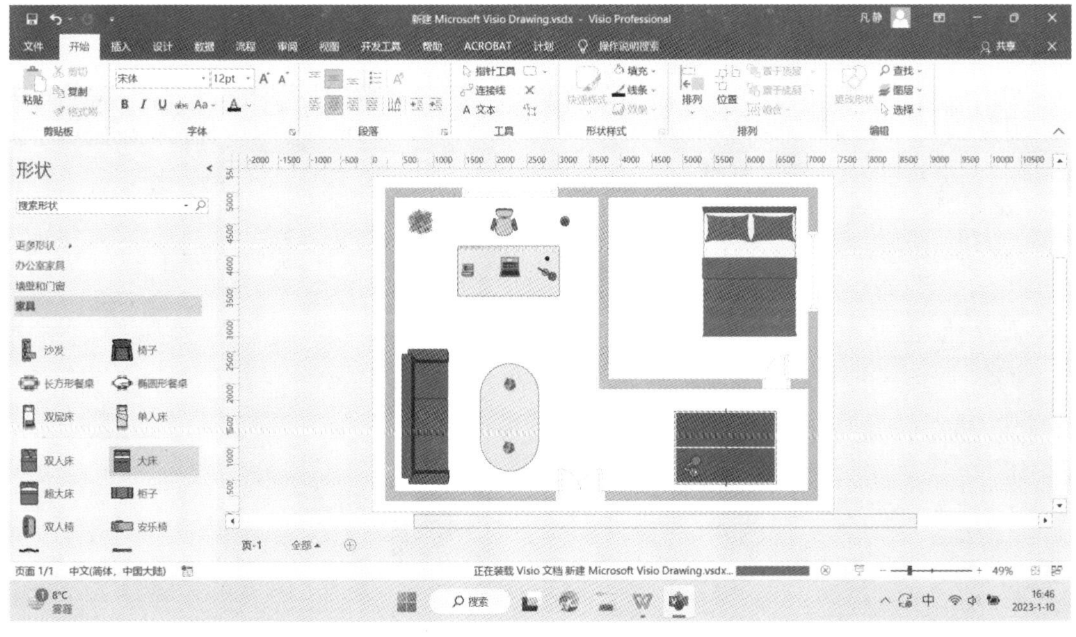

图 7－20　休息室布局图

步骤 9　将左侧菜单中“墙壁和门窗”模具中的“房间”形状、“门”形状拖动到休息室内，创建卫生间平面空间。

步骤 10 选择“更多形状”中的“地面和平面布置图”，选择“建筑设计图”中的“卫生间和厨房平面图”命令，将“带基带水池”“抽水马桶 2”拖动到卫生间内，拖动鼠标调整大小和位置，结果如图 7-21 所示。

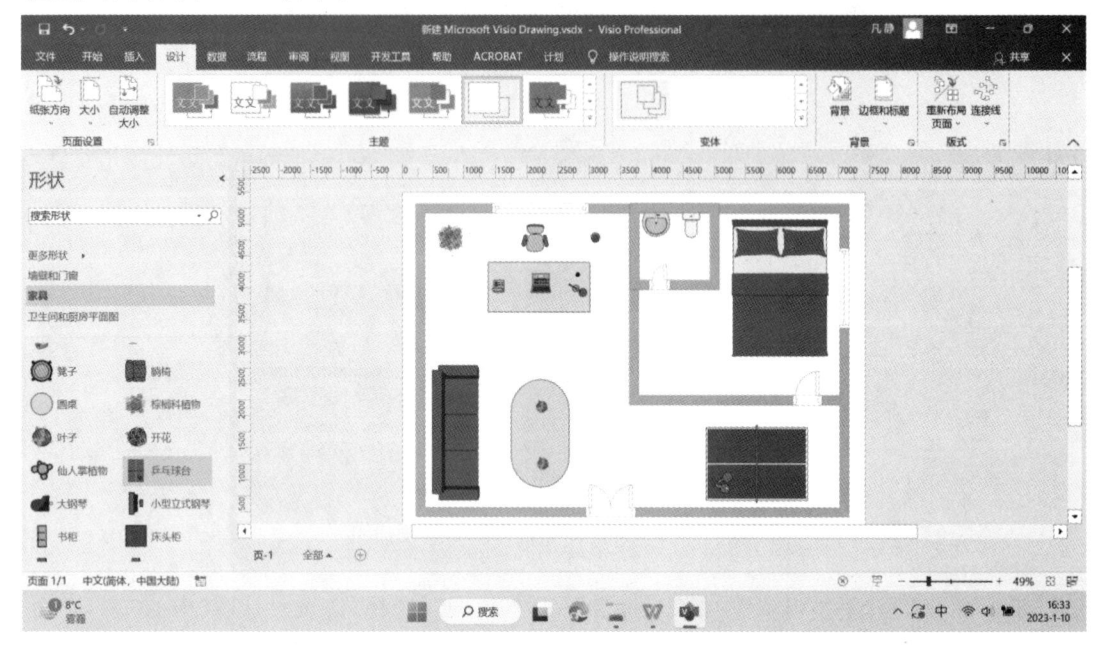

图 7-21 办公室整体图

步骤 11 双击各种物品，当出现一个文本框时，键入文字添加名称，结果如图 7-22 所示。

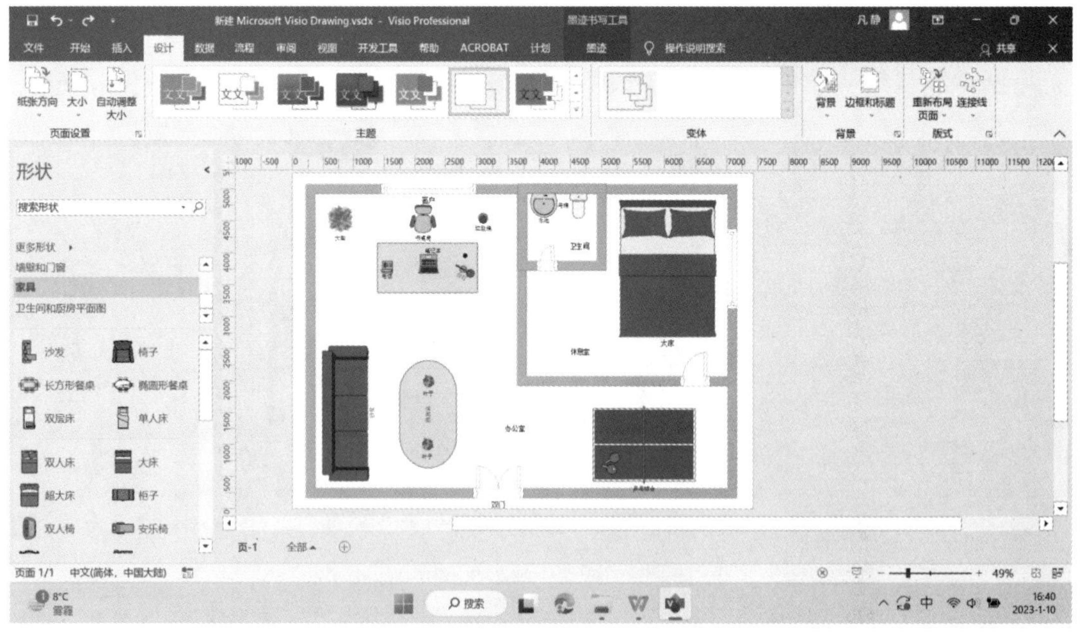

图 7-22 为形状添加文字说明